“十二五”职业教育国家规划教材
经全国职业教育教材审定委员会审定

JIANZHU CAILIAO

建筑材料

（第4版）

毕万利 主编

高等教育出版社·北京

内容简介

本书是第4版，是“十二五”职业教育国家规划教材，依据教育部职业院校建筑类专业教学标准、现行国家和行业标准、行业岗位技能要求编写。

本书主要内容包括：建筑材料概述、建筑材料的基本性能、气硬性胶凝材料、水泥、混凝土、砂浆、砌墙砖和砌块、建筑钢材、防水材料、绝热材料和吸声材料、建筑装饰材料、新型建筑材料、建筑材料性能检测。

本书配套学习卡资源，请登录 Abook 网站 http://abook.hep.com.cn/sve 获取，详细说明见本书最后一页“郑重声明”下方的“学习卡账号使用说明”。

本书可作为职业院校建筑类专业教材，也可作为建筑企业施工员等岗位培训用书和建造师等执业资格考试参考用书。

图书在版编目(CIP)数据

建筑材料 / 毕万利主编. --4 版. --北京：高等教育出版社，2021.11（2023.12重印）

ISBN 978-7-04-056887-5

Ⅰ.①建… Ⅱ.①毕… Ⅲ.①建筑材料-中等专业学校-教材 Ⅳ.①TU5

中国版本图书馆 CIP 数据核字(2021)第 173939 号

策划编辑 梁建超　　责任编辑 梁建超　　封面设计 李卫青　　版式设计 马 云
责任校对 高 歌　　责任印制 刘思涵

出版发行	高等教育出版社	网　　址	http://www.hep.edu.cn
社　　址	北京市西城区德外大街4号		http://www.hep.com.cn
邮政编码	100120	网上订购	http://www.hepmall.com.cn
印　　刷	高教社（天津）印务有限公司		http://www.hepmall.com
开　　本	889mm×1194mm 1/16		http://www.hepmall.cn
印　　张	16.25	版　　次	2014年9月第1版
字　　数	330千字		2021年11月第4版
购书热线	010-58581118	印　　次	2023年12月第5次印刷
咨询电话	400-810-0598	定　　价	35.90元

物 料 号 56887-00

第4版前言

本书是第4版，是“十二五”职业教育国家规划教材，依据教育部职业院校建筑类专业教学标准、现行国家和行业标准、行业岗位技能要求编写。

近年来，随着建筑业的发展，新的建筑材料不断涌现，施工方法、施工工艺不断改进，相关的标准、规范又有较大的变化。本书第3版的部分内容已不能满足行业人才培养要求和当前职业教育的需要，特此修订。

本次修订基本保留了原有的体系，依据国家、行业颁布的最新规范和标准进行了修改；目前，木材的用途由作为结构材料向装饰材料方向发展，故木材不再单独作为一个单元进行讲解，将相关内容合并至“建筑装饰材料”单元；“塑料及黏结剂”的内容拆分到“防水材料”单元和“新型建筑材料”单元。

本书按68学时编写，各单元学时分配建议见下表，供参考：

单元	教学内容	学时	单元	教学内容	学时
1	建筑材料概述	1	8	建筑钢材	4
2	建筑材料的基本性能	2	9	防水材料	4
3	气硬性胶凝材料	4	10	绝热材料和吸声材料	2
4	水泥	8	11	建筑装饰材料	5
5	混凝土	12	12	新型建筑材料	2
6	砂浆	4	13	建筑材料性能检测	16
7	砌墙砖和砌块	4	合计		68

本次修订工作由毕万利、孙恩禹、尹国英、李晶、周祥旭共同完成，由毕万利任主编，孙恩禹、尹国英、李晶任副主编。具体分工如下：辽宁科技大学毕万利修订单元1、2、3、4，辽宁科技大学孙恩禹修订单元6、12，辽宁城市建设职业技术学院尹国英修订单元5、8、9、13，辽宁科技大学李晶修订单元10、11，辽宁城市建设职业技术学院周祥旭修订单元7。中国三冶集团有限公司谷晓峰高级工程师参与了部分单元的修订工作。

辽宁省技术监督局建材监督检验院提供了部分现行规范、标准，并对本书修订给予了大力支持，在此表示衷心感谢。

本书配套学习卡资源，请登录 Abook 网站 http://abook.hep.com.cn/sve 获取，详细说明见本书最后一页“郑重声明”下方的“学习卡账号使用说明”。

由于编者学识有限，书中不足之处在所难免，敬请同行和读者批评指正(读者意见反馈信箱：zz_dzyj@pub.hep.cn)。

编　者

第1版前言

本书为“十二五”高等职业教育国家规划教材，依据《高等职业学校建筑工程技术专业教学标准》和相关国家职业标准、行业岗位要求编写。

本书内容遵循高等职业教育的教学规律和特点，以理论知识适度、强调技术应用和实际动手能力为目标。在编写过程中，我们贯彻《教育部关于“十二五”职业教育教材建设的若干意见》，针对技能型人才培养目标，突出岗位知识、岗位能力和岗位技能的培养，力求为学生夯实专业技术知识，与实际工作岗位要求更接近。

本书编写全部采用国家(部)、行业、企业颁布的最新规范和标准，内容主要包括：建筑材料与检测概述、建筑材料的基本性质、气硬性胶凝材料、水泥、混凝土、砂浆、砌墙砖和砌块、建筑钢材、防水材料、建筑塑料及黏结剂、木材、绝热材料和吸声材料、建筑装饰材料、新型建筑材料和建筑材料性能检测。

本书按66学时编写，各单元学时分配建议见下表，供参考。

单元序号	教学内容	学时	单元序号	教学内容	学时
1	建筑材料与检测概述	1	9	防水材料	4
2	建筑材料的基本性质	2	10	建筑塑料及黏结剂	1
3	气硬性胶凝材料	4	11	木材	1
4	水泥	6	12	绝热材料和吸声材料	2
5	混凝土	12	13	建筑装饰材料	5
6	砂浆	4	14	新型建筑材料	2
7	砌墙砖和砌块	2	15	建筑材料性能检测	16
8	建筑钢材	4	合计		66

本书由毕万利任主编，孙恩禹、李晶任副主编，全书由毕万利统稿。具体编写分工为：辽宁科技大学毕万利编写单元1、2、3、4、5、7，辽宁科技大学孙恩禹编写单元6、8、10、12、15，辽宁科技大学李晶编写单元9、11、13、14。中国第三冶金建设公司谷晓峰高级工程师参与了部分单元的编写工作。

本书在编写过程中参阅了较多的文献资料，谨向这些文献的作者致以诚挚的谢意。由于编者学识有限，书中不足之处在所难免，敬请同行和读者批评指正（读者意见反馈信箱：zz_dzyj@pub.hep.cn）。

编　者

2014年5月

目 录

单元1 建筑材料概述

学习目标

了解：建筑材料的发展史和未来建筑材料的发展方向。

熟悉：建筑材料从不同角度的分类以及建筑材料在建筑中的地位。

掌握：建筑材料的评价方法和标准，建筑材料技术标准的表示方式。

建筑材料是建筑工程发展中必要的基础材料，材料技术不断提升和发展，推动了新型建筑的发展。建筑材料在工程建设中发挥重要作用。

一、建筑材料的定义和分类

建筑材料是建筑物或构筑物所用材料及制品的总称。建筑材料包括构成建筑本身的材料（钢材、木材、水泥、砂石、砖、防水材料等）、施工过程中所用的材料（脚手架、模板等）以及各种配套器材（水、电、暖设备等）。

建筑材料可从不同角度加以分类，按材料在建筑物中的部位，可分为屋面材料、墙体材料、地面材料等；按材料的用途，可分为建筑结构材料、建筑装饰装修材料、建筑功能材料三大类；按材料的化学成分，可分为无机材料、有机材料和复合材料，见表1-1。

表1-1　建筑材料的分类（按材料的化学成分分类）

建筑材料	无机材料	金属材料	黑色金属：钢、铁等； 有色金属：铝、铜等及其合金
		非金属材料	天然石材、烧土制品、玻璃及其制品、水泥、石灰、石膏、混凝土等
	有机材料	植物材料	木材、竹材、植物纤维及其制品等
		合成高分子材料	塑料、涂料、黏结剂等
		沥青材料	石油沥青及煤沥青、沥青制品等
	复合材料	有机-无机复合材料	玻璃纤维增强塑料、聚合物混凝土、水泥刨花板等
		金属-非金属复合材料	钢筋混凝土、铝塑混凝土等
		其他复合材料	水泥石棉制品、人造大理石等

二、建筑材料的发展概况

建筑材料是随着社会生产力的发展和科学技术水平的提高逐步发展起来的。

人类最初是“穴居巢处”，简单使用天然石块、树枝、茅草。铁器时代以后有了简单的工具，开始挖土、凿石为洞，伐木为棚，利用加工的石块和木材建造非常简陋的房屋。火的利用使人类学会烧制砖、瓦及石灰，建筑材料由天然材料进入人工生产阶段。我国砖瓦使用较晚，但后来居上，秦汉时期就走到世界前列，秦砖汉瓦奠定了中国在世界建材史上的地位。在漫长的封建社会中，生产力停滞不前，建筑材料的发展也极其缓慢，长期限于以砖、石、木材作为结构材料。18、19 世纪，随着资本主义的兴起，工业的迅猛发展，交通的日益发达，钢材、水泥、混凝土及钢筋混凝土的相继问世，建筑材料进入了一个新的发展阶段。

进入 20 世纪后，材料科学与工程学的形成和发展，使建筑材料不仅在性能和质量上不断改善，品种也不断增多，一些具有特殊功能的新型建筑材料，如绝热材料、吸声材料、各种装饰材料、耐热防火材料、防水防渗材料以及耐磨、耐腐蚀、防爆和防辐射材料等不断问世。到 20 世纪后半叶，建筑材料日益向着轻质、高强、多功能方向发展。

党的二十大报告中提出，推动绿色发展，促进人与自然和谐共生。并且随着建材行业的逐步工业化、现代化，发展节约能源、减少资源消耗、有利生态环境、科技含量高、经济附加值高的新型建筑材料成为发展方向。建筑材料向着轻质、高强、绿色、节能、多功能方向快速发展。

三、建筑材料技术标准简介

建筑材料的技术标准是生产和使用单位检验、确定产品质量是否合格的技术文件。为了保证材料质量、产品的适用性、现代化生产和管理，必须对材料产品的技术要求制定统一的标准。其内容主要包括产品规格、分类、技术要求、检验方法、验收规则、标识、运输和贮存注意事项等方面。

1. 国内标准

根据标准的发布单位与适用范围，目前我国常用的标准有以下三大类：

（1）国家标准　国家标准有强制性标准（代号 GB）、推荐性标准（代号 GB/T）。

（2）行业标准　如建筑工程行业标准（代号 JGJ）、建筑材料行业标准（代号 JC）、冶金工业行业标准（代号 YB）、交通行业标准（代号 JT）等。

（3）地方标准（代号 DBJ）和企业标准（代号 QB）。

标准的表示方法为：标准名称、部门代号、编号和批准年份。举例如下：

国家标准（强制性）——《混凝土结构工程施工质量验收规范》（GB 50204—2015）；

国家标准（推荐性）——《普通混凝土拌合物性能试验方法标准》（GB/T 50080—2016）；

建筑工程行业标准——《普通混凝土配合比设计规程》（JGJ 55—2011）。

对强制性国家标准，任何技术（或产品）不得低于其中规定的要求；对推荐性国家标准，也可执行其他标准的要求，但是推荐性标准一旦被强制性标准采纳，就认为是强制性标准；地方标准或企业标准所制定的技术要求应高于国家标准。

2. 国际标准和国外先进标准

采用国际标准和国外先进标准是我国一项重要的技术经济政策,可以促进技术进步、提高产品质量、扩大对外贸易及提高我国标准化水平。

国际标准和国外先进标准大致可分为以下几类:

(1) 世界范围内统一使用的"ISO"国际标准。

(2) 国际上有影响的团体标准和公司标准,如美国材料与试验协会标准"ASTM"等。

(3) 区域性标准,指工业先进国家的标准,如德国工业标准"DIN"、英国"BS"标准、日本"JIS"标准等。

四、建筑材料课程的性质、任务、学习方法与要求

建筑材料是建筑类专业的一门技术基础课程。它既是学习专业课的基础,也是一门重要的应用技术课程。课程的任务是使学生了解建筑材料的贮存知识,掌握建筑材料及其制品的技术性能和使用方法,理解建筑材料的检验方法,具有合理选用建筑材料的初步能力和对常用建筑材料进行检测的能力。

建筑材料是一门实践性和应用性很强的课程。首先要着重学习好主要内容——材料的建筑性能和合理应用。学习某一材料的建筑性能时,应当知道形成这些性能的内在原因和这些性能之间的相互关系。对同一类不同品种的材料,不但要学习它们的共性,更重要的是掌握它们各自的特性。

试验课是本课程的重要教学环节,其任务是验证基本理论、学习试验方法、培养实际操作能力。做试验时,要严肃认真、一丝不苟,即使对一些操作简单的试验也不应例外。要了解试验条件对试验结果的影响,能对试验结果做出正确的分析和判断。

各单元复习思考题概括了本单元材料的理论知识和实践应用,必须掌握。

要熟悉材料性能和应用,还应参观一些建材厂,同时应密切联系工程施工中材料的应用情况,经常了解有关建筑材料的新品种、新标准,更好地掌握和使用材料。

复习思考题

1. 建筑材料按材料的化学成分分为几类?分别包括哪些主要材料?

2. 为什么要制定建筑材料技术标准?建筑材料技术标准分几类?

单元2 建筑材料的基本性能

了解：建筑物及周围环境对建筑材料的基本要求。

熟悉：建筑材料与各种物理过程相关的性能。

掌握：建筑材料的基本物理性能及其相关参数对材料力学性能、耐久性等的影响。

建筑材料在建筑中处于不同部位，承受各种不同的作用。如承重构件的材料主要承受外力作用；防水材料经常受水的侵蚀；隔热与耐火材料会受到不同程度的高温作用；有些材料还会受到各种外界因素的影响，如大气、雨、水的影响。为了使建筑物和构筑物安全、适用、耐久、经济，在工程设计和施工中，必须充分地了解和掌握各种材料的性能和特点，以便正确、合理地选择和使用建筑材料。建筑材料的性能是多方面的，包括物理性能、力学性能、化学性能和耐久性。本单元主要介绍带有共性的、重要的物理性能及力学性能。

2.1 材料的物理性能

一、与质量有关的性能

1. 密度

密度指材料在绝对密实状态下单位体积的质量，按下式计算：

$$\rho=\frac{m}{V} \tag{2-1}$$

式中 ρ——材料的密度，g/cm^3 或 kg/m^3；

m——材料在干燥状态下的质量，g 或 kg；

V——材料在绝对密实状态下的体积，也称材料的密实体积或实体积，cm^3 或 m^3。

绝对密实状态下的体积是指不包括孔隙在内的体积。除了金属、玻璃、单体矿物等少数材料外，大多数建筑材料在自然状态下都有一些孔隙。在测定有孔隙材料的密度时，可按测定密度的标准方法，把材料磨成细粉，干燥后，测定其绝对密实状态下的体积，按式(2-1)计算密度。材料磨得越细，测得的密度越精确。砖、石材等块状材料的密度即用此法测得。

2. 表观密度

表观密度指材料在自然状态下单位体积的质量，按下式计算：

$$\rho_0=\frac{m}{V_0} \tag{2-2}$$

式中　ρ_0——材料的表观密度，g/cm^3 或 kg/m^3；

m——材料在干燥状态下的质量，g 或 kg；

V_0——材料在自然状态下的体积，cm^3 或 m^3。

材料在自然状态下的体积是指包括实体积和孔隙体积在内的体积。对于形状规则的材料，直接测量体积；对于形状非规则的材料，可用蜡封法封闭孔隙，然后用排液法测量体积。对于混凝土用的砂石骨料，直接用排液法测量体积，此时的体积是实体积与闭口孔隙体积之和，即不包括与外界连通的开口孔隙体积。

由于砂石比较密实，孔隙较少，闭口孔隙更少，用排液法测定其体积时，由于一部分水进入开口孔隙，故测得的体积比自然状态下的体积稍小，但较接近，称为视密度。

材料表观密度的大小与其含水状态有关。当材料孔隙内含有水分时，其质量和体积都会发生变化，因而表观密度亦不相同，故测定材料表观密度时，应注明其含水情况，未特别标明时，常指气干状态下的表观密度（干表观密度）。

3. 堆积密度

堆积密度指疏松状（小块、颗粒、纤维）材料在堆积状态下单位体积的质量，按下式计算：

$$\rho_0'=\frac{m}{V_0'} \tag{2-3}$$

式中　ρ_0'——材料的堆积密度，g/cm^3 或 kg/m^3；

m——材料在干燥状态下的质量，g 或 kg；

V_0'——材料在堆积状态下的体积（包括材料的实体积、孔隙体积及空隙体积），cm^3 或 m^3。

测定堆积密度时，用规定的容积筒测定其体积，在称取质量后，可按式（2-3）求得。容积升的大小视颗粒的大小而定，例如砂用 1 L 的容积筒，石子用 10 L、20 L、30 L 的容积筒。当材料含有水分时，将会影响堆积密度，故测定时，必须注明其含水情况，说明材料是在哪一种状态下的堆积密度。如不进行注明，则是指气干状态下的堆积密度。

4. 密实度与孔隙率

（1）密实度

密实度是指材料体积内被固体物质所充实的程度，即材料的密实体积与总体积之比，用 D 表示，按下式计算：

$$D=\frac{V}{V_0}\times100\%=\frac{\rho_0}{\rho}\times100\% \tag{2-4}$$

含孔隙的固体材料的密实度均小于1。材料的表观密度 ρ_0 与密度 ρ 越接近，即 $\frac{\rho_0}{\rho}$ 越接近1，材料就越密实。

（2）孔隙率

孔隙率是指材料体积内，孔隙（开口的和闭口的）体积所占材料总体积的比例，用 P 表示，按下式计算：

$$P=\frac{V_0-V}{V_0}\times100\%=\left(1-\frac{V}{V_0}\right)\times100\%=\left(1-\frac{\rho_0}{\rho}\right)\times100\%=1-D \tag{2-5}$$

孔隙率的大小可直接反映材料的密实程度。材料的孔隙率越高，表示材料的密实程度越小。材料的许多性能，如表观密度、强度、导热性、透水性、抗冻性、抗渗性、耐蚀性等，除与孔隙率大小有关外，还与孔隙构造特征有关。孔隙构造特征主要是指孔隙的形状和大小。孔隙根据形状分开口孔隙和闭口孔隙两类。不均匀分布的孔隙对材料性能影响较大。

5. 填充率与空隙率

对于松散颗粒状材料（如砂、石等）相互填充的疏松致密程度，可用填充率和空隙率表示。

（1）填充率

填充率是指松散颗粒状材料的堆积体积内，被颗粒所填充的程度，用 D' 表示，按下式计算：

$$D'=\frac{V_0}{V_0'}\times100\%=\frac{\rho_0'}{\rho_0}\times100\% \tag{2-6}$$

（2）空隙率

空隙率是指松散颗粒状材料的堆积体积内，颗粒之间的空隙体积所占的百分率，用 P' 表示，按下式计算：

$$P'=\frac{V_0'-V_0}{V_0'}\times100\%=\left(1-\frac{\rho_0'}{\rho_0}\right)\times100\%=1-D' \tag{2-7}$$

二、与水有关的性能

1. 亲水性和憎水性

当材料与水接触时，有些材料能被水润湿，有些材料则不能被水润湿。前者称材料具有亲水性，后者称材料具有憎水性。

材料被水湿润的情况可用润湿角 θ 表示。当材料与水接触时，在材料（固）、水（液）、空气（气）三相的交点处，沿水滴表面的切线和材料表面的夹角 θ，称为“润湿角”，如图2-1所示。

θ 角越小，表明材料越易被水润湿。一般认为，当 $\theta \leq 90°$ 时，如图 2-1a 所示，材料表面吸附水，材料能被水润湿而表现出亲水性，这种材料称为“亲水性材料”。当 $\theta > 90°$ 时，如图 2-1b 所示，材料表面不吸附水，这种材料称为“憎水性材料”。

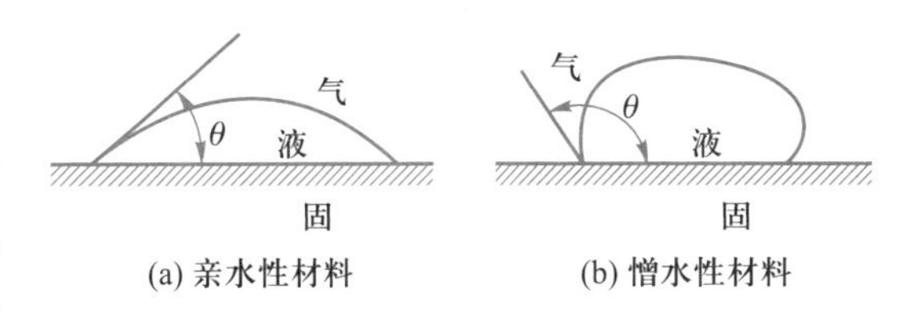

图 2-1 材料的湿润角示意图

大多数建筑材料（如石料、砖、混凝土、木材等）都属于亲水性材料，表面均能被润湿。沥青、石蜡等属于憎水性材料，表面不能被水润湿，因此，憎水性材料经常作为防水材料或用于亲水性材料表面的憎水处理。

2. 吸水性

材料浸入水中吸收水分的能力称为吸水性。吸水性的大小以吸水率表示。吸水率有质量吸水率和体积吸水率之分。

（1）质量吸水率

质量吸水率指材料吸水饱和时，所吸水分的质量占材料干燥质量的百分率，按下式计算：

$$W_{质} = \frac{m_{湿} - m_{干}}{m_{干}} \times 100\% \tag{2-8}$$

式中 $W_{质}$——材料的质量吸水率，%；

$m_{湿}$——材料吸水饱和后的质量，g；

$m_{干}$——材料烘干至恒重时的质量，g。

（2）体积吸水率

体积吸水率指材料吸水饱和时，所吸水分的体积占干燥材料自然体积的百分率，按下式计算：

$$W_{体} = \frac{m_{湿} - m_{干}}{V_1} \cdot \frac{1}{\rho_w} \times 100\% \tag{2-9}$$

式中 $W_{体}$——材料的体积吸水率，%；

V_1——干燥材料在自然状态下的体积，cm^3；

ρ_w——水的密度，g/cm^3，常温下取 $\rho_w = 1\ g/cm^3$。

质量吸水率与体积吸水率的关系为

$$W_{体} = W_{质} \frac{\rho_0}{\rho_w} \tag{2-10}$$

式中 ρ_0——材料的干表观密度，g/cm^3。

材料的吸水性首先取决于材料本身，视其是亲水性材料还是憎水性材料；其次与材料的孔隙率和孔隙构造特征有关。

3. 吸湿性

材料在潮湿空气中吸收水分的能力称为吸湿性，常以含水率表示。

含水率指材料所含水分质量占材料干燥质量的百分率,按下式计算:

$$W_{含}=\frac{m_{含}-m_{干}}{m_{干}}\times100\% \tag{2-11}$$

式中 $W_{含}$——材料的含水率,%;

$m_{含}$——材料含水时的质量,g;

$m_{干}$——材料烘干至恒重时的质量,g。

材料的吸湿性在工程中有较大的影响。例如木材,由于吸水或蒸发水分,往往造成翘曲、开裂等缺陷;石灰、石膏、水泥等由于吸湿性强容易造成材料失效;保温材料吸入水分后,其保温性能会大幅度下降。

材料吸湿性取决于材料本身的组织结构和化学成分,其含水率的大小与周围空气的相对湿度和温度有关。相对湿度越高、温度越低时其含水率越大。

4. 耐水性

材料长期在饱和水作用下不破坏,其强度也不显著降低的能力称为耐水性,用软化系数表示,按下式计算:

$$K_{软}=\frac{f_{饱}}{f_{干}} \tag{2-12}$$

式中 $K_{软}$——材料的软化系数;

$f_{饱}$——材料在饱和水状态下的抗压强度,MPa;

$f_{干}$——材料在干燥状态下的抗压强度,MPa。

材料的软化系数范围在0~1之间。一般材料随着含水量的增加,强度会有不同程度的降低,所以用于严重受水侵蚀或潮湿环境的材料,其软化系数应大于0.85;用于受潮较轻或次要的结构物的材料,则不宜小于0.70。软化系数越大,耐水性越好。软化系数大于0.85的材料,通常可认为是耐水材料。

5. 抗渗性

材料抵抗压力水、油等液体渗透的能力称为抗渗性。

地下建筑物及水工建筑物,因常受到压力水的作用,所以要求材料具有一定的抗渗性,对于防水材料,则要求具有更高的抗渗性。

材料的抗渗性与其孔隙率和孔隙构造特征有关,封闭孔隙且孔隙率小的材料抗渗性好,连通孔隙且孔隙率大的材料抗渗性差。一些防水、防渗材料,其抗渗性常用渗透系数 K 表示。渗透系数 K 反映水在材料中流动的速度。K 越大,说明水在材料中流动的速度越快,其抗渗性越差。

建筑工程中大量使用的砂浆、混凝土等材料,其抗渗性用抗渗等级 Pn 来表示。抗渗等级用材料所能抵抗的最大水压力来表示,如P6、P8、P10、P12等,分别表示材料可抵抗0.6 MPa、0.8 MPa、1.0 MPa、1.2 MPa的水压力作用而不渗水。抗渗等级越大,材料的抗渗性越好。

6. 抗冻性

材料在吸水饱和状态下,能经受多次冻融循环作用而不破坏,其强度也不严重降低的能力称为抗冻性。材料的抗冻性用抗冻等级 Fn 来表示。

抗冻等级以试件在吸水饱和状态下,经冻融循环作用,质量损失和强度下降均不超过规定数值的最大冻融循环次数来表示,如 F25、F50、F100、F150 等。

材料冻结破坏的原因是由于其内部孔隙中的水结冰产生体积膨胀而造成的。影响材料抗冻性的因素有内因和外因。内因是指材料的组成、结构、构造、孔隙率的大小和孔隙构造特征、强度、耐水性等。外因是指材料孔隙中充水的程度、冻结温度、冻结速度、冻融频率等。

三、与热有关的性能

1. 导热性

材料传递热量的能力称为材料的导热性,用导热系数 λ 表示,按下式计算:

$$\lambda=\frac{Q\delta}{At(T_2-T_1)} \tag{2-13}$$

式中　λ——材料的导热系数,W/(m·K);

Q——传导的热量,J;

A——传热面积,m^2;

δ——材料厚度,m;

t——热传导时间,s;

T_2-T_1——材料两侧温差,K。

材料的导热系数 λ 越小,材料的导热性越差,绝热保温性越好。

材料的导热性与材料的组成和结构、孔隙率的大小和孔隙构造特征、含水率以及温度等有关。金属材料的导热系数大于非金属材料的导热系数。材料的孔隙率越大,导热系数越小。材料含细小而封闭孔隙多的,其导热系数较小,含粗大、开口且连通孔隙多的,容易形成对流传热,其导热系数较大。由于水和冰的导热系数比空气大很多,故材料含水或结冰时,其导热系数会急剧增加。

2. 热容量

材料的热容量是指材料受热时吸收热量,冷却时放出热量的能力。单位质量材料在温度变化 1 K 时,材料吸收或放出的热量称为材料的比热,按下式计算:

$$C=\frac{Q}{m(T_2-T_1)} \tag{2-14}$$

式中　C——材料的比热,J/(g·K);

Q——材料吸收或放出的热量,J;

m——材料的质量,g;

T_2——材料受热或冷却前的温度,K;

T_1——材料受热或冷却后的温度,K。

材料的热容量值等于材料的比热与材料质量的乘积。材料的热容量大,则材料在吸收或放出较多的热量时,其自身的温度变化不大,即有利于保证室内温度相对稳定。

3. 耐火性

耐火性指材料在高热或火的作用下,保持其原有性能而不损坏的能力,用耐火度表示。工程上用于高温环境的材料和热工设备等都要使用耐火材料。根据耐火度的不同,材料可分为三大类。

(1) 耐火材料　耐火度不低于 1 580 ℃的材料,如各类耐火砖等。

(2) 难熔材料　耐火度为 1 350~1 580 ℃的材料,如难熔黏土砖、耐火混凝土等。

(3) 易熔材料　耐火度低于 1 350 ℃的材料,如普通黏土砖、玻璃等。

4. 耐燃性

耐燃性指材料能经受火和高温的作用而不破坏,强度也不显著降低的能力,是影响建筑物防火、结构耐火等级的重要因素。根据耐燃性的不同,材料可分为四大类。

(1) 不燃材料　遇火或高温作用时,不起火、不燃烧、不碳化的材料,如混凝土、天然石材、砖、玻璃和金属等。需要注意的是,玻璃、钢铁和铝等材料,虽然不燃烧,但在火烧或高温下会发生较大的变形或熔融,因而是不耐火的。

(2) 难燃材料　遇火或高温作用时,难起火、难燃烧、难碳化,只有在火源持续存在时才能继续燃烧,火源消除燃烧即停止的材料,如沥青混凝土和经防火处理的木材等。

(3) 可燃材料　遇火或高温作用时,立即起火或微燃,火源消除后仍能继续燃烧或微燃的材料,如木材、沥青等。用可燃材料制作的构件,一般应作防燃处理。

(4) 易燃材料　遇火或高温作用时,立即起火并迅速燃烧,火源消除后仍能继续迅速燃烧的材料,如纤维织物等。

5. 温度变形

温度变形指材料在温度变化时产生的体积变化,多数材料在温度升高时体积膨胀,温度下降时体积收缩。温度变形在单向尺寸上的变化称为线膨胀或线收缩,一般用线膨胀系数来衡量,线膨胀系数用“α”表示,按下式计算:

$$\alpha=\frac{\Delta L}{(T_2-T_1)L} \tag{2-15}$$

式中　α——材料在常温下的平均线膨胀系数,1/K;

ΔL——材料的线膨胀或线收缩量,mm;

T_2-T_1——温度差,K;

L——材料原长,mm。

材料的线膨胀系数一般都较小,但由于建筑工程结构的尺寸较大,温度变形引起的结构体积变化仍是关系其安全与稳定的重要因素。工程上常用预留伸缩缝的办法来解决温度变形问题。

2.2　材料的力学性能

一、强度与比强度

材料在荷载作用下抵抗破坏的能力称为强度。

建筑物上的材料所受的荷载主要有拉伸荷载、压缩荷载、弯曲荷载及剪切荷载等。材料抵抗这些荷载破坏的能力,分别称为抗拉、抗压、抗弯(抗折)和抗剪等强度。材料承受各种荷载作用示意图如图 2-2 所示。

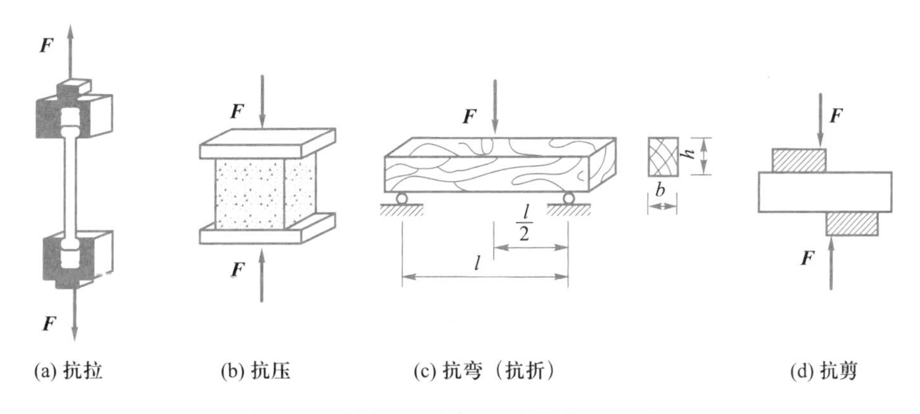

图 2-2　材料承受各种荷载作用示意图

材料抗拉、抗压、抗剪强度按下式计算:

$$f=\frac{F}{A} \tag{2-16}$$

式中　f——抗拉、抗压、抗剪强度,MPa;

F——材料受拉、压、剪破坏时的荷载,N;

A——材料的受力面积,mm^2。

材料的抗弯强度(也称抗折强度)与材料受力情况有关。试验时将试件放在两支点上,中间作用一集中荷载。对矩形截面试件,抗弯强度按下式计算:

$$f_{m}=\frac{3Fl}{2bh^{2}} \tag{2-17}$$

式中　f_{m}——抗弯强度,MPa;

F——受弯破坏时的荷载,N;

l——两支点间的距离,mm;

b、h——材料截面的宽度、高度,mm。

材料的强度与其组成、构造有关。材料的组成相同,构造不同,强度也不相同。材料的孔隙率越大,则强度越小。材料的强度还与试验条件有关,如试件的尺寸、形状和表面状态、含水率,加荷速度,试验环境的温度,试验设备的精确度以及试验操作人员的技术水平等。为了使试验结果比较准确,具有可比性,国家规定了各种材料强度的标准试验方法。在测定材料强度时,必须严格按照规定的标准方法进行。材料可根据其强度值的大小划分为若干等级。

承重结构的材料除了承受荷载,尚需承受自身重力。因此,不同强度材料的比较,可采用比强度指标。比强度是指材料强度与其表观密度之比,它是衡量材料是否轻质、高强的指标。优质的结构材料要求具有较高的比强度。

二、弹性与塑性

材料在外力作用下产生变形,当取消外力后,能够完全恢复原来形状的能力称为弹性。这种能够完全恢复的变形称为弹性变形。

材料在外力作用下产生变形,当取消外力后,仍保持变形后的形状和尺寸,并不产生裂缝的能力称为塑性。这种不能恢复的变形称为塑性变形。

在建筑材料中,没有纯弹性材料。一部分材料在受力不大的情况下,只产生弹性变形,当外力超过一定限度后,便产生塑性变形,如低碳钢。有的材料(如混凝土)在受力时,弹性变形和塑性变形同时产生,当取消外力后,弹性变形恢复,而塑性变形不能恢复,这种材料称为弹塑性材料,这种变形称为弹塑性变形。

三、脆性与韧性

材料在外力作用下,无明显塑性变形而突然破坏的性能称为脆性。具有这种性能的材料称为脆性材料,如混凝土、玻璃、陶瓷等。脆性材料的抗冲击和振动荷载的能力很差,常用作承压构件。

材料在冲击或振动荷载作用下,能吸收较大的能量,产生一定的变形而不破坏的性能,称为韧性或冲击韧性。建筑钢材、木材、沥青等属于韧性材料。建筑工程中,要求承受冲击荷载或抗震的结构都要考虑材料的韧性。

四、硬度与耐磨性

1. 硬度

硬度指材料表面抵抗其他硬物压入或刻划的能力。为保持较好的表面使用性能和外观质量，要求材料必须具有足够的硬度。非金属材料的硬度用莫氏硬度表示，它是用系列标准硬度的矿物块对材料表面进行划擦，根据划痕确定硬度等级。莫氏硬度等级见表2-1。

表2-1 莫氏硬度等级

标准矿物	滑石	石膏	方解石	萤石	磷灰石	长石	石英	黄玉	刚玉	金刚石
硬度等级	1	2	3	4	5	6	7	8	9	10

金属材料的硬度等级常用压入法测定，主要有：布氏硬度法（HB），以淬火的钢珠压入材料表面产生的球形凹痕单位面积上所受压力来表示；洛氏硬度法（HR），用金刚石圆锥或淬火的钢球制成的压头压入材料表面，以压痕的深度来表示。硬度大的材料其强度也高，工程上常用材料的硬度来推算其强度，如用回弹法测定混凝土强度，就是用回弹仪测得混凝土表面硬度，再间接推算出混凝土强度。

2. 耐磨性

耐磨性指材料表面抵抗磨损的能力。耐磨性常以磨损率衡量，以“G”表示，按下式计算：

$$G=\frac{m_1-m_2}{A} \tag{2-18}$$

式中 G——材料的磨损率，g/cm^2；

m_1-m_2——材料磨损前后的质量损失，g；

A——材料受磨面积，cm^2。

材料的耐磨性与材料的组成结构、构造、材料强度和硬度等因素有关。材料的硬度越大、越致密，耐磨性越好。路面、地面等受磨损的部位，要求使用耐磨性好的材料。

2.3 材料的耐久性和环境协调性

一、材料的耐久性

材料在使用过程中，能抵抗周围各种介质的侵蚀而不破坏，也不失去其原有性能，称为耐久性。材料的耐久性是一项综合性能，一般包括抗渗性、抗冻性、耐腐蚀性、抗老化性、抗碳化性、耐热性、耐溶蚀性、耐磨性、耐光性等。

材料的组成、性能不同，对耐久性的要求也不同。如结构材料主要要求强度不显著降低，而装饰材料则主要要求颜色、光泽等不发生显著的变化等。工程上应根据工程的重要性、所处的环境及材料的特性，正确选择合理的耐久性寿命。

二、材料的环境协调性

建筑材料的环境协调问题日益受到重视。所谓环境协调性，是指材料对资源和能源消耗少，对环境污染小，可循环再生，利用率高。同时具有良好的使用性能和环境协调性，对环境具有改善作用的材料，称为环境材料或绿色材料。环境材料从制造、使用、废弃直至再生利用的整个寿命周期内，都必须尽量减少对环境的影响。

复习思考题

1. 密度、表观密度、堆积密度的定义是什么？它们有什么不同？

2. 材料的孔隙率与孔隙特征对材料的表观密度、吸水性、吸湿性、抗渗性、抗冻性、强度及保温性能有何影响？

3. 材料耐水性、抗渗性和抗冻性的定义是什么？各用什么指标表示？

4. 某一块材料，干燥状态下的质量为 115 g，自然状态下的体积为 44 cm^3，绝对密实状态下的体积为 37 cm^3。试计算其密度、表观密度和孔隙率。

5. 某一混凝土的配合比中，需要干砂 680 kg，干石子 1 263 kg，已知现有砂的含水率为 4%，石子的含水率为 1%。试计算现有湿砂、湿石子的用量各是多少？

6. 何谓材料的热容量、耐火性和耐燃性？

7. 用直径为 12 mm 的钢筋做抗拉强度试验，测得破坏时的拉力为 42.7 kN，试计算此钢筋的抗拉强度。

8. 何谓材料的强度？根据外力作用方式不同，各种强度如何计算？

9. 何谓材料的耐久性？

单元3

气硬性胶凝材料

学习目标

了解：石灰、石膏的原料及生产，水玻璃、镁质胶凝材料的特性及应用。

熟悉：石灰、石膏的凝结硬化原理，气硬性胶凝材料与水硬性胶凝材料的区别。

掌握：石灰、石膏的技术性能、特性及应用。

建筑工程中常常需要将散粒或块状材料黏结成整体，并使其具有一定的强度。具有这种黏结作用的材料，统称为胶凝材料或胶结材料，在建筑工程中应用极为广泛。

胶凝材料按化学性能的不同可分为有机胶凝材料和无机胶凝材料两大类。

有机胶凝材料是指以天然或合成高分子化合物为基本组成的一类胶凝材料。无机胶凝材料是指以无机化合物为主要成分的一类胶凝材料。无机胶凝材料根据硬化条件不同分为气硬性胶凝材料和水硬性胶凝材料两大类。

气硬性胶凝材料一般只能在空气中凝结、硬化，产生并保持其强度，如石灰、石膏等。水硬性胶凝材料既能在空气中硬化，又能在水中继续硬化，保持并发展其强度，如水泥。

建筑工程中常用的气硬性胶凝材料有石灰、石膏和水玻璃。

3.1 石　　灰

石灰是人类在建筑中最早使用的胶凝材料之一，因其原材料蕴藏丰富、分布广，生产工艺简单，成本低，使用方便，所以至今仍被广泛应用于建筑工程中。

一、石灰的原料及生产

1. 石灰的原料

生产石灰的主要原料是以碳酸钙（$CaCO_3$）为主要成分的天然岩石，常用的有石灰石、白云石等，这些天然原料中常含有黏土杂质，一般要求黏土杂质控制在8%以内。

除了用天然原料生成外，石灰的另一来源是利用化学工业副产品。例如用电石（碳化钙）制取乙炔时生成的电石渣，其主要成分是氢氧化钙[$Ca(OH)_2$]，即消石灰。

2. 石灰的生产

石灰石经过煅烧生成生石灰,其化学反应式如下:

$$CaCO_3 \xrightarrow{900\sim1\ 100\ ℃} CaO+CO_2\uparrow -178\ kJ$$

正常温度下煅烧所得的生石灰具有多孔结构,内部孔隙率大,晶粒细小,表观密度小,与水作用速度快。实际生产中,若煅烧温度过低,煅烧时间不充足,则碳酸钙($CaCO_3$)不能完全分解,将生成欠火石灰,使用时产浆量较低,质量较差,降低石灰的利用率;若煅烧温度过高,煅烧时间过长,将生成颜色较深、表观密度较大的过火石灰,使用时会影响工程质量。

工程中使用的生石灰产品按加工情况分为生石灰块和磨细生石灰粉(简称生石灰粉)。生石灰呈白色或灰色,其主要成分是氧化钙(CaO)。因石灰原料中常含有一些碳酸镁($MgCO_3$)成分,所以经煅烧生成的生石灰中,也相应含有氧化镁(MgO)成分。当氧化镁(MgO)含量≤5%时,称为钙质石灰;当氧化镁(MgO)含量>5%时,称为镁质石灰。

二、石灰的熟化及硬化

1. 石灰的熟化(图 3-1)

生石灰加水生成氢氧化钙[$Ca(OH)_2$],这一过程称为生石灰的熟化,又称消解,其化学反应式如下:

$$CaO+H_2O \longrightarrow Ca(OH)_2+64.9\ kJ$$

石灰熟化时放出热量,其体积膨胀 1~2.5 倍。

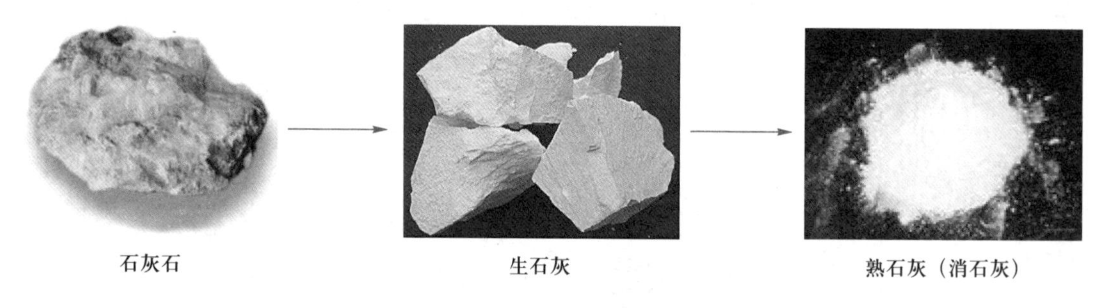

图 3-1 石灰生产及熟化过程

由于生石灰中的过火石灰表面包覆的釉状物结构紧密,所以熟化速度极慢。若熟化不充分,使用后因吸收空气中的水蒸气而逐步熟化膨胀,会使硬化砂浆或垫层产生隆起、开裂等破坏,因此应在储灰池中陈伏(即存放)不少于规定时间,充分熟化。对于生石灰块,陈伏期间,石灰浆表面应留有一层水,与空气隔绝,以免石灰碳化。生石灰粉因颗粒小,熟化速度快于生石灰块。

熟石灰又称消石灰,有两种使用形式:

(1) 石灰膏

石灰膏是生石灰加 3~4 倍的水,经熟化、沉淀、陈伏而得到的膏状体。石灰膏含水率约

50%。1 kg 生石灰可熟化成 1.5~3.5 L 石灰膏。

(2) 消石灰粉

消石灰粉是生石灰块加 60%~80% 的水，经熟化、陈伏而得到的粉状物（略湿，但不成团）。在工厂生产的消石灰粉是以生石灰为原料，经熟化、加工而制得的粉状物（干燥）。消石灰粉因熟化不充分，不可直接用于砂浆中。

2. 石灰的硬化

石灰在空气中的硬化包括两个同时进行的过程：

(1) 结晶作用

石灰浆在使用过程中，因游离水分逐渐蒸发和被砌体吸收，使得 $Ca(OH)_2$ 溶液过饱和而逐渐结晶析出，促进石灰浆体的硬化，同时干燥使浆体紧缩而产生强度，这个过程称为结晶。

(2) 碳化作用

$Ca(OH)_2$ 与空气中的 CO_2 作用，生成不溶解于水的 $CaCO_3$ 晶体，析出的水分则逐渐被蒸发，即

$$Ca(OH)_2+CO_2+nH_2O \longrightarrow CaCO_3\downarrow+(n+1)H_2O$$

这个过程称为碳化，形成的 $CaCO_3$ 晶体使硬化石灰浆体结构致密，强度提高。但由于空气中 CO_2 的浓度很低，故碳化过程极为缓慢。空气中湿度过小或过大均不利于石灰的碳化。

石灰硬化慢、强度低、不耐水。

三、石灰的技术要求及特性

1. 石灰的技术要求

根据我国建筑材料行业标准《建筑生石灰》（JC/T 479—2013）的规定，钙质石灰和镁质石灰根据化学成分的含量每类分为各个等级（表 3-1）。建筑生石灰的化学成分应符合表 3-2 的要求，物理性能应符合表 3-3 的要求。

表 3-1 建筑生石灰的分类

类别	名称	代号
钙质石灰	钙质石灰 90	CL90
	钙质石灰 85	CL85
	钙质石灰 75	CL75
镁质石灰	镁质石灰 85	ML85
	镁质石灰 80	ML80

注：CL—钙质石灰，ML—镁质石灰，数字指 CaO+MgO 的百分含量。

生石灰的识别标志由产品名称、加工情况和产品依据标准编号组成。例如，钙质生石灰粉 90 标记为：CL 90-QP JC/T 479—2013。其中，生石灰块在代号后加 Q，生石灰粉在代号后加 QP。

表 3-2 建筑生石灰的化学成分 %

产品名称	氧化钙+氧化镁（CaO+MgO）	氧化镁（MgO）	二氧化碳（CO_2）	三氧化硫（SO_3）
CL 90-Q CL 90-QP	≥90	≤5	≤4	≤2
CL 85-Q CL 85-QP	≥85	≤5	≤7	≤2
CL 75-Q CL 75-QP	≥75	≤5	≤12	≤2
ML 85-Q ML 85-QP	≥85	>5	≤7	≤2
ML 80-Q ML 80-QP	≥80	>5	≤7	≤2

注：Q—生石灰块，QP—生石灰粉。

表 3-3 建筑生石灰的物理性能

名称	产浆量/（dm^3/10 kg）	细度	
		0.2 mm 筛余量/%	90 μm 筛余量/%
CL 90-Q CL 90-QP	≥26 —	— ≤2	— ≤7
CL 85-Q CL 85-QP	≥26 —	— ≤2	— ≤7
CL 75-Q CL 75-QP	≥26 —	— ≤2	— ≤7
ML 85-Q ML 85-QP	—	— ≤2	— ≤7
ML 80-Q ML 80-QP	—	— ≤7	— ≤2

注：Q—生石灰块，QP—生石灰粉。

2. 石灰的特性

（1）保水性和可塑性好

生石灰熟化成的石灰浆具有良好的保水性和可塑性，用来配制建筑砂浆可显著提高砂浆的和易性，便于施工。

（2）凝结硬化慢、强度低

石灰浆的碳化很慢，且氢氧化钙[$Ca(OH)_2$]结晶量很少，因而硬化慢，强度很低。如石灰砂浆 28 d 抗压强度通常只有 0.2~0.5 MPa，不宜用于重要建筑物的基础。

（3）耐水性差

氢氧化钙[$Ca(OH)_2$]微溶于水，如果长期受潮或被水浸泡会使硬化的石灰溃散。若石灰浆体在完全硬化之前就处于潮湿的环境中，石灰中的水分不能蒸发出去，其硬化就会被阻止，所以石灰不宜在潮湿的环境中应用。

（4）硬化时体积收缩大

石灰浆在硬化过程中，要蒸发掉大量水分，引起体积收缩，易出现干缩裂缝，因此除调成石灰乳作薄层粉刷外，不宜单独使用。在使用时，常在其中掺加砂、麻刀、纸筋等以抵抗收缩引起的开裂。

四、石灰的应用与贮存

1. 石灰的应用

生石灰块破碎、粉磨后与含硅材料（如天然砂、粉煤灰等）混合，经熟化、成型、养护可制成硅酸盐建筑制品，如蒸压加气混凝土、蒸压灰砂砖、蒸压粉煤灰砖、粉煤灰砌块等。磨细生石灰粉与纤维材料（如玻璃纤维）或轻质骨料加水拌合成型，然后用二氧化碳（CO_2）进行人工碳化，可制成碳化石灰板，其加工性能好，适合作非承重的内隔墙板、天花板。

消石灰粉（或磨细生石灰粉）与黏土按一定比例拌合，可制成灰土（又称石灰土），消石灰粉（、水泥）与砂（可掺入少量黏土）、碎砖（或矿渣）可拌制成三合土（四合土），主要用在一些建筑物的地基、垫层和公路的路基上。

石灰膏和砂加水搅拌，可配制成混合砂浆，和砂、水泥加水搅拌，可配制成水泥混合砂浆，用于砌筑和抹灰。

2. 石灰的贮存

生石灰、消石灰粉都会吸收空气中的水分和二氧化碳（CO_2），生成碳酸钙（$CaCO_3$）粉末，从而失去胶凝能力，所以在工地上贮存时要防止受潮，且数量不宜太多，时间不宜太久。另外，石灰熟化时要放出大量的热，因此应将生石灰与可燃物分开保管，以免引起火灾。通常进场后可立即陈伏，将贮存期变为熟化期，石灰浆表面留一层水，与空气隔绝。

3.2　石　　膏

石膏具有比石灰更优越的建筑性能，它的原材料蕴藏丰富，生产工艺简单，所以石膏不仅是一种有悠久历史的古老的胶凝材料，还是一种有发展前途的新型建筑材料。

一、建筑石膏的生产、水化与凝结硬化

1. 建筑石膏的生产

（1）以天然石膏为原料

将天然石膏（$CaSO_4 \cdot 2H_2O$，又称生石膏或软石膏）加热脱水，反应式如下：

$$CaSO_4 \cdot 2H_2O \xrightarrow{107\sim170\ ℃} CaSO_4 \cdot \frac{1}{2}H_2O + \frac{3}{2}H_2O$$

（生石膏）　　　　　　（熟石膏）

生成的产物为 β 型半水石膏（熟石膏），此熟石膏磨细得到的白色粉末为建筑石膏，其生产的主要工序是破碎、加热与磨细。

（2）以工业副产石膏为原料

工业副产石膏是工业生产过程中产生的富含二水硫酸钙（$CaSO_4 \cdot 2H_2O$）的副产品，例如烟气脱硫石膏和磷石膏。将工业副产石膏经脱水处理，制得以 β 型半水硫酸钙为主要成分的工业副产建筑石膏。

2. 水化与凝结硬化

建筑石膏与水拌合后，很快与水发生化学反应（水化），反应式如下：

$$CaSO_4 \cdot \frac{1}{2}H_2O + \frac{3}{2}H_2O \longrightarrow CaSO_4 \cdot 2H_2O$$

由于二水石膏的溶解度比半水石膏小得多，所以二水石膏不断从过饱和溶液中沉淀而析出胶体微粒。二水石膏的析出促使上述水化反应继续进行，直至半水石膏全部转化为二水石膏为止。石膏浆体中的水分因水化和蒸发而减少，浆体的稠度逐渐增加，使浆体逐渐失去可塑性，产生凝结。随着水化的不断进行，胶体凝结并转变为晶体。晶体颗粒间相互搭接、交错、共生，使浆体完全失去可塑性，产生强度，硬化，最终成为具有一定强度的人造石材。

二、建筑石膏的技术要求

根据国家标准《建筑石膏》（GB/T 9776—2008）的规定，建筑石膏按原材料种类可分为三类：天然建筑石膏（N）、脱硫建筑石膏（S）、磷建筑石膏（P）。按 2 h 抗折强度可分为 3.0、2.0、1.6 三个等级，各个等级建筑石膏的技术指标见表 3-4。其中，抗折强度和抗压强度为试样与水接触 2 h 后测得的。

表 3-4　各个等级建筑石膏的技术指标

等级	细度（0.2 mm 方孔筛筛余）/%	凝结时间/min		2 h 强度/MPa	
		初凝	终凝	抗折	抗压
3.0	≤10	≥3	≤30	≥3.0	≥6.0
2.0				≥2.0	≥4.0
1.6				≥1.6	≥3.0

建筑石膏按产品名称、代号、等级及标准编号的顺序进行产品标记。例如，等级为 2.0 的

天然建筑石膏标记为:建筑石膏 N 2.0 GB/T 9776—2008。

建筑石膏在运输和贮存时,应防止受潮及混入杂物。建筑石膏自生产之日起,在正常运输与贮存条件下,贮存期为3个月。

三、建筑石膏的特性

1. 凝结硬化快

建筑石膏与水拌合后,在常温下10 min内可初凝,30 min内可达终凝。在室内自然干燥状态下,达到完全硬化约需一周。为满足施工操作的要求,一般需加入缓凝剂。

2. 微膨胀性

建筑石膏硬化过程中体积略有膨胀,硬化时不出现裂缝,所以可以不掺加填料而单独使用,可以浇筑成型,制得尺寸准确、表面光滑的构件或装饰图案,可锯可钉。

3. 孔隙率大、强度低

石膏硬化后孔隙率可达50%~60%,因此建筑石膏质轻、隔热、吸声性好,且具有一定的调湿性,是良好的室内装饰材料。但孔隙率大使石膏制品的强度低、吸水率大。

4. 耐水性差、抗冻性差

建筑石膏制品软化系数小(为0.2~0.3),耐水性差,若吸水后受冻,将因水分结冰体积膨胀而崩裂,故建筑石膏的耐水性和抗冻性都较差,不宜用于室外。

5. 耐火性好

石膏硬化后的结晶物 $CaSO_4 \cdot 2H_2O$ 受到火烧时,结晶水蒸发吸收热量,并在表面生成具有良好绝热性的无水石膏,可起到阻止火势蔓延和温度升高的作用,所以石膏有良好的耐火性。

四、建筑石膏的应用

建筑石膏不仅具有如上所述的许多优良性能,还具有无污染、保温绝热、吸声阻燃等方面的优点,一般做成石膏抹面灰浆、建筑装饰制品和石膏板等,如图3-2所示。

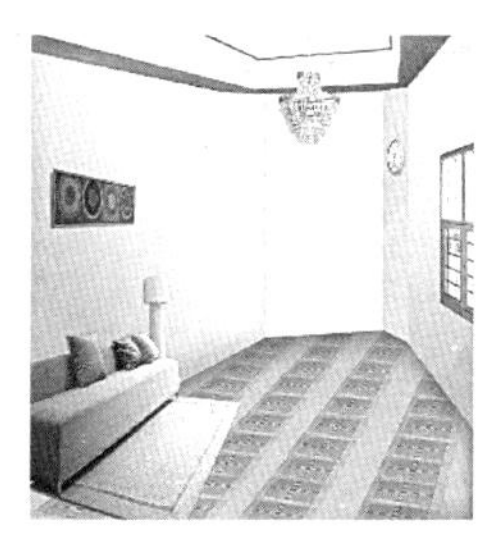

室内粉刷

石膏制品

石膏板

图3-2 建筑石膏的应用

1. 室内抹灰及粉刷

建筑石膏加水、砂拌合成石膏砂浆，可用于室内抹灰，具有绝热、阻火、隔声、舒适、美观等特点。抹灰后的墙面和天棚还可以直接涂刷油漆及粘贴墙纸。

建筑石膏加水和缓凝剂调成石膏浆体，掺入部分石灰可用作室内粉刷涂料。粉刷后的墙面光滑、细腻、洁白、美观。

2. 建筑装饰制品

以石膏为主要原料，掺加少量的纤维增强材料和胶黏剂，加水搅拌成石膏浆体，利用石膏硬化时体积微膨胀的性能，可制成各种石膏雕塑、饰面板及石膏角线、线板、角花、灯圈、罗马柱等建筑装饰品。

3. 石膏板

我国目前生产的石膏板，主要有纸面石膏板、石膏空心条板、石膏装饰板和纤维石膏板等。

(1) 纸面石膏板

纸面石膏板是用石膏作芯材，两面用纸作护面而成的，规格为宽度 900~1 200 mm，厚度 9~12 mm，长度可按需要而定，主要用于内墙、隔墙和天花板等处。

(2) 石膏空心条板

石膏空心条板以建筑石膏为主要原料，规格为(2 500~3 500) mm×(450~600) mm×(60~100)mm，7~9 孔，孔洞率为 30%~40%。这种石膏板强度高，可用作住宅和公共建筑的内墙和隔墙等，安装时不需龙骨。

(3) 石膏装饰板

石膏装饰板以建筑石膏为主要原料，规格为边长 300 mm、400 mm、500 mm、600 mm、900 mm 的正方形，有平板、多孔板、花纹板、浮雕板及装饰薄板等，花色多样、颜色鲜艳、造型美观，主要用于公共建筑，可作为墙面和天花板等。

(4) 纤维石膏板

纤维石膏板以建筑石膏、纸板和短切玻璃纤维为原料，这种板的抗弯强度高，可用于内墙和隔墙，也可用来代替木材制作家具。

此外，还有石膏蜂窝板、防潮石膏板、石膏矿棉复合板等，可分别用作绝热板、吸声板、内墙和隔墙板、天花板、地面基层板等。

3.3 水 玻 璃

水玻璃又称泡花碱，是一种碱金属气硬性胶凝材料。在建筑工程中常用来配制水玻璃水泥、水玻璃砂浆、水玻璃混凝土。水玻璃在防酸和耐热工程中应用广泛。

一、水玻璃生产简介

1. 固体水玻璃

目前,生产水玻璃的主要方法是以纯碱和石英砂为原料,将其磨细拌匀后,在 1 300~1 400 ℃的熔炉中熔融,经冷却后生成固体水玻璃。

2. 液体水玻璃

液体水玻璃是将固体水玻璃装进蒸压釜内,通入水蒸气使其溶于水而得,或者将石英砂和氢氧化钠溶液在蒸压釜内(0.2~0.3 MPa)用水蒸气加热并搅拌,使其直接反应而生成液体水玻璃,其溶液具有碱性溶液的性质。纯净的水玻璃溶液应为无色透明液体,但因含杂质常呈浅蓝色。

二、水玻璃硬化

水玻璃溶液在空气中吸收二氧化碳,形成无定形硅酸凝胶,并逐渐干燥而硬化。这个过程进行得很慢,在使用过程中,常将水玻璃加热或加入氟硅酸钠(Na_2SiF_6)作为促硬剂,以加快水玻璃的硬化速度。

氟硅酸钠的适宜用量为水玻璃质量的 12%~15%。氟硅酸钠也能提高水玻璃的耐水性。

三、水玻璃的特性

根据碱金属氧化物的不同,水玻璃可分为硅酸钠水玻璃和硅酸钾水玻璃等,其中硅酸钠水玻璃最常用。硅酸钠水玻璃($Na_2O \cdot nSiO_2$)的组成中,氧化硅和氧化钠的分子比 n,称为水玻璃的模数,一般在 1.5~3.5 之间,它的大小决定水玻璃的品质及应用性能。模数低的固体水玻璃较易溶于水,黏结能力较差;而模数越高,水玻璃的黏度越大,越难溶于水。

水玻璃溶液可与水按任意比例混合,不同的用水量可使溶液具有不同的密度和黏度。同一模数的水玻璃溶液,其密度越大,黏度越大,黏结能力越强。若在水玻璃中加入尿素,可在不改变黏度的情况下,提高其黏结能力。

水玻璃还具有很强的耐酸腐蚀性,能抵抗多数无机酸、有机酸和侵蚀性气体的腐蚀。水玻璃硬化时析出的硅酸凝胶还能堵塞材料的毛细孔隙,起到阻止水分渗透的作用。水玻璃还具有良好的耐热性能,在高温下不分解,强度不降低,甚至有所增加。

另外,水玻璃对眼睛和皮肤有一定的灼伤作用,使用过程中应注意安全,做好防护。

四、水玻璃的应用

1. 耐酸材料

以水玻璃为胶凝材料配制的耐酸胶泥、耐酸砂浆及耐酸混凝土广泛用于防腐工程中。

2. 耐热材料

水玻璃耐高温性能良好,能长期承受一定高温作用而强度不降低,可配制成耐热混凝土和耐热砂浆。

3. 涂料

利用水玻璃溶液可涂刷建筑材料表面或浸渍多孔材料,它渗入材料的缝隙或孔隙中,可增加材料的密实度和强度,增强抗风化能力。但不能对石膏制品进行涂刷或浸渍,因为水玻璃与石膏反应生成硫酸钠晶体,会在制品孔隙内部产生体积膨胀,使石膏制品破坏。

4. 灌浆材料

将水玻璃与氯化钙溶液交替灌入土壤中,两种溶液发生化学反应,析出硅酸胶体,起到胶结和填充土壤空隙的作用,并可阻止水分的渗透,增加土壤的密实度和强度。

5. 防水堵漏材料

将水玻璃溶液掺入砂浆或混凝土中,可使其急速凝结硬化,用于结构物的修补堵漏。另外,水玻璃加入各种矾的水溶液,可配制成水泥砂浆或混凝土的防水剂。

3.4 镁质胶凝材料——氯氧镁水泥

镁质胶凝材料是国家提倡发展的新型胶凝材料,分为氯氧镁水泥、硫氧镁水泥、磷酸镁水泥,它们和通用硅酸盐水泥不同,属于气硬性胶凝材料,其中氯氧镁水泥应用最广。氯氧镁水泥是由轻烧氧化镁粉(MgO)、凝固调和剂氯化镁($MgCl_2$)和水(H_2O)经合理配制而成的气硬性胶凝材料。

一、轻烧氧化镁粉的生产

轻烧氧化镁粉(又称菱苦土)常用天然菱镁矿或白云石等为原材料,经煅烧、磨细而成。化学反应式如下:

$$MgCO_3 \longrightarrow MgO + CO_2 \uparrow$$

在实际生成过程中,煅烧温度为750~850 ℃,生成过程中要控制煅烧温度,若煅烧温度过低,碳酸镁($MgCO_3$)不能完全分解,易降低胶凝性;若煅烧温度过高,造成氧化镁(MgO)过烧而使水化反应减慢,也会降低胶凝性。

二、氯氧镁水泥的凝结硬化

轻烧氧化镁粉用水拌合时,将发生缓慢的水化,反应式如下:

$$MgO + H_2O \longrightarrow Mg(OH)_2$$

生成的氢氧化镁[$Mg(OH)_2$]疏松而无胶凝性，强度也低，故通常用氯化镁($MgCl_2$)、硫酸镁($MgSO_4$)、氯化铁($FeCl_3$)等盐类的溶液拌合，以改善其性能。其中以氯化镁($MgCl_2$)溶液最好，水化生成的氧氯化镁结晶速度比氢氧化镁快，加速了镁质胶凝材料的凝结硬化速度，制品强度显著提高，可达 40~60 MPa，被称为氯氧镁水泥，反应式如下：

$$m\mathrm{MgO}+n\mathrm{MgCl_2}+6\mathrm{H_2O} \longrightarrow m\mathrm{MgO}\cdot n\mathrm{MgCl_2}\cdot 6\mathrm{H_2O}$$

我国东北地区有丰富的菱镁矿，青海盐湖地区提钾过程中产生大量氯化镁($MgCl_2$)，无需精加工就可直接用于生产氯氧镁水泥，可利用资源，降低成本。但氯氧镁水泥吸湿性强，耐水性差，容易返卤和翘曲。工程上可用硫酸镁、铁矾做调和剂，可降低氯氧镁水泥制品的吸水率，提高耐水性。掺入适当的优质粉煤灰、磨细矿渣粉等，也可以提高氯氧镁水泥制品的耐水性。

三、氯氧镁水泥的特性与应用

(1) 氯氧镁水泥轻质、防火，可与粗、细骨料和增强纤维制成氯氧镁水泥板块，包括天棚板、内隔墙板、地板等。

(2) 氯氧镁水泥抗冻、耐碱腐蚀，用其拌制的混凝土适用于高寒、高盐渍地区的道路工程。

(3) 氯氧镁水泥可用于生产防火板、防火门芯、通风管道、罗马柱、文化石及文化砖等。

(4) 氯氧镁水泥吸湿性强、耐水性差，只能用于干燥的环境中，不适用于受潮、遇水和受酸类侵蚀的地方。保存、贮运中都要避免受潮，也不可久存。因氯离子对钢筋有锈蚀作用，所以氯氧镁水泥不宜配置钢筋。

复习思考题

1. 举例说明气硬性胶凝材料与水硬性胶凝材料的特点。
2. 什么是过火石灰和欠火石灰，它们对石灰质量有何影响？如何消除？
3. 用于内墙面抹灰时，建筑石膏与石灰比较具有哪些优点？为什么？
4. 建筑石膏及制品为什么适用于室内，而不适用于室外？
5. 水玻璃的主要特性和用途有哪些？
6. 氯氧镁水泥在工程上有哪些用途？

单元4
水　泥

学习目标

了解：通用硅酸盐水泥的原料、生产过程，水泥水化的凝结硬化过程及机理，其他品种水泥的特点及应用。

熟悉：通用硅酸盐水泥熟料的矿物组成及每种矿物单独在水泥中所起的作用。

掌握：通用硅酸盐水泥的技术性能、检测方法及应用，水泥的选用原则及包装、标志、贮存、运输。

水泥是一种应用极为广泛的水硬性无机胶凝材料，它与水拌合后，经水化反应由稀变稠，最终形成坚硬的水泥石。水泥水化凝结硬化过程中还可以将砂、石等散粒材料胶结成整体而形成各种水泥制品。

水泥是建筑业的基本材料，使用广、用量大，素有建筑业的粮食之称。它广泛用于建筑、交通、水利、电力、国防建设等工程。

水泥品种较多，按其矿物组成可分为硅酸盐水泥、铝酸盐水泥、硫铝酸盐水泥、磷酸盐水泥等。按其用途和特性可分为通用水泥、专用水泥和特性水泥。适用于大多数建筑工程的是通用硅酸盐水泥。

我国水泥工业的发展历史

4.1　通用硅酸盐水泥

通用硅酸盐水泥是以硅酸盐水泥熟料和适量的石膏及规定的混合材料制成的水硬性胶凝材料。硅酸盐水泥熟料是由主要含氧化钙（CaO）、二氧化硅（SiO_2）、三氧化二铝（Al_2O_3）、三氧化二铁（Fe_2O_3）的原料，按适当比例磨成细粉烧至部分熔融所得以硅酸钙为主要矿物成分的水硬性胶凝物质。其中硅酸钙矿物不小于66%，氧化钙和二氧化硅质量比不小于2.0。

在硅酸盐水泥磨细的过程中，常掺入一些天然或人工合成的矿物材料、工业废渣，称为混合材料。

掺入混合材料的目的是为了改善水泥的某些性能、调整水泥强度、增加水泥品种、扩大水泥的使用范围、综合利用工业废料、节约能源、降低水泥成本等，有利于污染治理、生态保护，推进降碳、减污、绿色低碳发展。

混合材料按其掺入水泥后的作用可分为两大类:活性混合材料和非活性混合材料。活性混合材料掺入硅酸盐水泥后,能与水泥水化产物中的氢氧化钙起化学反应,生成水硬性胶凝材料,凝结硬化后具有强度并能改善硅酸盐水泥的某些性质。

非活性混合材料与水泥成分不起化学反应,或者化学反应很微小。它的掺入仅能起调节水泥强度、增加水泥产量、降低水化热等作用。实质上,非活性混合材料在水泥中仅起填充料的作用,所以又称为填充性混合材料。

一、通用硅酸盐水泥的生产简介

生产通用硅酸盐水泥的原料主要是石灰质原料和黏土质原料两类。石灰质原料(如石灰石、石灰质凝灰岩等,其中多用石灰石)主要提供氧化钙(CaO),黏土质原料(如黏土、黄土、页岩、泥岩等,其中以黏土与黄土用得最广)主要提供二氧化硅(SiO_2)、三氧化二铝(Al_2O_3)及少量三氧化二铁(Fe_2O_3)。为满足成分的要求还常用校正原料,例如用铁矿粉等铁质校正原料补充三氧化二铁(Fe_2O_3)的含量,用砂岩、粉砂岩等硅质校正原料补充二氧化硅(SiO_2)的含量。

生产水泥时,先把几种原料按适当的比例混合,在球磨机中磨成生料,然后将制得的生料在回转窑或立窑内经 1 350~1 450 ℃高温煅烧,再把烧好的熟料和适当的石膏及混合材料混合,在球磨机中磨细,就得到水泥。因此,水泥生产过程可概括为"两磨一烧",其工艺流程如图 4-1 所示。

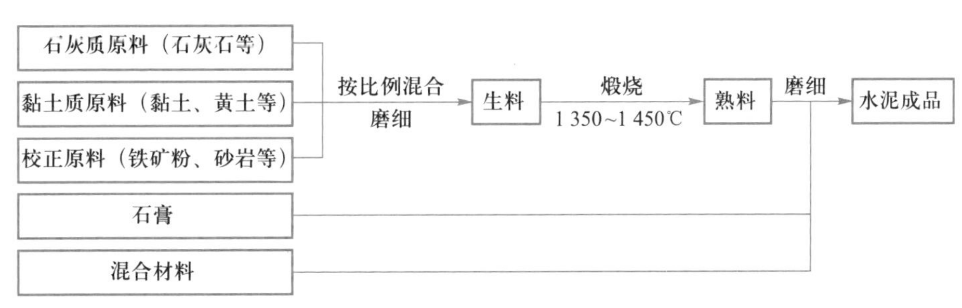

图 4-1 水泥生产工艺流程

水泥生料的配合比例不同,直接影响水泥熟料的矿物成分比例和主要建筑性能,通用硅酸盐水泥生料在窑内的烧成(煅烧)过程,是保证水泥熟料质量的关键。

二、通用硅酸盐水泥熟料的矿物组成及特性

通用硅酸盐水泥熟料的主要矿物组成及其含量见表 4-1。

表 4-1 通用硅酸盐水泥熟料的主要矿物组成及其含量

化合物名称	氧化物成分	缩写符号	含量
硅酸三钙	$3CaO \cdot SiO_2$	C_3S	37%~60%

续表

化合物名称	氧化物成分	缩写符号	含量
硅酸二钙	$2CaO \cdot SiO_2$	C_2S	15% ~37%
铝酸三钙	$3CaO \cdot Al_2O_3$	C_3A	7% ~15%
铁铝酸四钙	$4CaO \cdot Al_2O_3 \cdot Fe_2O_3$	C_4AF	10% ~18%

水泥之所以有许多优良的技术性能，主要是由于水泥熟料中几种主要矿物水化作用的结果，各种熟料矿物单独与水作用时表现出的特性见表 4-2。

表 4-2 各种熟料矿物单独与水作用时表现出的特性

性质		硅酸三钙	硅酸二钙	铝酸三钙	铁铝酸四钙
凝结硬化速度		快	慢	最快	较快
水化时放热量		高	低	最高	中
强度	高低	高	早期低、后期高	低	低
	发展	快	慢	快	较快

水泥是几种熟料矿物的混合物，改变熟料矿物成分的比例，水泥的性质也发生变化。如提高硅酸三钙的含量，可制成高强水泥；降低铝酸三钙、硅酸三钙的含量，可制成水化热低的大坝水泥等。

三、通用硅酸盐水泥的凝结和硬化过程

水泥用适量的水调和后，最初形成具有可塑性的浆体，随着时间的增长，失去可塑性（但尚无强度），这一过程称为初凝，开始具有强度时称为终凝。由初凝到终凝的过程称为水泥的凝结。此后，产生明显的强度并逐渐发展而成为坚硬的石状物——水泥石，这一过程称为水泥的硬化。水泥的凝结和硬化是人为划分的，实际上是一个连续、复杂的物理化学变化过程，这些变化决定了水泥的某些性质，对水泥的应用有着重要意义。

1. 水泥的水化、凝结和硬化

水泥加水后，水泥颗粒被水包围，其熟料矿物颗粒表面立即与水发生化学反应，生成一系列新的化合物，并放出一定的热量。其反应式如下：

$$2(3CaO \cdot SiO_2)+6H_2O = 3CaO \cdot 2SiO_2 \cdot 3H_2O+3Ca(OH)_2$$

$$2(2CaO \cdot SiO_2)+4H_2O = 3CaO \cdot 2SiO_2 \cdot 3H_2O+Ca(OH)_2$$

$$3CaO \cdot Al_2O_3+6H_2O = 3CaO \cdot Al_2O_3 \cdot 6H_2O$$

$$4CaO \cdot Al_2O_3 \cdot Fe_2O_3+7H_2O = 3CaO \cdot Al_2O_3 \cdot 6H_2O+CaO \cdot Fe_2O_3 \cdot H_2O$$

为了调节水泥的凝结时间，在熟料磨细时应掺加适量（3%左右）石膏，这些石膏与部分水

化铝酸钙反应，生成难溶的水化硫铝酸钙的针状晶体，它包裹在水泥颗粒表面形成保护膜，从而延缓了水泥的凝结时间。

由此可见，通用硅酸盐水泥与水作用后，生成的主要水化产物有水化硅酸钙、水化铁酸钙凝胶体，氢氧化钙、水化铝酸钙和水化硫铝酸钙晶体。在完全水化的水泥石中，水化硅酸钙约占 70%，氢氧化钙约占 25%。

当水泥加水拌合后（图 4-2a），在水泥颗料表面即发生化学反应，生成的水化产物聚集在颗粒表面形成凝胶薄膜（图 4-2b），它使水化反应减慢。表面形成的凝胶薄膜使水泥浆体具有可塑性，由于生成的胶体状水化产物在某些点接触，构成疏松的网状结构，使浆体失去流动性和部分可塑性，这时为初凝。之后，由于凝胶薄膜的破裂，使水泥与水又迅速而广泛地接触，反应继续加速，生成较多量的水化硅酸钙凝胶体、氢氧化钙和水化硫铝酸钙晶体等水化产物，它们相互接触连生（图 4-2c），到一定程度，浆体完全失去可塑性，建立起充满全部间隙的紧密的网状结构，并在网状结构内部不断充实水化产物，使水泥具有一定的强度，这时为终凝。当水泥颗粒表面重新被水化产物所包裹，水化产物层的厚度和致密程度不断增加，水泥浆体趋于硬化，形成具有较高强度的水泥石（图 4-2d）。硬化水泥石由凝胶体、晶体、毛细管孔隙和未水化的水泥熟料颗粒所组成。

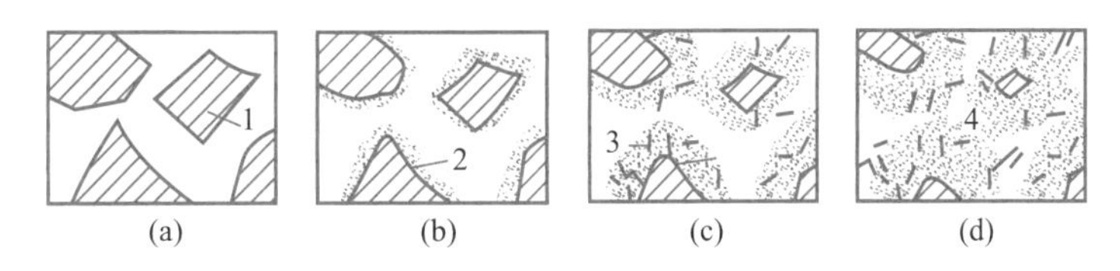

1—未水化水泥颗粒；2—水泥凝胶体；3—氢氧化钙等晶体；4—毛细管孔隙。

图 4-2 水泥凝结和硬化过程示意图

由此可见，水泥的水化和凝结硬化过程是一个连续的过程。水化是水泥产生凝结和硬化的前提，而凝结和硬化是水泥水化的结果。凝结和硬化又是同一过程的不同阶段，凝结标志着水泥浆失去流动性而具有一定的塑性强度，硬化则表示水泥浆固化后所建立的网状结构具有一定的机械强度。

2. 影响水泥凝结和硬化的主要因素

水泥的凝结和硬化除了与水泥的矿物组成有关外，还与水泥的细度、拌合水量、硬化环境（温度、湿度）和硬化时间有关。水泥颗粒细，水化快，凝结与硬化也快。拌合水量多，水化后形成的胶体稀，水泥的凝结和硬化就慢。温度对水泥的水化以及凝结和硬化的影响很大，当温度高时，水泥的水化作用加速，从而凝结和硬化的速度也就加快，所以采用蒸汽养护是加速凝结和硬化的方法之一。当温度低时，凝结和硬化的速度减慢，当温度低于 0 ℃时，水化基本停止。因此冬期施工时需采取保温措施，以保证水泥正常凝结和强度的正常发展。水泥石的强度只有在潮湿的环境中才能不断增长，若处于干燥环境中，当水分蒸发完毕后，水化作用将无法继续进行，硬化即停止，强度也不再增长，所以混凝土工程在浇筑后 2 ~ 3 周的时间内，必须注意洒水养护。水泥石的强度随着硬化时间而增长，一般在 3 ~ 7 d 内强度增长最快，在 28 d 内增长较快，以后渐慢，但持续时间很长。

四、通用硅酸盐水泥的种类

通用硅酸盐水泥按混合材料的品种和掺量分为硅酸盐水泥、普通硅酸盐水泥、矿渣硅酸盐水泥、火山灰质硅酸盐水泥、粉煤灰硅酸盐水泥和复合硅酸盐水泥。

1. 硅酸盐水泥

国家标准《通用硅酸盐水泥》(GB 175—2007)将硅酸盐水泥(波特兰水泥)分为两种类型:不掺混合材料的称为Ⅰ型硅酸盐水泥，代号 P·Ⅰ；在硅酸盐水泥粉磨时掺加不超过水泥质量 5% 的石灰石或粒化高炉矿渣混合材料的称为Ⅱ型硅酸盐水泥，代号 P·Ⅱ。

2. 普通硅酸盐水泥

国家标准《通用硅酸盐水泥》(GB 175—2007)规定，普通硅酸盐水泥中活性混合材料掺加量应大于 5% 且不大于 20%，其中允许用不超过水泥质量 8% 的非活性混合材料或不超过水泥质量 5% 的窑灰代替，代号 P·O。

3. 矿渣硅酸盐水泥

国家标准《通用硅酸盐水泥》(GB 175—2007)规定，矿渣硅酸盐水泥中矿渣掺加量应大于 20% 且不大于 70%，其中允许用石灰石、窑灰、粉煤灰和火山灰质混合材料中的任一种代替矿渣，代替数量不得超过水泥质量的 8%。矿渣硅酸盐水泥分为 A 型和 B 型。A 型矿渣掺加量大于 20% 且不大于 50%，代号 P·S·A；B 型矿渣掺加量大于 50% 且不大于 70%，代号 P·S·B。

4. 火山灰质硅酸盐水泥

国家标准《通用硅酸盐水泥》(GB 175—2007)规定，火山灰质硅酸盐水泥中火山灰质混合材料掺加量应大于 20% 且不大于 40%，代号 P·P。

5. 粉煤灰硅酸盐水泥

国家标准《通用硅酸盐水泥》(GB 175—2007)规定，粉煤灰硅酸盐水泥中粉煤灰掺加量应大于 20% 且不大于 40%，代号 P·F。

6. 复合硅酸盐水泥

国家标准《通用硅酸盐水泥》(GB 175—2007)规定，复合硅酸盐水泥中掺入两种或两种以上规定的混合材料，且混合材料的掺加量应大于 20% 且不大于 50%，其中允许用不超过水泥质量 8% 的窑灰代替，代号 P·C。需要注意的是，掺入矿渣时，混合材料掺加量不得与矿渣硅酸盐水泥重复。

五、通用硅酸盐水泥的技术要求

通用硅酸盐水泥的技术要求如下：

1. 细度

细度是指水泥颗粒的粗细程度。同样成分的水泥，颗粒越细，与水接触的表面积越大，水化反应越快，早期强度越高。但颗粒过细，硬化时收缩较大，易产生裂缝，贮存期间容易吸收水分和二氧化碳而失去活性。另外，颗粒细则粉磨过程中的能耗高，水泥成本提高，因此细度应适宜。硅酸盐水泥的细度用勃氏比表面积仪来测定。国家标准《通用硅酸盐水泥》（GB 175—2007）规定：硅酸盐水泥和普通硅酸盐水泥的细度以比表面积（比表面积是指单位质量水泥颗粒的总表面积）表示，不小于 300 m^2/kg。矿渣硅酸盐水泥、火山灰质硅酸盐水泥、粉煤灰硅酸盐水泥和复合硅酸盐水泥的细度以筛余百分率表示，80 μm 方孔筛筛余百分率不大于 10% 或 45 μm 方孔筛筛余百分率不大于 30%。

2. 标准稠度用水量

在进行水泥的凝结时间、体积安定性测定时，要求必须采用标准稠度的水泥净浆来测定。标准稠度用水量是指水泥拌制成标准稠度时所需的用水量，以占水泥质量的百分率表示，用维卡仪测定。不同的水泥品种，水泥的标准稠度用水量各不相同，一般在 24%～33% 之间。

水泥的标准稠度用水量主要取决于熟料矿物的组成、混合材料的种类及水泥的细度。

3. 凝结时间

水泥的凝结时间分初凝时间和终凝时间。初凝时间为自水泥全部加入水中时起，至水泥浆（标准稠度）开始失去可塑性为止所需的时间。终凝时间为自水泥全部加入水中时起，至水泥浆完全失去可塑性并开始产生强度所需的时间。

水泥的凝结时间在施工中具有重要意义。初凝的时间不宜过短，以便有足够的时间对混凝土进行搅拌、运输和浇筑。当施工完毕之后，则要求混凝土尽快硬化，产生强度，以利下一步施工工作的进行。因此，水泥终凝时间又不宜过迟。

国家标准《通用硅酸盐水泥》（GB 175—2007）规定：硅酸盐水泥初凝时间不小于 45 min，终凝时间不大于 390 min。普通硅酸盐水泥、矿渣硅酸盐水泥、火山灰质硅酸盐水泥、粉煤灰硅酸盐水泥和复合硅酸盐水泥初凝时间不小于 45 min，终凝时间不大于 600 min。

4. 安定性

水泥的安定性是指水泥在凝结硬化过程中体积变化的均匀性。如果水泥凝结硬化后体积变化不均匀，混凝土构件将产生膨胀性裂缝，降低建筑物质量，甚至引起严重事故，这就是水泥的安定性不良。安定性不良的水泥作不合格品处理，不能用于工程中。

引起水泥安定性不良的原因，一般是由于熟料中含有过量的游离氧化钙（f-CaO）、游离氧化镁（f-MgO）或三氧化硫（SO_3），或者粉磨熟料时掺入的石膏过量。熟料中所含的 f-CaO 和

f-MgO 都是过烧的，熟化很慢，它们在水泥凝结硬化后才慢慢熟化：

$$CaO+H_2O = Ca(OH)_2$$

$$MgO+H_2O = Mg(OH)_2$$

熟化过程中产生体积膨胀，使水泥石开裂。过量的石膏将与已固化的水化铝酸钙作用生成水化硫铝酸钙晶体，产生 1.5 倍体积膨胀，造成已硬化的水泥石开裂。

由游离氧化钙引起的安定性不良可采用沸煮法检验。国家标准《通用硅酸盐水泥》(GB 175—2007)规定，通用硅酸盐水泥的安定性需经沸煮法检验合格。同时规定，硅酸盐水泥和普通硅酸盐水泥中游离氧化镁含量不得超过 5.0%，三氧化硫含量不得超过 3.5%。如果水泥压蒸试验合格，则水泥中氧化镁含量(质量分数)允许放宽至 6.0%。矿渣硅酸盐水泥中三氧化硫含量不得超过 4.0%。P·S·A 型矿渣硅酸盐水泥中游离氧化镁含量不得超过 6.0%，如果水泥中氧化镁的含量大于 6.0%，需进行水泥压蒸试验并合格。

火山灰质硅酸盐水泥、粉煤灰硅酸盐水泥、复合硅酸盐水泥中三氧化硫含量不得超过 3.5%，游离氧化镁含量不得超过 6.0%，如果水泥中氧化镁的含量大于 6.0%，需进行水泥压蒸试验并合格。

5. 强度

水泥强度是表示水泥力学性能的重要指标，水泥的强度除了与水泥本身(矿物组成、细度)有关外，还与水胶比、试件制作方法、养护条件和养护时间有关。

国家标准《水泥胶砂强度检验方法(ISO 法)》(GB/T 17671—2021)规定，以水泥和中国 ISO 标准砂为 1∶3(按质量计)，水胶比为 0.5 的配合比，用标准方法制成 40 mm×40 mm×160 mm 棱柱体标准试件，在标准条件下养护，测定其达到规定龄期的抗折强度和抗压强度。

为提高水泥的早期强度，现行标准将水泥分为普通型和早强型(R 型)两个型号。硅酸盐水泥按照 3 d、28 d 的抗压强度、抗折强度，分为 42.5、42.5R、52.5、52.5R、62.5、62.5R 六个强度等级。普通硅酸盐水泥的强度等级分为 42.5、42.5R、52.5、52.5R 四个等级。矿渣硅酸盐水泥、火山灰质硅酸盐水泥、粉煤灰硅酸盐水泥、复合硅酸盐水泥的强度等级分为 32.5、32.5R、42.5、42.5R、52.5、52.5R 六个等级。2016 年国务院办公厅印发《关于促进建材工业稳增长调结构增效益的指导意见》(国办发〔2016〕34 号)，要求停止生产 32.5 等级复合硅酸盐水泥，重点生产 42.5 级以上等级产品。通用硅酸盐水泥各等级、各龄期的强度不得低于表 4-3 中规定的数值。

6. 水化热

水泥在水化过程中所放出的热量，称为水泥的水化热。大部分的水化热是在水化初期(7 d 内)放出的，以后则逐渐减少。水泥放热量的大小及速度首先取决于水泥熟料的矿物组成和细度。冬期施工时，水化热有利于水泥的正常凝结硬化。对大体积混凝土工程，如大型基础、大坝、桥墩等，水化热大是不利的。因为积聚在内部的水化热不易散出，常使内部温度高达 50~60 ℃。由于混凝土表面散热很快，内外温差引起的应力可使混凝土产生裂缝。因此对大体积混凝土工程，应采用水化热较低的水泥。

表 4-3 通用硅酸盐水泥各等级、各龄期的强度 MPa

品种	强度等级	抗压强度		抗折强度	
		3 d	28 d	3 d	28 d
硅酸盐水泥	42.5	≥17.0	≥42.5	≥3.5	≥6.5
	42.5R	≥22.0		≥4.0	
	52.5	≥23.0	≥52.5	≥4.0	≥7.0
	52.5R	≥27.0		≥5.0	
	62.5	≥28.0	≥62.5	≥5.0	≥8.0
	62.5R	≥32.0		≥5.5	
普通硅酸盐水泥	42.5	≥17.0	≥42.5	≥3.5	≥6.5
	42.5R	≥22.0		≥4.0	
	52.5	≥23.0	≥52.5	≥4.0	≥7.0
	52.5R	≥27.0		≥5.0	
矿渣硅酸盐水泥 火山灰质硅酸盐水泥 粉煤灰硅酸盐水泥 复合硅酸盐水泥	32.5	≥10.0	≥32.5	≥2.5	≥5.5
	32.5R	≥15.0		≥3.5	
	42.5	≥15.0	≥42.5	≥3.5	≥6.5
	42.5R	≥19.0		≥4.0	
	52.5	≥21.0	≥52.5	≥4.0	≥7.0
	52.5R	≥23.0		≥4.5	

注：2015 年第 2 号修改单取消了 32.5 级复合硅酸盐水泥产品。2018 年第 3 号修改单取消了 32.5R 级复合硅酸盐水泥产品。

7. 密度与堆积密度

硅酸盐水泥的密度一般为 3.0~3.20 g/cm³，通常采用 3.10 g/cm³。硅酸盐水泥的堆积密度除与水泥熟料的矿物组成及细度有关外，主要取决于水泥堆积时的紧密程度。在配制混凝土和砂浆时，水泥堆积密度可取 1 200~1 300 kg/m³。

8. 化学指标

国家标准《通用硅酸盐水泥》(GB 175—2007)除了对上述内容做了规定外，还对水泥中的化学指标，如不溶物、烧失量、碱含量、氯离子含量提出了要求。Ⅰ型硅酸盐水泥中不溶物含量不得超过 0.75%，Ⅱ型硅酸盐水泥中不溶物含量不得超过 1.5%。Ⅰ型硅酸盐水泥烧失量不得超过 3.0%，Ⅱ型硅酸盐水泥烧失量不得超过 3.5%。水泥中碱含量按 $Na_2O+0.658K_2O$ 计算值表示。若使用活性骨料，用户要求提供低碱水泥时，水泥中的碱含量应不大于 0.60% 或由买卖双方协商确定。水泥中氯离子含量不得超过 0.06%。

检验结果符合国家标准《通用硅酸盐水泥》(GB 175—2007)的化学指标、凝结时间、安定性、强度规定为合格品,其中任一项不符合规定的,为不合格品。

六、通用硅酸盐水泥的技术性能

1. 硅酸盐水泥和普通硅酸盐水泥

普通硅酸盐水泥的组成为硅酸盐水泥熟料、适量石膏及少量的混合材料,故其性质介于硅酸盐水泥和其他四种水泥之间,更接近硅酸盐水泥。与硅酸盐水泥相比,具体表现为:

(1) 早期强度略低;

(2) 水化热略低;

(3) 耐腐蚀性略有提高;

(4) 耐热性稍好;

(5) 抗冻性、耐磨性、抗碳化性略有降低。

普通硅酸盐水泥的应用与硅酸盐水泥基本相同,但在一些硅酸盐水泥不能使用的地方可使用普通硅酸盐水泥,使得普通硅酸盐水泥成为建筑行业应用最广、使用量最大的水泥品种。

2. 矿渣硅酸盐水泥、火山灰质硅酸盐水泥和粉煤灰硅酸盐水泥

这三种水泥与硅酸盐水泥或普通硅酸盐水泥相比,有其共同的特性:

(1) 凝结硬化速度较慢,早期强度较低,但后期强度增长较多,甚至超过同强度等级的硅酸盐水泥;

(2) 水泥放热速度慢,放热量较低;

(3) 对温度的敏感性较高,温度低时硬化慢,温度高时硬化快;

(4) 抵抗软水及硫酸盐介质的侵蚀能力较强;

(5) 抗冻性比较差。

此外,这三种水泥也各有不同的特点。如矿渣硅酸盐水泥和火山灰质硅酸盐水泥的干缩大,粉煤灰硅酸盐水泥干缩小;火山灰质硅酸盐水泥抗渗性较高,但在干燥的环境中易产生裂缝,并使已经硬化的表面产生“起粉”现象;矿渣硅酸盐水泥的耐热性较好,保持水分的能力较差,泌水性较大。

这三种水泥除能用于地上外,特别适用于地下或水中的一般混凝土和大体积混凝土结构以及蒸汽养护的混凝土构件,也适用于受一般硫酸盐侵蚀的混凝土工程。

3. 复合硅酸盐水泥

复合硅酸盐水泥与矿渣硅酸盐水泥、火山灰质硅酸盐水泥和粉煤灰硅酸盐水泥相比,掺入的混合材料种类不是一种而是两种或两种以上,多种材料互掺可弥补一种混合材料性能的不足,明显改善水泥的性能,适用范围更广。

4.2 通用硅酸盐水泥的应用

一、水泥品种的选用

根据六种通用硅酸盐水泥的主要技术性能(表4-4),通用硅酸盐水泥可按表4-5选用。

表4-4 通用硅酸盐水泥的主要技术性能

品种	硅酸盐水泥	普通硅酸盐水泥	矿渣硅酸盐水泥	火山灰质硅酸盐水泥	粉煤灰硅酸盐水泥	复合硅酸盐水泥
主要技术性能	①凝结硬化快; ②早期强度高; ③水化热高; ④抗冻性好; ⑤干缩性小; ⑥耐蚀性差; ⑦耐热性差	①凝结硬化较快; ②早期强度较高; ③水化热较高; ④抗冻性较好; ⑤干缩性较小; ⑥耐蚀性较差; ⑦耐热性较差	①凝结硬化慢; ②早期强度低,后期增长较快; ③水化热较低; ④抗冻性差; ⑤干缩性大; ⑥耐蚀性较好; ⑦耐热性好; ⑧泌水性大	①凝结硬化慢; ②早期强度低,后期增长较快; ③水化热较低; ④抗冻性差; ⑤干缩性大; ⑥耐蚀性较好; ⑦耐热性较好; ⑧抗渗性较好	①凝结硬化慢; ②早期强度低,后期增长较快; ③水化热较低; ④抗冻性差; ⑤干缩性较小,抗裂性较好; ⑥耐蚀性较好; ⑦耐热性较好	与所掺混合材料的种类、掺加量有关,其性能基本与矿渣硅酸盐水泥、火山灰质硅酸盐水泥、粉煤灰硅酸盐水泥的性能相似

表4-5 通用硅酸盐水泥的选用

混凝土的工程特点及所处环境条件		优先选用	可以选用	不宜选用
普通混凝土	在一般气候环境中的混凝土	普通硅酸盐水泥	矿渣硅酸盐水泥、火山灰质硅酸盐水泥、粉煤灰硅酸盐水泥、复合硅酸盐水泥	
	在干燥环境中的混凝土	普通硅酸盐水泥	矿渣硅酸盐水泥	火山灰质硅酸盐水泥、粉煤灰硅酸盐水泥
	在高湿度环境中或长期处于水中的混凝土	矿渣硅酸盐水泥、火山灰质硅酸盐水泥、粉煤灰硅酸盐水泥、复合硅酸盐水泥	普通硅酸盐水泥	
	厚大体积的混凝土	矿渣硅酸盐水泥、火山灰质硅酸盐水泥、粉煤灰硅酸盐水泥、复合硅酸盐水泥		硅酸盐水泥

续表

混凝土的工程特点及所处环境条件		优先选用	可以选用	不宜选用
有特殊要求的混凝土	要求快硬、高强(>C40)的混凝土	硅酸盐水泥	普通硅酸盐水泥	矿渣硅酸盐水泥、火山灰质硅酸盐水泥、粉煤灰硅酸盐水泥、复合硅酸盐水泥
	严寒地区的露天混凝土、寒冷地区处于水位升降范围内的混凝土	普通硅酸盐水泥	矿渣硅酸盐水泥(强度等级>32.5)	火山灰质硅酸盐水泥、粉煤灰硅酸盐水泥
	严寒地区处于水位升降范围内的混凝土	普通硅酸盐水泥(强度等级>42.5)		矿渣硅酸盐水泥、火山灰质硅酸盐水泥、粉煤灰硅酸盐水泥、复合硅酸盐水泥
	有抗渗要求的混凝土	普通硅酸盐水泥、火山灰质硅酸盐水泥		矿渣硅酸盐水泥
	有耐磨性要求的混凝土	硅酸盐水泥、普通硅酸盐水泥	矿渣硅酸盐水泥(强度等级>32.5)	火山灰质硅酸盐水泥、粉煤灰硅酸盐水泥
	受侵蚀性介质作用的混凝土	矿渣硅酸盐水泥、火山灰质硅酸盐水泥、粉煤灰硅酸盐水泥、复合硅酸盐水泥		硅酸盐水泥

二、包装、标志、贮存

1. 包装

水泥可以散装或袋装,袋装水泥每袋净含量为 50 kg,且应不少于标志质量的 99%;随机抽取 20 袋总质量(含包装袋)应不少于 1 000 kg。其他包装形式由供需双方协商确定,但有关袋装质量要求应符合上述规定。水泥包装袋应符合《水泥包装袋》(GB 9774—2010)的规定。

2. 标志

水泥包装袋上应清楚标明:执行标准、水泥品种、代号、强度等级、生产者名称、生产许可证标志(QS)及编号、出厂编号、包装日期、净含量。包装袋两侧应根据水泥的品种采用不同的颜色印刷水泥名称和强度等级:硅酸盐水泥和普通硅酸盐水泥采用红色,矿渣硅酸盐水泥采用绿色,火山灰质硅酸盐水泥、粉煤灰硅酸盐水泥和复合硅酸盐水泥采用黑色或蓝色。

散装发运时应提交与袋装标志相同内容的卡片。

3. 贮存

水泥很容易吸收空气中的水分,在贮存和运输中应注意防水、防潮;贮存水泥要有专用仓库,库房应有防潮、防漏措施,存入袋装水泥时,地面垫板要离地 300 mm,四周离墙 300 mm。一般不可露天堆放,确因受库房限制需库外堆放时,也必须做到上盖下垫。散装水泥必须盛放在密闭的库房或容器内,要按不同品种、标号及出厂日期分别存放。袋装水泥堆放高度一般不应超过 10 袋,以免造成底层水泥纸袋破损而受潮变质和污染损失。

水泥库存期规定为三个月(自出厂日期算起),超过库存期水泥强度下降,使用时应重新鉴定强度等级,按鉴定后的强度等级使用。所以贮存和使用水泥应注意先入库的先用。

三、水泥石的腐蚀与防治

1. 水泥石的腐蚀

硅酸盐水泥硬化后,在通常使用条件下耐久性较好。但在某些腐蚀性介质中,水泥石结构会逐渐受到破坏,强度会降低,甚至引起整个结构破坏,这种现象称为水泥石的腐蚀。

引起水泥石腐蚀的原因很多,现象也很复杂,几种常见的腐蚀现象如下:

(1) 溶解腐蚀

水泥石中的氢氧化钙能溶解于水。若处于流动淡水(如雨水、雪水、河水)中,氢氧化钙不断溶解流失,同时,由于石灰浓度降低,会引起其他水化物的分解溶蚀,孔隙增大,水泥石结构遭到进一步的破坏,这种现象称为溶析。

(2) 化学腐蚀

水泥石在腐蚀性液体或气体的作用下,会生成新的化合物。这些化合物强度较低,或易溶于水,或无胶凝能力,因此使水泥石强度降低,或使水泥石结构遭到破坏。

根据腐蚀介质的不同,化学腐蚀可分为盐类腐蚀、酸类腐蚀和强碱腐蚀三种。

① 盐类腐蚀　盐类腐蚀主要有硫酸盐腐蚀和镁盐腐蚀两种。

硫酸盐腐蚀是海水、湖水、盐沼水、地下水及某些工业污水含有的钠、钾、铵等的硫酸盐与水泥石中的氢氧化钙反应生成硫酸钙,硫酸钙又与水泥石中的固态水化铝酸钙反应生成含水硫铝酸钙,含水硫铝酸钙中含有大量结晶水,比原有体积增加 1.5 倍以上,对已经固化的水泥石有极大的破坏作用。含水硫铝酸钙呈针状晶体,俗称为“水泥杆菌”。当水中硫酸盐的浓度较高时,硫酸钙将在孔隙中直接结晶成二水石膏,使水泥石体积膨胀,从而导致水泥石破坏。

镁盐腐蚀主要是海水或地下水中的硫酸镁和氯化镁与水泥石中的氢氧化钙反应,生成松软而无胶凝能力的氢氧化镁、易溶于水的氯化钙及由于体积膨胀导致水泥石破坏的二水石膏,反应式为:

$$MgSO_4+Ca(OH)_2+2H_2O \longrightarrow CaSO_4 \cdot 2H_2O+Mg(OH)_2$$

$$MgCl_2+Ca(OH)_2 \longrightarrow CaCl_2+Mg(OH)_2$$

② 酸类腐蚀　酸类腐蚀一般有碳酸腐蚀和其他酸腐蚀。

在工业污水、地下水中常溶有较多的二氧化碳，二氧化碳与水泥石中的氢氧化钙反应生成碳酸钙，碳酸钙继续与溶在水中的二氧化碳反应，生成易溶于水的碳酸氢钙，因而使水泥石中的氢氧化钙溶解流失，导致水泥石破坏。反应式为：

$$Ca(OH)_2+CO_2 \longrightarrow CaCO_3+H_2O$$

$$CaCO_3+CO_2+H_2O \longrightarrow Ca(HCO_3)_2$$

由于氢氧化钙浓度降低，会导致水泥中其他水化产物的分解，使腐蚀作用进一步加剧。以上腐蚀称为碳酸腐蚀。

其他酸腐蚀是指工业废水、地下水、沼泽水中含有的无机酸或有机酸与水泥石中的氢氧化钙反应，生成易溶于水或体积膨胀的化合物，因而导致水泥石的破坏。如盐酸和硫酸与水泥石中的氢氧化钙反应：

$$2HCl+Ca(OH)_2 \longrightarrow CaCl_2+2H_2O$$

$$H_2SO_4+Ca(OH)_2 \longrightarrow CaSO_4 \cdot 2H_2O$$

③ 强碱腐蚀　浓度不大的碱类溶液对水泥石一般是无害的，但铝酸盐含量较高的硅酸盐水泥遇到强碱（如氢氧化钠）作用时，会生成易溶的铝酸钠。如果水泥石被氢氧化钠溶液浸透后又在空气中干燥，则氢氧化钠与空气的二氧化碳会作用生成碳酸钠。由于碳酸钠在水泥石的毛细孔中结晶沉积，可导致水泥石的胀裂破坏。

2. 水泥石腐蚀的防治

水泥石的腐蚀是一个复杂的物理化学过程，它在遭受腐蚀作用时往往是几种腐蚀同时存在，互相影响。

发生水泥石腐蚀的基本原因，一是水泥石中存在引起腐蚀的成分氢氧化钙和水化铝酸钙；二是水泥石本身不密实，有很多毛细孔通道，侵蚀性介质容易进入其内部。因此，可采取相应的防止措施。

（1）根据腐蚀环境的特点合理地选用水泥品种

例如采用水化产物中氢氧化钙含量较少的水泥，可提高抵抗淡水等侵蚀作用的能力；采用铝酸三钙含量低于5%的抗硫酸盐水泥，可提高抵抗硫酸盐腐蚀的能力。

（2）提高水泥石的密实度

由于水泥石水化时实际用水量是理论需水量的2~3倍。多余的水蒸发后形成毛细管通道，腐蚀介质容易渗入水泥石内部，造成水泥石的腐蚀。在实际工程中，可采取合理设计混凝土配合比、降低水胶比、正确选择骨料、掺外加剂、改善施工方法等措施，提高混凝土或砂浆的密实度。

另外，也可在混凝土或砂浆表面进行碳化处理，使表面生成难溶的碳酸钙外壳，以提高表面密实度。

(3) 加做保护层

当水泥制品所处环境腐蚀性较强时,可用耐酸石、耐酸陶瓷、塑料、沥青等,在混凝土或砂浆表面做一层耐腐蚀性强而且不透水的保护层。

4.3 其他品种水泥

一、膨胀水泥

一般水泥在凝结硬化过程中都会产生一定的收缩,使混凝土出现裂纹,影响混凝土的强度及其他许多性能。而膨胀水泥则克服了这一弱点,在硬化过程中能够产生一定的膨胀,增加水泥石的密实度,消除由收缩带来的不利影响。膨胀水泥比一般水泥多了一种膨胀组分,在凝结硬化过程中,膨胀组分使水泥产生一定量的膨胀值。常用的膨胀组分是在水化后能形成膨胀性产物——水化硫铝酸钙的材料。

按膨胀值大小,可将膨胀水泥分为收缩补偿水泥和自应力水泥两大类。收缩补偿水泥的膨胀值较小,主要用于补偿水泥在凝结硬化过程中产生的收缩;自应力水泥的膨胀值较大,在限制膨胀的条件下(如配有钢筋时),由于水泥石的膨胀作用,使混凝土受到压应力,从而达到了预应力的作用,同时还增加了钢筋的握裹力。

常用的膨胀水泥及主要用途如下:

1. 硅酸盐膨胀水泥

硅酸盐膨胀水泥主要用于制造防水层和防水混凝土、加固结构、浇筑机器底座或固结地脚螺栓,并可用于接缝及修补工程。但禁止在有硫酸盐侵蚀的水中工程中使用。

2. 低热微膨胀水泥

低热微膨胀水泥主要用于要求较低水化热和要求补偿收缩的混凝土及大体积混凝土工程,也适用于要求抗渗和抗硫酸侵蚀的工程。

3. 膨胀硫铝酸盐水泥

膨胀硫铝酸盐水泥主要用于配制节点、抗渗和补偿收缩的混凝土工程。

4. 自应力水泥

自应力水泥主要用于自应力钢筋混凝土压力管及其配件。

二、白色硅酸盐水泥

国家标准《白色硅酸盐水泥》(GB/T 2015—2017)规定,由白色硅酸盐水泥熟料,加入适量石膏和混合材料磨细制成的水硬性胶凝材料称为白色硅酸盐水泥。白色硅酸盐水泥按照白度分为1级和2级,代号分别为P·W-1和P·W-2。白色硅酸盐水泥熟料中三氧化硫的含量应不超过3.5%,氧化镁的含量不宜超过5.0%。

国家标准《白色硅酸盐水泥》(GB/T 2015—2017)将白色硅酸盐水泥分成32.5、42.5、52.5三个强度等级,白色硅酸盐水泥各等级、各龄期强度见表4-6。

表4-6 白色硅酸盐水泥各等级、各龄期强度 MPa

强度等级	抗压强度		抗折强度	
	3 d	28 d	3 d	28 d
32.5	≥12.0	≥32.5	≥3.0	≥6.0
42.5	≥17.0	≥42.5	≥3.5	≥6.5
52.5	≥22.0	≥52.5	≥4.0	≥7.0

白色硅酸盐水泥的细度要求45μm方孔筛筛余不大于30%。

凝结时间要求初凝时间不小于45 min,终凝时间不大于600 min。

安定性要求用沸煮法检验合格。

白色硅酸盐水泥的1级白度不小于89,2级白度不小于87。

将白色硅酸盐水泥熟料、石膏和耐碱矿物颜料共同磨细,可制成彩色硅酸盐水泥。白色和彩色硅酸盐水泥,主要用于建筑装饰工程,可做成水泥拉毛、彩色砂浆、水磨石、水刷石、斩假石等饰面,也可用于雕塑及装饰构件或制品。使用白色或彩色硅酸盐水泥时,应以彩色大理石、石灰石、白云石等彩色石子或石屑和石英砂作粗、细骨料。制作方法可以预制,也可以在工程的要求部位现制。

三、中热硅酸盐水泥、低热硅酸盐水泥

1. 中热硅酸盐水泥

以适当成分的硅酸盐水泥熟料,加入适量石膏,磨细制成的具有中等水化热的水硬性胶凝材料,称为中热硅酸盐水泥,简称中热水泥,代号P·MH。熟料中硅酸三钙的含量应不超过55%,铝酸三钙的含量应不超过6%,游离氧化钙的含量应不超过1.0%。

2. 低热硅酸盐水泥

以适当成分的硅酸盐水泥熟料,加入适量石膏,磨细制成的具有低水化热的水硬性胶凝材料,称为低热硅酸盐水泥,简称低热水泥,代号P·LH。熟料中硅酸二钙的含量应不小于40%,铝酸三钙的含量应不超过6%,游离氧化钙的含量应不超过1.0%。

乌东德水电站应用低热硅酸盐水泥

以上两种水泥性质应符合国家标准《中热硅酸盐水泥、低热硅酸盐水泥》(GB/T 200—2017)的规定,水泥中三氧化硫的含量应不大于3.5%,水泥的烧失量应不大于3.0%,水泥的比表面积应不小于250 m^2/kg,初凝时间应不小于60 min,

终凝时间不大于 720 min，安定性用沸煮法检验应合格。

中热水泥强度等级为 42.5，低热水泥强度等级为 32.5 和 42.5。上述两种水泥主要适用于要求水化热低的大坝和大体积混凝土工程。

四、铝酸盐水泥

1. 定义

国家标准《铝酸盐水泥》(GB/T 201—2015)规定，凡以铝酸钙为主的铝酸盐水泥熟料磨细制成的水硬性胶凝材料，称为铝酸盐水泥，代号 CA。铝酸盐水泥常为黄色或褐色，也有呈灰色的。铝酸盐水泥的主要矿物成分为铝酸一钙($CaO \cdot Al_2O_3$，简写 CA)和其他的铝酸盐以及少量的硅酸二钙($2CaO \cdot SiO_2$)等。

铝酸盐水泥的密度和堆积密度与普通硅酸盐水泥相近。其细度为比表面积不小于 300 m^2/kg 或 45 μm 筛筛余不大于 20%。铝酸盐水泥按氧化铝含量分为 CA50、CA60、CA70、CA80 四个品种，其中 CA50 根据强度分为 CA50-Ⅰ、CA50-Ⅱ、CA50-Ⅲ和 CA50-Ⅳ，CA60 根据主要矿物组成分为 CA60-Ⅰ(以铝酸一钙为主)和 CA60-Ⅱ(以铝酸二钙为主)。凝结时间为：CA50、CA60-Ⅰ、CA70、CA80 的胶砂初凝时间不小于 30 min，终凝时间不大于 360 min。CA60-Ⅱ的胶砂初凝时间不小于 60 min，终凝时间不大于 1 080 min。

2. 特性与应用

(1) 铝酸盐水泥凝结硬化速度快，1 d 强度可达最高强度的 80% 以上，主要用于工期紧急的工程，如国防、道路和特殊抢修工程等。

(2) 铝酸盐水泥水化热大，且放热量集中，1 d 内放出的水化热为总量的 70%~80%，使混凝土内部温度上升较高，即使在-10 ℃下施工，铝酸盐水泥也能很快凝结硬化，可用于冬期施工的工程。

(3) 铝酸盐水泥后期强度下降，在温度高于 30 ℃的潮湿环境中，铝酸盐水泥水化产物会逐渐转变为更为稳定的产物，高温、高湿条件下，上述转变极为迅速，晶体硬化转变的结果，使水泥中固体体积减小 50% 以上，强度大大降低，在湿热环境下尤为严重；另外，铝酸盐水泥硬化后的晶体结构在长期使用中会发生转移，引起强度下降，因此不宜用于长期承重的结构工程和处于高温、高湿、高热环境的混凝土工程。

(4) 铝酸盐水泥在普通硬化条件下，由于水泥石中不含铝酸三钙和氢氧化钙，且密实度较大，因此具有很强的抗硫酸盐腐蚀能力。

(5) 铝酸盐水泥具有较高的耐热性，如采用耐火粗、细骨料(如铬铁矿等)可制成使用温度达1 300~1 400 ℃的耐热混凝土。

(6) 铝酸盐水泥与硅酸盐水泥或石灰相混不但产生闪凝，而且由于生成高碱性的水化铝酸钙，使混凝土开裂，甚至破坏。因此施工时除不得与硅酸盐水泥或石灰混合外，也不得与未硬化的硅酸盐水泥接触使用。

五、硫铝酸盐水泥

1. 定义

国家标准《硫铝酸盐水泥》(GB 20472—2006)规定,以适当成分的生料,经煅烧所得以无水硫铝酸钙和硅酸二钙为主要矿物成分的水泥熟料,掺加不同量的石灰石、适量石膏共同磨细制成的水硬性胶凝材料,称为硫铝酸盐水泥。硫铝酸盐水泥分为快硬硫铝酸盐水泥、低碱度硫铝酸盐水泥和自应力硫铝酸盐水泥。

(1) 快硬硫铝酸盐水泥

以适当成分的硫铝酸盐水泥熟料和少量石灰石、适量石膏磨细制成的,具有早期强度高的水硬性胶凝材料,称为快硬硫铝酸盐水泥,代号 R · SAC。快硬硫铝酸盐水泥以 3 d 抗压强度分为 42.5、52.5、62.5、72.5 四个强度等级;其细度为比表面积不小于 350 m^2/kg;初凝时间不小于 25 min,终凝时间不大于 180 min。

(2) 低碱度硫铝酸盐水泥

以适当成分的硫铝酸盐水泥熟料和较多量石灰石、适量石膏磨细制成的,具有碱度低的水硬性胶凝材料,称为低碱度硫铝酸盐水泥,代号 L · SAC。低碱度硫铝酸盐水泥以 7 d 抗压强度分为 32.5、42.5、52.5 三个强度等级;其细度为比表面积不小于 400 m^2/kg;初凝时间不少于 25 min,终凝时间不大于 180 min。

(3) 自应力硫铝酸盐水泥

以适当成分的硫铝酸盐水泥熟料加入适量石膏磨细制成的,具有膨胀性的水硬性胶凝材料,称为自应力硫铝酸盐水泥,代号 S · SAC。自应力硫铝酸盐水泥以 28 d 自应力值分为 3.0、3.5、4.0、4.5 四个自应力等级;其细度为比表面积不小于 370 m^2/kg;初凝时间不少于 40 min,终凝时间不大于 240 min。

2. 特性与应用

(1) 凝结硬化快,早期强度高。12 h 就有相当高强度,3 d 强度与硅酸盐水泥 28 d 强度相当,特别适用于抢修、堵漏、加固工程。

(2) 水化热小,放热快。快硬硫铝酸盐水泥水化速度快,水化放热快,一般集中在 1 d 内放出,但水化热较小。又因其早期强度增长迅速,不易发生冻害,所以适用于冬期施工,但不宜用于大体积混凝土工程。

(3) 硬化后体积微膨胀,密实度大。快硬硫铝酸盐水泥水化生成大量钙矾石晶体,产生微量体积膨胀,而且水化需要大量结晶水,所以硬化后水泥石致密不透水,适用于有抗渗、抗裂要求的接头、接缝的混凝土工程,可用于配制膨胀水泥和自应力水泥。

(4) 耐蚀性好。快硬硫铝酸盐水泥石中不含氢氧化钙和水化铝酸钙,又因水泥石密实度高，所以耐软水、酸类、盐类腐蚀的能力好，抗硫酸盐性能好。

(5) 快硬硫铝酸盐水泥浆体液相碱度低，pH 只有 9.8～10.2，对钢筋的保护能力差，不适用于重要的钢筋混凝土结构。由于碱度低，对玻璃纤维腐蚀性小，特别适用于玻璃纤维增强水泥(GRC)制品。

(6) 耐热性差。快硬硫铝酸盐水泥的主要水化产物钙矾石含有大量结晶水，在 150 ℃以上开始脱水，结构变得疏松，强度大幅度下降，不宜用于有耐热要求的混凝土工程。

六、砌筑水泥

国家标准《砌筑水泥》(GB/T 3183—2017)规定，由硅酸盐水泥熟料加入规定的混合材料和适量石膏，磨细制成的保水性较好的水硬性胶凝材料，称为砌筑水泥，代号 M。

砌筑水泥的细度为 80 μm 方孔筛筛余不大于 10.0%；砌筑水泥分 12.5、22.5 和 32.5 三个强度等级；水泥中三氧化硫含量应不大于 3.5%；砌筑水泥的初凝时间不小于 60 min，终凝时间不大于 720 min；安定性用沸煮法检验应合格。

砌筑水泥的强度较低，不能用于钢筋混凝土或结构混凝土，主要用于工业与民用建筑的砌筑和抹面砂浆、垫层混凝土等。

复习思考题

1. 硅酸盐水泥熟料的主要矿物组成是什么？它们对水泥的技术性能有何影响？它们的水化产物是什么？

2. 工程上常用的通用硅酸盐水泥按混合材料品种和掺量分类有哪几种？代号分别是什么？

3. 水泥石腐蚀的类型有哪些？怎样防治腐蚀？

4. 水泥贮运时应注意什么问题？使用过期水泥应采取什么措施？

5. 有下列混凝土工程和构件，试分别选用合适的水泥，并说明理由。

(1) 海洋工程；

(2) 大跨度结构工程、高强度预应力混凝土工程；

(3) 工业窑炉基础；

(4) 混凝土大坝、大型设备基础；

(5) 紧急抢修的工程或紧急军事工程；

(6) 采用蒸汽养护预制构件。

6. 某通用硅酸盐水泥各龄期的强度测定值见表 4-7，试评定其强度等级。

表 4-7 某通用硅酸盐水泥各龄期的强度测定值

荷载	抗折破坏荷载/N		抗压破坏荷载/N	
龄期	3 d	28 d	3 d	28 d
试验结果读数	1 400	3 100	50 58	110 130
	1 900	3 300	60 70	137 150
	1 800	3 200	58 62	136 137

单元5
混　凝　土

了解：普通混凝土的特点，其他品种混凝土的特点及应用。

熟悉：混凝土常用外加剂的种类及适用范围，混凝土的质量控制方法。

掌握：混凝土基本组成材料的技术性能；混凝土拌合物的技术性能及测定方法；硬化混凝土的力学性能、变形性能和耐久性及其影响因素；普通混凝土的配合比设计方法。

混凝土是由胶凝材料将骨料胶结成整体的复合固体材料的总称。

一、混凝土的优点

混凝土是一种主要的建筑材料，在建筑工程中应用广泛。混凝土除具有原材料丰富、经久耐用、节约能源、价格便宜等优点外，就其本身还具有很多优点：

(1) 可以根据不同要求，配制出具有特定性能的混凝土产品；

(2) 拌合物可塑性良好，可浇筑成不同形状和大小的制品或构件；

(3) 和钢筋复合成钢筋混凝土，互补优缺，使混凝土的应用范围更为广阔；

(4) 可以现浇成抗震性良好的整体建筑物，也可以做成各种类型的装配式预制构件；

(5) 可以充分利用工业废料，减少对环境的污染，有利于环保。

随着科学技术的发展，轻质、高强、耐久、绿色高性能混凝土将逐步得到应用，可以预见，在今后很长的时期内，混凝土仍然是主要的建筑材料。

二、混凝土的缺点

(1) 自重大、抗拉强度低、呈脆性、易开裂；

(2) 在施工中影响质量的因素较多，质量容易产生波动；

(3) 大量生产、使用常规的水泥产品，会造成环境污染及温室效应。

三、混凝土的种类

混凝土种类繁多，可采用不同方法进行分类：

(1) 按所用胶凝材料种类不同分为水泥混凝土、石膏混凝土、水玻璃混凝土、硅酸盐混凝土、沥青混凝土及聚合物混凝土等。

（2）按用途不同分为结构混凝土、道路混凝土、水工混凝土、耐热混凝土、耐酸混凝土、防辐射混凝土等。

（3）按拌合物的坍落度不同分为干硬性混凝土、塑性混凝土、流动性混凝土、大流动性混凝土等。

目前，应用最广、用量最大的是水泥混凝土，以下主要以其为例具体说明。水泥混凝土是由水泥、水和粗、细骨料按适当比例配合，拌制均匀，浇筑成型，经硬化后形成的人造石材。在硬化前称之为混凝土拌合物。

水泥混凝土常按表观密度分为：

（1）重混凝土

干表观密度大于 2 800 kg/m^3，又称防辐射混凝土，采用重骨料（如重晶石、钢屑、铁矿石等）配制，主要用于防护原子射线的建筑物。

（2）普通混凝土

干表观密度为 2 000～2 800 kg/m^3，采用砂、石为骨料制成，主要用于各种建筑物的承重结构。

（3）轻混凝土

干表观密度小于 2 000 kg/m^3 的混凝土，如轻骨料混凝土、多孔混凝土、大孔混凝土等。其中轻骨料混凝土干表观密度小于 1 950 kg/m^3，采用轻粗骨料、轻砂或普通砂等配制，主要用于轻质结构和保温结构。

四、混凝土的组成

在建筑工程领域，如无特殊说明，一般所说的混凝土、普通混凝土指以砂石为骨料的水泥混凝土。

在普通混凝土中，水泥浆包裹砂粒并填充砂子的空隙组成砂浆，砂浆包裹石子并填充石子的空隙组成密实整体。在混凝土拌合物中，水泥和水形成水泥浆，水泥浆在砂石颗粒间起润滑作用，使拌合物具有良好的可塑性而便于施工。水泥浆硬化后形成水泥石，将砂、石骨料牢固地黏结在一起，形成具有一定强度的人造石材。砂、石在混凝土中称为细骨料、粗骨料，占混凝土总体积的 80% 以上，一般不与水泥起化学作用，其目的是构成混凝土骨架，减少水泥用量和减少混凝土体积收缩。在混凝土中还常残留少量的空气，硬化后混凝土结构示意图如图 5-1 所示。

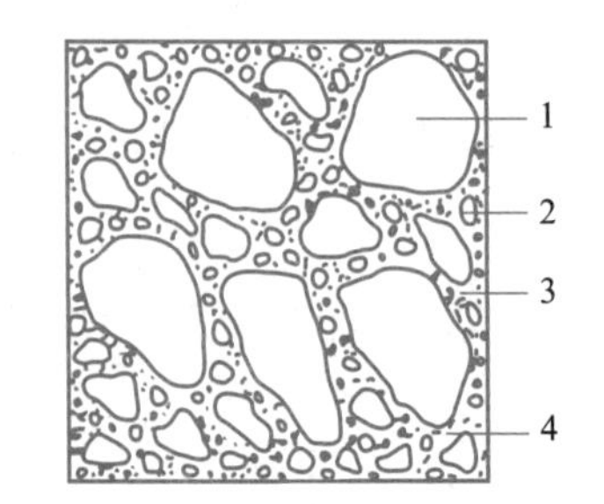

1—石子；2—砂；3—水泥浆；4—空气。

图 5-1　硬化后混凝土结构示意图

5.1 混凝土的组成材料

混凝土是由胶凝材料、粗骨料、细骨料、矿物掺合料和水(或不加水)按适当的比例配合、拌合制成混合物,经一定时间后硬化而成的人造石材。混凝土常简写为“砼”。

一、水泥

水泥在混凝土中起胶结作用,其品种与数量的选定直接影响混凝土的强度、和易性、耐久性和经济性,在配制混凝土时,应合理选择水泥的品种和强度等级。

1. 水泥品种的选择

水泥品种的选择应根据工程特点、所处环境条件、施工条件以及水泥供应商的情况综合考虑,详见单元4。

2. 水泥强度等级的选择

水泥强度等级应与混凝土的强度等级相适应,混凝土的强度等级越高,所选择的水泥强度等级也越高,若水泥强度等级过低,会使水泥用量过大而不经济。反之,混凝土的强度等级越低,所选择的水泥强度等级也越低,若水泥强度等级过高,则水泥用量会偏少,对混凝土的和易性及耐久性均带来不利影响。

二、拌合用水及养护用水

建筑工程行业标准《混凝土用水标准》(JGJ 63—2006)规定,凡符合国家标准的生活饮用水,可不经检验用于拌制和养护各种混凝土。混凝土拌合用水水质要求应符合表5-1的规定。对于设计使用年限为100年的结构混凝土,氯离子含量不得超过500 mg/L;对使用钢丝或经热处理钢筋的预应力混凝土,氯离子含量不得超过350 mg/L。

表5-1 混凝土拌合用水水质要求

项目	预应力混凝土	钢筋混凝土	素混凝土
pH	≥5.0	≥4.5	≥4.5
不溶物/(mg/L)	≤2 000	≤2 000	≤5 000
可溶物/(mg/L)	≤2 000	≤5 000	≤10 000
Cl^-/(mg/L)	≤500	≤1 000	≤3 500
SO_4^{2-}/(mg/L)	≤600	≤2 000	≤2 700
碱含量/(rag/L)	≤1 500	≤1 500	≤1 500

注:碱含量按 $Na_2O+0.658K_2O$ 计算值来表示。采用非碱活性骨料时,可不检验。

混凝土拌合用水不应有漂浮明显的油脂和泡沫,不应有明显的颜色和异味。混凝土企业设备洗刷水不宜用于预应力混凝土、装饰混凝土、加气混凝土和暴露于腐蚀环境的混凝土,不得用于使用碱活性或潜在碱活性骨料的混凝土。在无法获得水源的情况下,海水可用于素混凝土,但不宜用于装饰混凝土,未经处理的海水严禁用于钢筋混凝土和预应力混凝土。

三、骨料

混凝土中骨料的分类如下:

- 骨料
  - 细骨料(砂:粒径为 0.15~4.75 mm)
    - 天然砂:河砂、湖砂、山砂、淡化海砂
    - 机制砂(俗称人工砂):由机械破碎各种硬质岩石、矿山尾矿或工业废渣颗粒,筛分制成
  - 粗骨料(石子:粒径大于 4.75 mm)
    - 卵石:河卵石、海卵石、山卵石
    - 碎石:天然岩石、卵石或矿山废石经机械破碎、筛分制成

(一) 细骨料——砂

《建设用砂》(GB/T 14684—2011)规定:建设用砂的规格按技术要求分为Ⅰ、Ⅱ、Ⅲ三类,Ⅰ类宜用于强度等级大于 C60 的混凝土,Ⅱ类宜用于强度等级为 C30~C60 及有抗冻、抗渗或其他要求的混凝土,Ⅲ类宜用于强度等级小于 C30 的混凝土和砂浆。

目前,建筑工程中常用的是天然砂。随着地方资源的枯竭和混凝土技术的发展,使用机制砂将成为发展的方向,这样既充分利用了资源,又保护了环境,符合尊重自然、顺应自然、保护自然的发展理念。

1. 颗粒级配和粗细程度

颗粒级配(图 5-2)是指大小不同的砂粒互相搭配的情况。良好的颗粒级配是在粗颗粒的间隙中填充中颗粒,中颗粒的间隙中填充细颗粒,这样一级一级地填充,使骨料形成密集的堆积,空隙率达到最小,如图 5-2c 所示为理想的级配。

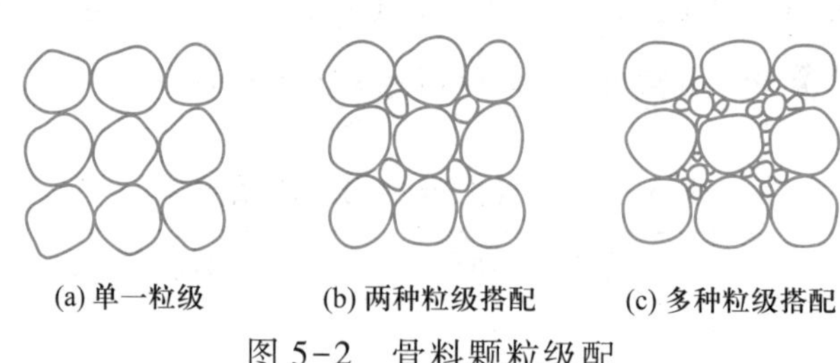

(a) 单一粒级　(b) 两种粒级搭配　(c) 多种粒级搭配

图 5-2 骨料颗粒级配

良好的细骨料颗粒级配可使填充砂空隙的水泥浆较少,既节约了水泥用量,又有助于提高混凝土强度和耐久性。同理,良好的粗骨料级配可使填充石子空隙的水泥砂浆较少,也可节约水泥用量。粗、细骨料级配良好,则制成的混凝土密实度大,收缩小。因此,混凝土在配制时应要求一定的颗粒级配。

粗细程度是指不同粒径的砂粒混合在一起总体的粗细程度。相同用量的砂,细砂的总表

面积大，拌制混凝土时，需要用较多的水泥浆去包裹，而粗砂则可少用水泥。过细的砂，不仅水泥用量增加，而且混凝土的强度还会降低。过粗的砂，会使拌合物的和易性变差。

砂的颗粒级配和粗细程度均采用筛分析法测定。

（1）颗粒级配

测定时，称取 500 g 烘干砂，置于一套尺寸为 4.75 mm、2.36 mm、1.18 mm 和 600 μm、300 μm、150 μm 的方孔标准筛中，由粗到细依次过筛，然后称取各筛筛余试样的质量（筛余量 m_1、m_2、m_3、m_4、m_5、m_6），计算分计筛余百分率（各号筛的筛余量与试样总量之比，a_1、a_2、a_3、a_4、a_5、a_6）和累计筛余百分率（该号筛的分计筛余百分率加上该号筛以上各筛的分计筛余百分率之和，A_1、A_2、A_3、A_4、A_5、A_6）。分计筛余百分率和累计筛余百分率关系见表 5-2。

表 5-2　分计筛余百分率和累计筛余百分率关系

方孔筛	分计筛余		累计筛余百分率/%
	质量/g	百分率/%	
4.75 mm	m_1	$a_1=m_1/500$	$A_1=a_1$
2.36 mm	m_2	$a_2=m_2/500$	$A_2=a_1+a_2$
1.18 mm	m_3	$a_3=m_3/500$	$A_3=a_1+a_2+a_3$
600 μm	m_4	$a_4=m_4/500$	$A_4=a_1+a_2+a_3+a_4$
300 μm	m_5	$a_5=m_5/500$	$A_5=a_1+a_2+a_3+a_4+a_5$
150 μm	m_6	$a_6=m_6/500$	$A_6=a_1+a_2+a_3+a_4+a_5+a_6$

《建设用砂》（GB/T 14684—2011）规定，按 600 μm 筛孔的累计筛余百分率将砂分为三个级配区，见表 5-3。凡经筛分析检验的砂，各筛的累计筛余百分率落在表 5-3 的任一个级配区内，其级配都属合格或良好。但砂的实际累计筛余百分率与表 5-3 的累计筛余百分率相比，除 4.75 mm 和 600 μm 外，允许略有超出，但超出总量应小于 5%。

表 5-3　砂的颗粒级配区

砂的分类	天然砂			机制砂		
级配区	1 区	2 区	3 区	1 区	2 区	3 区
方筛孔	累计筛余/%					
4.75 mm	10~0	10~0	10~0	10~0	10~0	10~0
2.36 mm	35~5	25~0	15~0	35~5	25~0	15~0
1.18 mm	65~35	50~10	25~0	65~35	50~10	25~0
600 μm	85~71	70~41	40~16	85~71	70~41	40~16
300 μm	95~80	92~70	85~55	95~80	92~70	85~55
150 μm	100~90	100~90	100~90	97~85	94~80	94~75

为了更直观地反映砂的级配情况，可将表 5-3 的规定绘成级配曲线，如图 5-3 所示。

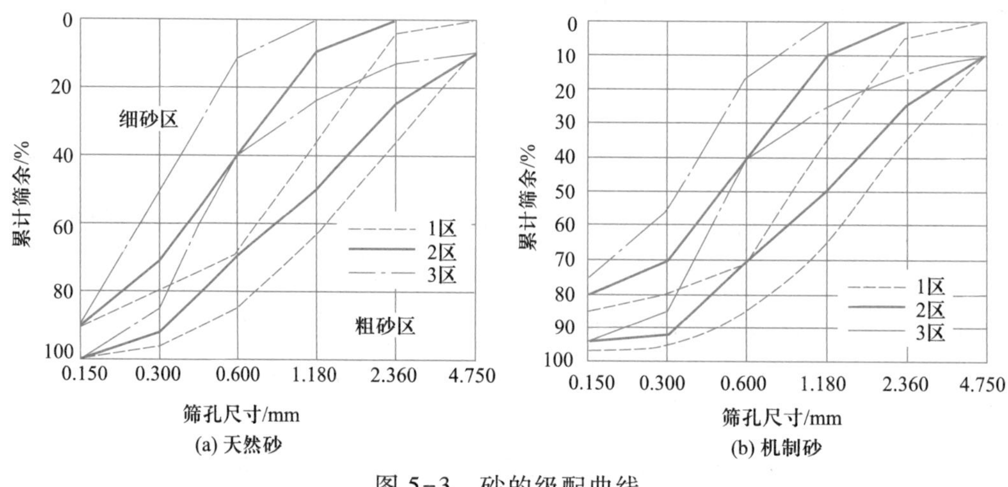

图 5-3 砂的级配曲线

配制混凝土时宜优先选用 2 区砂，2 区砂属于中砂，粗细适中，级配较好。1 区砂属于粗砂，拌制的混凝土保水性差，使用时应适当增加砂用量，并保证足够的水泥用量，以满足混凝土的和易性；3 区砂属于细砂，拌制的混凝土保水性、黏聚性好，但水泥用量多，干缩大，容易产生微裂缝，使用时宜适当减少砂用量，以保证混凝土强度。

（2）粗细程度

砂的粗细程度是指不同粒径的砂粒混合在一起的平均粗细程度，用细度模数（M_x）表示，计算公式如下：

$$M_x=\frac{(A_2+A_3+A_4+A_5+A_6)-5A_1}{100-A_1} \tag{5-1}$$

细度模数越大，表示砂越粗。混凝土用砂的细度模数范围一般为 3.7～1.6。粗砂：M_x = 3.7～3.1；中砂：M_x = 3.0～2.3；细砂：M_x = 2.2～1.6。

配制混凝土时，采用细度模数相同而颗粒级配不同的砂所配制的混凝土性能不同，所以判断砂的级配情况时，应同时考虑细度模数与颗粒级配。

在实际工程中，若砂级配不良或过粗过细，可以采用筛分的方法，筛除含量过多的颗粒，还可以掺配使用。在只有细砂或特细砂的地区，细砂或特细砂可以用来配制混凝土，但往往水泥用量过多，为节约水泥，可掺减水剂、引气剂等外加剂，也可以掺加石屑。

2. 含泥量、泥块含量、石粉含量和有害物质含量

天然砂中含泥量是指粒径小于 0.075 mm 的颗粒含量，泥块含量是指砂中原粒径大于 1.18 mm，经水浸洗、手捏后小于 0.600 mm 的颗粒含量。机制砂中石粉含量是指粒径小于 0.075 mm 的颗粒含量，泥块含量同天然砂。

含泥量多会降低骨料与水泥石的黏结力、混凝土的强度和耐久性。泥块对混凝土的性能影响比泥土更大，因此必须严格控制其含量。天然砂中含泥量、泥块含量见表 5-4。

表 5-4　天然砂中含泥量、泥块含量

类别	指标		
	Ⅰ类	Ⅱ类	Ⅲ类
含泥量(按质量计)/%	≤1.0	≤3.0	≤5.0
泥块含量(按质量计)/%	0	≤1.0	≤2.0

机制砂中适量的石粉对混凝土是有益的，但石粉中泥土含量过高会影响混凝土的性能。机制砂中石粉含量和泥块含量应符合表 5-5 和表 5-6 的规定。

表 5-5　机制砂中石粉含量和泥块含量（*MB* 值≤1.4 或快速法试验合格）

类别	Ⅰ	Ⅱ	Ⅲ
MB 值	≤0.5	≤1.0	≤1.4 或合格
石粉含量(按质量计)/%	≤10.0		
泥块含量(按质量计)/%	0	≤1.0	≤2.0

注：*MB* 指亚甲蓝值，表示每千克 0~2.36 mm 粒级试样所消耗的亚甲蓝质量，用于判定机制砂中粒径小于 75 μm 颗粒的吸附性能的指标。

表 5-6　机制砂中石粉含量和泥块含量（*MB* 值>1.4 或快速法试验不合格）

类别	Ⅰ	Ⅱ	Ⅲ
石粉含量(按质量计)/%	≤1.0	≤3.0	≤5.0
泥块含量(按质量计)/%	0	≤1.0	≤2.0

3. 有害物质含量

国家标准规定，砂中不应混有草根、树叶、树枝、塑料、煤块和炉渣等杂物。砂中如含有云母、轻物质、有机物、硫化物及硫酸盐、氯化物、贝壳，其含量应符合表 5-7 的规定。

表 5-7　砂中有害物质含量

类别	Ⅰ	Ⅱ	Ⅲ
云母(按质量计)/%	≤1.0	≤2.0	
轻物质(按质量计)/%	≤1.0		
有机物	合格		
硫化物及硫酸盐(按 SO_3 质量计)/%	≤0.5		
氯化物(以氯离子质量计)/%	≤0.01	≤0.02	≤0.06
贝壳(按质量计)/% *	≤3.0	≤5.0	≤8.0

注：* 表示该指标仅适用于海砂，其他砂种不做要求。

4. 坚固性

砂的坚固性指砂在自然风化和其他外界物理化学因素作用下抵抗破裂的能力。

（1）采用硫酸钠溶液法进行试验，砂样经5次循环后其质量损失应符合国家标准规定：Ⅰ类、Ⅱ类砂质量损失均不大于8%；Ⅲ类砂质量损失不大于10%。

（2）机械砂除满足上述（1）中规定外，还应采用压碎指标法进行试验，国家标准规定其单级最大压碎指标为：Ⅰ类砂不大于20%，Ⅱ类砂不大于25%，Ⅲ类砂不大于30%。

5. 表观密度、松散堆积密度及空隙率

砂表观密度不小于2 500 kg/m^3，松散堆积密度不小于1 400 kg/m^3，空隙率不大于44%。

（二）粗骨料——石子

《建设用卵石、碎石》（GB/T 14685—2011）规定，卵石、碎石（图5-4）按技术要求分为Ⅰ、Ⅱ、Ⅲ三类。Ⅰ类宜用于强度等级大于C60的混凝土，Ⅱ类宜用于强度等级为C30～C60及有抗冻、抗渗或其他要求的混凝土，Ⅲ类宜用于强度等级小于C30的混凝土。

图5-4　卵石与碎石

1. 颗粒级配和最大公称粒径

（1）颗粒级配

与细骨料颗粒级配的原理相同。所用标准筛为方孔筛，尺寸为2.36 mm、4.75 mm、9.5 mm、16.0 mm、19.0 mm、26.5 mm、31.5 mm、37.5 mm、53.0 mm、63.0 mm、75.0 mm、90.0 mm十二个筛挡。分计筛余百分率及累计筛余百分率的计算方法与细骨料的计算方法相同。碎石和卵石的颗粒级配应符合表5-8的规定。

粗骨料的颗粒级配有连续粒级和单粒粒级两种。连续粒级是指颗粒的尺寸由大到小连续分布，每一级颗粒都占一定的比例，又称为连续级配。连续粒级的大小颗粒搭配合理，配制的混凝土拌合物和易性好，不易发生离析现象，目前使用较多。单粒粒级石子主要用于组合成具有要求级配的连续粒级，或与连续粒级混合使用，用以改善级配或配成较大粒度的连续粒级。不宜用单一的单粒粒级配制混凝土。

表 5-8　碎石和卵石的颗粒级配

公称粒级/mm		累计筛余/%											
		方孔筛/mm											
		2.36	4.75	9.5	16.0	19.0	26.5	31.5	37.5	53.0	63.0	75.0	90.0
连续粒级	5~16	95~100	85~100	30~60	0~10	0							
	5~20	95~100	90~100	40~80	—	0~10	0						
	5~25	95~100	90~100	—	30~70	—	0~5	0					
	5~31.5	95~100	90~100	70~90	—	15~45	—	0~5	0				
	5~40	—	95~100	70~90	—	30~65	—	—	0~5	0			
单粒粒级	5~10	95~100	80~100	0~15	0								
	10~16		95~100	80~100	0~15								
	10~20		95~100	85~100		0~15	0						
	16~25			95~100	55~70	25~40	0~10						
	16~31.5		95~100		85~100			0~10	0				
	20~40			95~100		80~100			0~10	0			
	40~80					95~100			70~100		30~60	0~10	0

（2）最大公称粒径

粗骨料的粗细程度用最大公称粒径表示。公称粒径的上限为该粒级的最大公称粒径。粗骨料的规格是用其最小公称粒径至最大公称粒径的尺寸表示，如 5~40 mm、5~25 mm 等。

为节省水泥，粗骨料的最大公称粒径在条件允许时尽量选大值。但还要受到结构截面尺寸、钢筋净距等因素的限制。《混凝土结构工程施工规范》（GB 50666—2011）规定，混凝土用的粗骨料，其最大公称粒径不得超过构件截面最小尺寸的 1/4，且不得大于钢筋间最小净距的 3/4。对混凝土实心板，粗骨料的最大公称粒径不宜超过板厚的 1/3，且不应超过 40 mm。

2. 含泥量、泥块含量和有害物质含量

石子中含泥量是指卵石、碎石中粒径小于 0.075 mm 的颗粒含量，泥块含量是指卵石、碎石中原粒径大于 4.75 mm，经水浸洗、手捏后小于 2.36 mm 的颗粒含量。

石子中含泥量、泥块含量及有害物质含量对混凝土的作用同砂一样，因此必须严格控制其含量，具体见表 5-9。

表 5-9　石子中含泥量、泥块含量、有害物质及针片状颗粒的含量

项目	指标		
	Ⅰ类	Ⅱ类	Ⅲ类
含泥量（按质量计）/%	≤0.5	≤1.0	≤1.5

续表

项目	指标		
	Ⅰ类	Ⅱ类	Ⅲ类
泥块含量(按质量计)/%	<0	≤0.2	≤0.5
有机物	合格	合格	合格
硫化物及硫酸盐(按 SO_3 质量计)/%	≤0.5	≤1.0	≤1.0
针片状颗粒(按质量计)/%	≤5	≤10	≤15

3. 颗粒特征

骨料颗粒形状及表面特征对混凝土的性能有很大影响。碎石和机制砂的颗粒富有棱角，表面粗糙，与水泥黏结较好，拌制的混凝土强度相对较大，但混凝土拌合物和易性较差。卵石和河砂、海砂、湖砂的颗粒近于圆形，表面光滑，与水泥黏结较差，拌制的混凝土拌合物和易性好，但混凝土强度相对较低。

粗骨料中凡颗粒长度大于该颗粒所属相应粒级平均粒径的 2.4 倍者为针状颗粒，厚度小于平均粒径 40% 者为片状颗粒(平均粒径是指该粒级上、下限公称粒径的平均值)。这些颗粒本身容易折断，含量不能太多，否则会严重降低混凝土拌合物的和易性和混凝土强度，因此应严格控制其在骨料中的含量，详见表 5-9。

4. 强度

石子的强度可用岩石的抗压强度和压碎指标两种方法表示。

岩石的抗压强度是采用直径与高度均为 50 mm 的圆柱体或边长为 50 mm 的立方体岩石试件，在水中浸泡 48 h 后测得的极限抗压强度值。要求火成岩试件的强度值不小于 80 MPa，变质岩不小于 60 MPa，水成岩不小于 30 MPa。

压碎指标是测定石子抵抗压碎的能力，工程上采用压碎指标进行质量控制。压碎指标值越小，表明石子抵抗破碎的能力越强。碎石、卵石的压碎指标应符合表 5-10 的规定。

表 5-10　碎石、卵石的压碎指标

类别	指标		
	Ⅰ类	Ⅱ类	Ⅲ类
碎石压碎指标/%	≤10	≤20	≤30
卵石压碎指标/%	≤12	≤14	≤16

5. 表观密度、连续级配松散堆积空隙率

表观密度不小于 2 600 kg/m^3，连续级配松散堆积空隙率应符合表 5-11 的规定。

表 5-11 连续级配松散堆积空隙率

类别	Ⅰ类	Ⅱ类	Ⅲ类
空隙率/%	≤43	≤45	≤47

四、混凝土外加剂

在混凝土拌制过程中，掺入不超过水泥用量的5%（特殊情况除外），用以改善混凝土性能，对人、生物及环境安全无有害影响的材料称为混凝土外加剂。混凝土外加剂虽然用量不多，但对改善拌合物的和易性、调节凝结硬化时间、控制强度发展和提高耐久性等方面起着显著作用，已成为混凝土中必不可少的第五种成分。

混凝土外加剂按主要使用功能分为以下四类：

(1) 改善混凝土拌合物流变性能的外加剂，包括各种减水剂和泵送剂等。

(2) 调节混凝土凝结硬化性能的外加剂，包括缓凝剂、早强剂、促凝剂和速凝剂等。

(3) 改善混凝土耐久性的外加剂，包括引气剂、防水剂和阻锈剂等。

(4) 改善混凝土其他特殊性能的外加剂，包括膨胀剂、防冻剂和着色剂等。

目前常用的外加剂主要有减水剂、引气剂、早强剂、缓凝剂、防冻剂、速凝剂等。

（一）减水剂

在混凝土坍落度基本相同的条件下，能减少拌合用水量的外加剂称为减水剂。根据减水剂的作用效果及功能情况，可分为普通减水剂、高效减水剂、早强减水剂、缓凝减水剂、引气减水剂等。

在混凝土中掺入减水剂后，根据使用的目的不同，可相应得到以下效果：① 提高混凝土拌合物的流动性；② 提高混凝土的强度；③ 节约水泥；④ 改善混凝土的耐久性能。

减水剂是使用最广泛、效果最显著的一种外加剂。品种繁多，按其化学成分可分为木质素系减水剂、萘系减水剂、树脂系减水剂、糖蜜系减水剂、腐殖酸系减水剂及复合系减水剂六大类，目前常用的是木质素系、萘系及树脂系减水剂，见表5-12。

表 5-12 常用减水剂的品种

类别	木质素系（普通减水剂）	萘系（高效减水剂）	树脂系（早强减水剂/高效减水剂）
主要品种	木质素磺酸钙（木钙粉、M型减水剂）、木钠、木镁等	NNO、NF、建-1、FDN、UNF、JN、MF等	FG-2、ST、TF
适宜掺量（占水泥重）/%	0.2~0.3	0.2~1.0	0.5~2.0
减水率	10%左右	10%以上	20%~30%

续表

类别	木质素系 (普通减水剂)	萘系 (高效减水剂)	树脂系 (早强减水剂/高效减水剂)
早强效果	—	显著	显著(7 d 可达 28 d 强度)
缓凝效果	1~3 h	—	3 h 以上
引气效果	1%~2%	部分品种<2%	—
适用范围	一般混凝土工程和滑模、泵送、大体积及夏期施工的混凝土工程	适用于所有混凝土工程,更适于配制高强度混凝土及流态混凝土工程	因价格昂贵,宜用于特殊要求的混凝土工程

(二) 引气剂

混凝土在搅拌过程中能引入大量分布均匀、稳定而封闭的微小气泡,且能将气泡保留在硬化混凝土中的外加剂称为引气剂。

掺入引气剂能减少混凝土拌合物泌水、离析,改善和易性,并能显著提高混凝土抗冻性、抗渗性。目前常用的引气剂为松香热聚物和松香皂等,近年来开始使用烷基苯磺酸钠、脂肪醇硫酸钠等品种。引气剂的掺量极小,一般仅为水泥质量的 0.005%~0.015%,并具有一定的减水效果,减水率为 8% 左右,混凝土的含气量为 3%~5%。一般情况下,含气量每增加 1%,混凝土的强度下降 3%~5%。引气剂可用于抗渗混凝土、抗冻混凝土、抗硫酸盐侵蚀的混凝土、泌水严重的混凝土、贫混凝土、轻骨料混凝土、机制砂混凝土以及对饰面有要求的混凝土等,但引气剂不宜用于蒸养混凝土及预应力混凝土。

(三) 早强剂

能提高混凝土早期强度,并对后期强度无显著影响的外加剂称为早强剂。

早强剂可在不同温度下加速混凝土的强度发展,常用于要求早拆模工程、抢修工程及冬期施工。早强剂可分为氯盐类、硫酸盐类、有机胺类早强剂及复合早强剂等。

1. 氯盐类早强剂

氯盐类早强剂主要有氯化钙、氯化钠等,其中以氯化钙效果最佳。氯化钙易溶于水,适宜掺量为水泥质量的 1%~2%,能使混凝土 3 d 强度提高 40%~100%,7 d 强度提高 20%~40%,同时能降低混凝土中水的冰点,防止混凝土早期受冻。

混凝土中的氯离子渗透到钢筋表面,会引起钢筋锈蚀,从而导致混凝土开裂。国家标准规定,在钢筋混凝土中氯盐的掺量不得超过水泥质量的 1%,在无筋混凝土中掺量不得超过 3%。含有氯盐的外加剂严禁用于预应力混凝土、间接或长期处于潮湿环境下的钢筋混凝土、钢纤维混凝土结构。为抑制氯盐对钢筋的锈蚀作用,常将氯盐类早强剂与阻锈剂(亚硝酸钠)复合使用。

2. 硫酸盐类早强剂

硫酸盐类早强剂应用较多的是硫酸钠，一般掺量为水泥质量的 0.5% ~2.0%，当掺量为 1% ~1.5% 时，达到混凝土设计强度 70% 的时间可缩短一半左右。

硫酸钠对钢筋无锈蚀作用，适用于不允许掺用氯盐的混凝土，但严禁用于含有活性骨料的混凝土。同时应注意硫酸钠掺量过多，会导致混凝土后期产生膨胀开裂以及混凝土表面产生“白霜”现象。

3. 有机胺类早强剂

有机胺类早强剂早强效果最好的是三乙醇胺。三乙醇胺呈碱性，能溶于水，掺量为水泥质量的 0.02% ~0.05%，能使混凝土早期强度提高 50% 左右。与其他外加剂（如氯化钠、氯化钙、硫酸钠等）复合使用，早强效果更加显著。

三乙醇胺对混凝土稍有缓凝作用，掺量过多会造成混凝土严重缓凝和混凝土强度下降，故应严格控制掺量。

4. 复合早强剂

试验表明，上述几类早强剂以适当比例配制成的复合早强剂具有较好的早强效果。

（四） 缓凝剂

能延长混凝土凝结时间，并对混凝土后期强度发展无不利影响的外加剂称为缓凝剂。缓凝剂主要有五类：糖类，如糖蜜；羟基羧酸及其盐类，如柠檬酸、酒石酸；多元醇及其衍生物，如山梨醇、甘露醇；有机磷酸及其盐类，如氨基三甲叉膦酸（ATMP）；无机盐类，如锌盐、硼酸盐等。常用的缓凝剂是糖蜜。

糖蜜的适宜掺量为水泥质量的 0.1% ~0.3%，混凝土凝结时间可延长 2~4 h，掺量过大会使混凝土长期酥松不硬，强度严重下降，但对钢筋无锈蚀作用。

缓凝剂主要适用于夏期施工的混凝土、大体积混凝土、滑模施工、泵送混凝土、长时间或长距离运输的商品混凝土，不适用于日最低气温 5 ℃以下施工的混凝土、有早强要求的混凝土及蒸养混凝土。

（五） 防冻剂

在规定温度下，能显著降低混凝土的冰点，使混凝土液相不冻结或仅部分冻结，以保证水泥的水化作用，并在一定的时间内获得预期强度的外加剂称为防冻剂。常用的防冻剂有有机化合物类（以某些醇类、尿素等有机化合物为防冻组分）、氯盐类（以氯化钙、氯化钠等为防冻组分）、氯盐阻锈类（含阻锈组分，以氯盐为防冻组分）、无氯盐类（以亚硝酸盐、硝酸盐、碳酸盐等无机盐为防冻组分）。

氯盐类防冻剂适用于无筋混凝土；氯盐阻锈类防冻剂可用于钢筋混凝土；无氯盐类防冻剂可用于钢筋混凝土（不适用于预应力混凝土以及与镀锌钢材或与铝铁相接触部位的钢筋混凝土结构）。另外，含有六价铬盐、亚硝酸盐等有毒成分的防冻剂，严禁用于饮水工程及与食品接触的部位。

(六) 速凝剂

能使混凝土迅速凝结硬化的外加剂称为速凝剂。我国常用的速凝剂有红星Ⅰ型、711型等。

红星Ⅰ型速凝剂适宜掺量为水泥质量的2.5%~4.0%。711型速凝剂适宜掺量为水泥质量的3%~5%。

速凝剂掺入混凝土后,能使混凝土在5 min内初凝,10 min内终凝,1 h就可产生强度,1 d强度提高2~3倍,但后期强度会下降,28 d强度为不掺时的80%~90%。

速凝剂主要用于矿山井巷、铁路隧道、引水涵洞、地下工程以及喷锚支护时的喷射混凝土或喷射砂浆工程。

(七) 外加剂的选择与使用

外加剂品种的选择应根据工程需要、施工条件、混凝土原材料等因素通过试验确定。

外加剂品种确定后,要认真确定外加剂的掺量。掺量过小,往往达不到预期效果;掺量过大,则会影响混凝土的质量,甚至造成事故。因此,应通过试验试配确定最佳掺量。外加剂一般不能直接投入混凝土搅拌机内,应配制成合适浓度的溶液,随水加入搅拌机进行搅拌。对于不溶于水的外加剂,应与适量水泥或砂混合均匀后再加入搅拌机内。

5.2 混凝土拌合物的和易性

混凝土各组成材料按一定比例配合,经搅拌均匀后尚未凝结硬化的材料称为混凝土拌合物,又称新拌混凝土。混凝土拌合物必须具有良好的和易性,才能便于施工和获得均匀而密实的混凝土,从而保证混凝土的强度和耐久性。

一、和易性的概念

和易性是指混凝土拌合物易于施工操作(搅拌、运输、浇筑、捣实),并能获得均匀、密实的混凝土的性能。和易性是一项综合性的技术指标,包括流动性、黏聚性和保水性三方面的性能。

1. 流动性

流动性是指混凝土拌合物在自重或机械振捣作用下,能流动并均匀密实地填满模板的性能。流动性越大,施工操作越方便,越易于捣实、成型。

2. 黏聚性

黏聚性是指混凝土拌合物在施工过程中,具有一定的黏聚力,不会发生分层和离析现象,保持整体均匀的性能。黏聚性差的拌合物，在施工中易发生分层、离析，致使混凝土硬化后产生“蜂窝”“麻面”等缺陷，影响强度和耐久性。

3. 保水性

保水性是指混凝土拌合物保持水分不易析出的能力。保水性差的拌合物在施工中容易泌水，并积聚到混凝土表面而引起表面疏松或积聚到骨料或钢筋的下表面而形成空隙，从而削弱骨料或钢筋与水泥石的结合力，影响混凝土硬化后的质量。渗水通道会形成开口空隙，降低混凝土的强度和耐久性。

二、和易性的测定

和易性是一项综合的技术性能，很难找到一种能全面反映混凝土拌合物和易性的测定方法。国家标准《普通混凝土拌合物性能试验方法标准》(GB/T 50080—2016)规定，混凝土拌合物的稠度可采用坍落度法和维勃稠度法测定。坍落度法适用于骨料最大公称粒径不大于40 mm、坍落度不小于10 mm的混凝土拌合物，坍落度小于10 mm的干硬性混凝土拌合物采用维勃稠度法测定。

1. 坍落度法

将混凝土拌合物按规定的方法装入坍落度筒内，提起坍落度筒后拌合物因自重而向下坍落，下落的尺寸(以mm计)即为该混凝土拌合物的坍落度值，用S表示，如图5-5所示。坍落度主要用来表示混凝土拌合物的流动性，在测定坍落度的同时，应观察黏聚性和保水性，以便全面地评定混凝土拌合物的和易性。

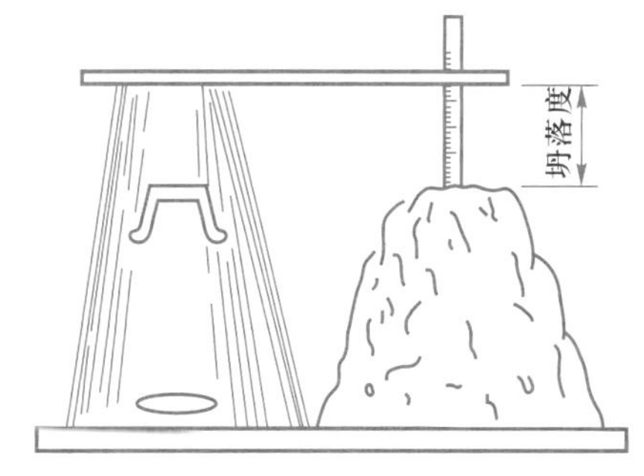

图5-5　坍落度测定示意图

国家标准《混凝土质量控制标准》(GB 50164—2011)规定，混凝土拌合物根据其坍落度大小分为五级，见表5-13。

表5-13　混凝土拌合物的坍落度等级划分

等级	坍落度/mm	等级	坍落度/mm
S1	10~40	S4	160~210
S2	50~90	S5	≥220
S3	100~150		

2. 维勃稠度法

把维勃稠度仪(图5-6)水平放置在坚实的基面上，喂料斗转到坍落度筒上方，将拌合物分层装入筒内插捣密实(图5-7a)，把喂料斗转离，垂直提起坍落度筒，把透明圆盘转到拌合物锥体顶面，放松夹持圆盘的螺钉，使圆盘落到拌合物顶面(图5-7b)，开动振动台和秒表，透明圆盘的底面逐渐与水泥浆接触(图 5-7c),当透明圆盘的底面被水泥浆所布满的瞬间(图 5-7d),停下秒表并关闭振动台,记录秒表上的时间(以 s 计),即为拌合物的维勃稠度值,用 V 表示。维勃稠度值越小,表示拌合物越稀,流动性越好,反之维勃稠度值越大,表示黏度越大,越不易振实。

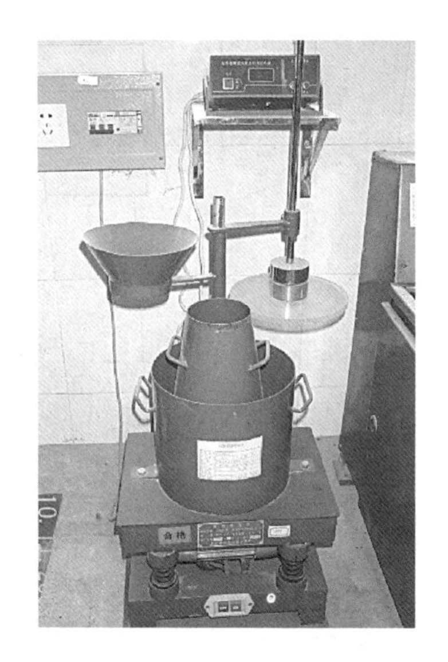

图 5-6 维勃稠度仪

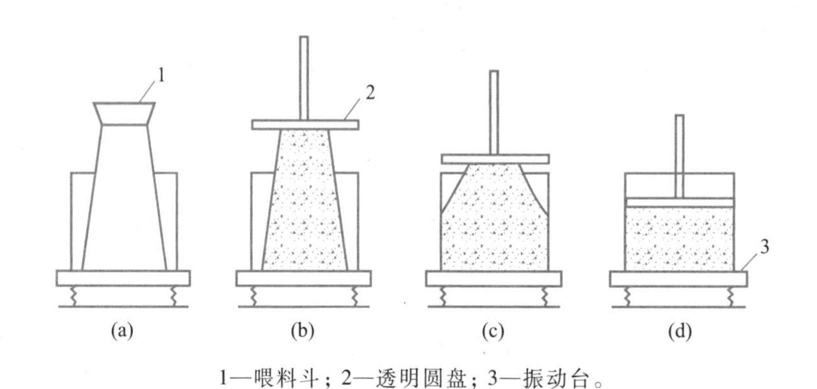

1—喂料斗;2—透明圆盘;3—振动台。

图 5-7 维勃稠度测定示意图

GB 50164—2011 规定,混凝土拌合物维勃稠度共分为五级,见表 5-14。

表 5-14 混凝土拌合物的维勃稠度等级划分

等级	维勃稠度/s	等级	维勃稠度/s
V0	≥31	V3	10~6
V1	30~21	V4	5~3
V2	20~11		

干硬性混凝土与塑性混凝土不同之处在于干硬性混凝土的水泥用量少、粗骨料较多、流动

性小，水泥用量相同时，强度高。干硬性及塑性混凝土结构示意图如图5-8所示。

3. 坍落度的选择

正确选择坍落度值，对于保证混凝土施工质量、节约水泥具有重要意义。原则上应在便于施工操作并能保证振捣密实的条件下，尽可能取较小的坍落度。混凝土浇筑时的坍落度宜按表5-15选用。

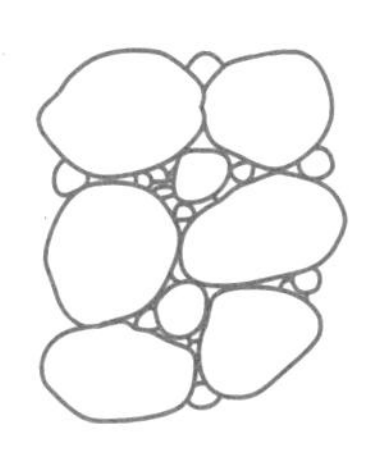
(a) 干硬性混凝土

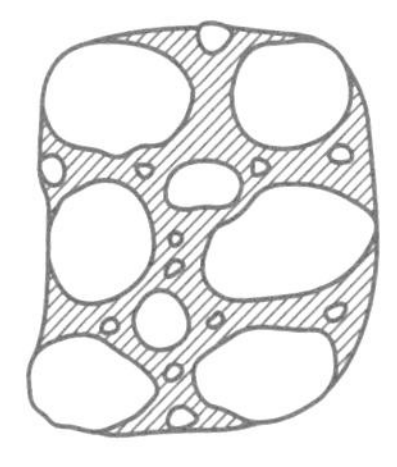
(b) 塑性混凝土

图5-8 干硬性及塑性混凝土结构示意图

表5-15 混凝土浇筑时的坍落度

结构种类	坍落度/mm
基础或地面等的垫层、无配筋的大体积结构（挡土墙、基础等）或配筋稀疏的结构	10~30
板、梁和大型及中型截面的柱子等	30~50
配筋密列的结构（薄壁、斗仓、筒仓、细柱等）	50~70
配筋特密的结构	70~90

注：1. 本表系采用机械振捣混凝土时的坍落度，当采用人工捣实时其值可适当增大。
2. 当需要配制大坍落度混凝土时，应掺用外加剂。
3. 曲面或斜面结构混凝土的坍落度应根据实际需要另行选定。
4. 轻骨料混凝土的坍落度，宜比表中数值减少10~20 mm。

三、影响和易性的因素

影响混凝土拌合物和易性的主要因素有用水量、水泥浆用量、砂率和外加剂。此外，组成材料的品种与性质、施工条件等都对和易性有一定的影响。

1. 用水量

混凝土拌合物流动性随用水量增加而增大。若用水量过大，使拌合物黏聚性和保水性都变差，会产生严重泌水、分层或流浆；同时，混凝土强度与耐久性也随之降低。

2. 水泥浆用量

在混凝土拌合物中，水泥浆的多少显著影响和易性。在水胶比不变的情况下，水泥浆越多，则拌合物的流动性越大；水泥浆越少，则流动性也越小；若水泥浆过多，不仅增加了水泥用量，还会出现流浆现象，使拌合物的黏聚性变差，对混凝土的强度和耐久性会产生不利影响。因此，混凝土拌合物中水泥浆的用量应以满足流动性和强度的要求为度，不宜过量。

3. 砂率

混凝土中砂的质量占砂石总质量的百分率，称为砂率。

在混凝土拌合物中，水泥浆用量固定时加大砂率，骨料的总表面积及空隙率增大，使水泥浆显得比原来贫乏，从而减小了流动性；若减小砂率，使水泥浆显得富余起来，流动性会加大，但不能保证粗骨料之间有足够的砂浆层,也会减小拌合物的流动性,并严重影响其黏聚性和保水性。因此,砂率有一个合理值,称为合理砂率。采用合理砂率时,能使拌合物获得较好的流动性、黏聚性与保水性,而水泥用量最省。

4. 材料品种的影响

常用水泥中,以普通硅酸盐水泥所配制的混凝土拌合物的流动性和保水性较好;矿渣硅酸盐水泥所配制的混凝土拌合物的流动性较大,但黏聚性和保水性较差;火山灰质硅酸盐水泥需水量大,在相同用水量的条件下,流动性较差,但黏聚性和保水性较好。当混凝土掺入外加剂或粉煤灰时,和易性将显著改善。

粗骨料粒形较圆、颗粒较大、表面光滑、级配较好时,拌合物流动性较大。使用细砂,拌合物流动性较小;使用粗砂,拌合物黏聚性和保水性较差。

5. 施工方面的影响

施工中环境温度、湿度的变化,运输时间的长短,称料设备、搅拌设备及振捣设备的性能等都会对和易性产生影响。

四、改善和易性的措施

在实际工程中,采取如下措施来改善混凝土拌合物的和易性:

(1) 改善砂、石的级配。在可能条件下,尽量采用较粗的砂、石。

(2) 采用合理砂率。

(3) 在上述基础上,当混凝土拌合物坍落度太小时,保持水胶比不变,适当增加水泥和水的用量;当坍落度太大时,保持砂率不变,适当增加砂、石用量。

(4) 掺用外加剂(减水剂、引气剂等)。

5.3 混凝土的强度

混凝土强度分为抗压强度、抗拉强度、抗弯强度及抗剪强度。其中,以抗压强度最大,抗拉强度最小,故混凝土主要用于承受压力。

一、混凝土的立方体抗压强度

混凝土的立方体抗压强度常作为评定混凝土质量的基本指标,并作为确定其强度等级的依据,在实际工程中提到的混凝土强度一般是指立方体抗压强度。

1. 立方体抗压强度与强度等级

国家标准《混凝土物理力学性能试验方法标准》(GB/T 50081—2019)规定,以边长为

150 mm 的立方体试件为标准试件，按标准方法成型，在标准条件[温度(20±2)℃，相对湿度95%以上]下，养护到 28 d 龄期，用标准试验方法测得的极限抗压强度，称为混凝土立方体试件抗压强度，以 f_{cc} 表示。在立方体极限抗压强度总体分布中，具有 95% 保证率的抗压强度，称为立方体抗压强度标准值($f_{cu,k}$)。

混凝土强度等级按立方体抗压强度标准值确定。采用符号 C 与立方体抗压强度标准值(单位为 MPa)表示，根据现行国家标准，混凝土按立方体抗压强度标准值划分为 C20、C25、C30、C35、C40、C45、C50、C55、C60、C65、C70、C75、C80 十三个等级。例如，C30 表示混凝土立方体抗压强度标准值为 30 MPa，即混凝土立方体抗压强度大于 30 MPa 的概率为 95% 以上。

2. 折算系数

混凝土立方体试件的最小横截面尺寸应根据粗骨料的最大粒径确定。边长为 150 mm 的立方体试件为标准试件，边长为 100 mm、200 mm 的立方体试件为非标准试件。当采用非标准试件确定强度，混凝土强度等级小于 C60 时，应将其抗压强度值乘以表 5-16 的换算系数，换算成标准试件的抗压强度值；混凝土强度等级不小于 C60 时，宜采用标准试件，若使用非标准试件，尺寸换算系数经试验确定。

表 5-16 试件尺寸及换算系数

骨料的最大粒径/mm		试件尺寸/(mm×mm×mm)	折算系数
劈裂抗拉强度试验	其他试验		
19.0	31.5	100×100×100	0.95
37.5	37.5	150×150×150	1.00
—	63.0	200×200×200	1.05

二、混凝土的轴心抗压强度

混凝土强度等级是采用立方体试件确定的。实际工程中，在钢筋混凝土结构计算中，考虑到混凝土构件的实际受力状态，计算轴心受压构件时，常以轴心抗压强度作为依据。

国家标准《混凝土物理力学性能试验方法标准》(GB/T 50081—2019)规定，轴心抗压强度采用 150 mm×150 mm×300 mm 的标准试件，在标准条件下养护 28 d，测其抗压强度值，即为轴心抗压强度(f_{cp})。

试验表明，混凝土的轴心抗压强度与立方体抗压强度之比为 0.7~0.8。

三、混凝土的劈裂抗拉强度

混凝土的抗拉强度很低，只有抗压强度的 1/20~1/10，在钢筋混凝土结构设计中，不考虑混凝土承受结构中的拉力，而由钢筋来承受。但混凝土抗拉强度对于混凝土抗裂性具有重要

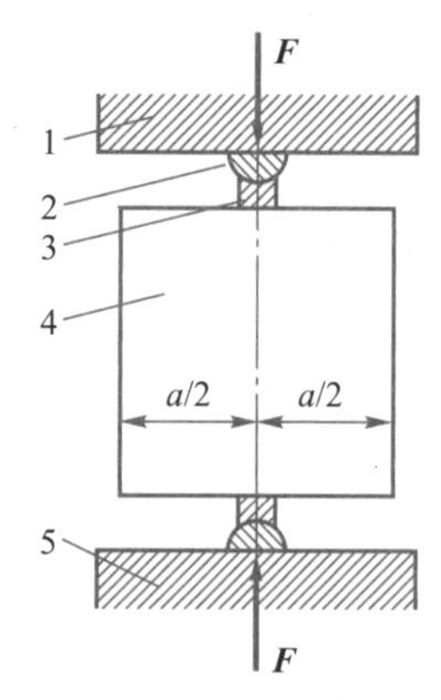

1—压力机上压板；2—垫条；
3—垫层；4—试件；
5—压力机下压板。

图 5-9 劈裂法试验装置示意图

作用，它是结构设计中确定混凝土抗裂性的主要指标。

国家标准《混凝土物理力学性能试验方法标准》（GB/T 50081—2019）规定，采用劈裂抗拉试验法求混凝土的劈裂抗拉强度。劈裂法试验装置示意图如图 5-9 所示。

混凝土劈裂抗拉强度应按下式计算：

$$f_{ts}=\frac{2F}{\pi A}\approx 0.637\frac{F}{A} \tag{5-2}$$

式中 f_{ts}——混凝土劈裂抗拉强度，MPa；

F——试件破坏荷载，N；

A——试件劈裂面面积，mm。

四、混凝土与钢筋的黏结强度

在钢筋混凝土结构中，为使钢筋充分发挥其作用，混凝土与钢筋之间必须有足够的黏结强度。这种黏结强度主要来源于混凝土与钢筋之间的摩擦力、钢筋与水泥石之间的黏结力及带肋钢筋的表面机械啮合力。混凝土抗压强度越高，其黏结强度越高。

五、影响混凝土强度的因素

影响混凝土强度的主要因素有水泥强度等级与水胶比，其次是骨料的质量、施工质量、养护条件与龄期、试验条件等。

1. 水泥强度等级与水胶比

水泥强度等级和水胶比是影响混凝土强度的主要因素。在其他材料相同时，水泥强度等级越高，配制成的混凝土强度也越高。若水泥强度等级相同，则混凝土的强度主要取决于水胶比，水胶比越小，配制成的混凝土强度越高。但是，如果水胶比过小，拌合物过于干稠，在一定的施工条件下，混凝土不能被振捣密实，出现较多的蜂窝、孔洞，反而导致混凝土强度严重下降。

根据大量的试验结果，可以建立混凝土强度经验公式：

$$f_{cu,28}=\alpha_a f_b(B/W-\alpha_b) \tag{5-3}$$

式中 $f_{cu,28}$——混凝土 28 d 龄期的立方体抗压强度，MPa；

f_b——胶凝材料 28 d 龄期抗压强度实测值，MPa；

B/W——胶水比；

α_a、α_b——回归系数。根据工程所使用的原材料通过试验确定。当不具备试验统计资料时，可按建筑工程行业标准《普通混凝土配合比设计规程》（JGJ 55—2011）提供的经验系数取用：碎石混凝土 $\alpha_a=0.53$，$\alpha_b=0.20$；卵石混凝土 $\alpha_a=0.49$，$\alpha_b=0.13$。

强度经验公式适用于 $W/B=0.40\sim0.80$ 的低流动性混凝土和塑性混凝土，不适用于干硬性混凝土。

该公式可以解决两方面的问题：

一是混凝土配合比设计时，估算应采用的 W/B 值；

二是混凝土质量控制过程中，估算混凝土 28 d 可达到的抗压强度。

2. 骨料的质量

骨料本身强度一般都比混凝土强度高（轻骨料除外），它不会直接影响混凝土的强度。但若使用含有害杂质较多且品质低劣的骨料，会降低混凝土强度。由于碎石表面粗糙并富有棱角，与水泥的黏结力较强，所配制的混凝土强度比用卵石的要高。骨料级配良好、砂率适当，能组成密实的骨架，也能使混凝土获得较高的强度。

3. 施工质量

依法进行强度检测，保障施工安全

混凝土施工工艺复杂，在配料、搅拌、运输、振捣、养护过程中，一定要严格遵守施工规范，确保混凝土强度。

4. 养护条件与龄期

混凝土振捣成型后的一段时间内，保持适当的温度和湿度，使水泥充分水化，称为混凝土的养护。混凝土在拌制成型后所经历的时间称为龄期。在正常养护条件下，混凝土的强度将随龄期的增长而不断发展，最初几天强度发展较快，以后逐渐缓慢，28 d 达到设计强度。28 d 以后更慢，若能长期保持适当的温度和湿度，强度的增长可延续数十年。从图 5-10 可以看出混凝土强度和养护条件的关系，也可看出混凝土强度和龄期的关系。

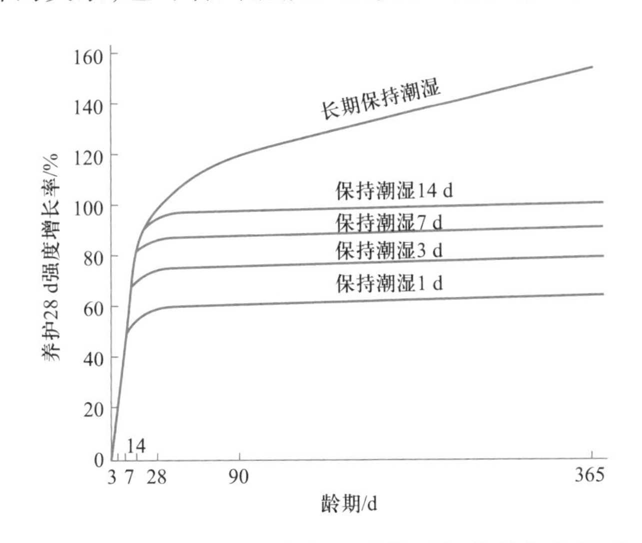

图 5-10 混凝土强度与保湿养护时间和龄期的关系

国家标准《混凝土结构工程施工规范》（GB 50666—2011）规定，在混凝土浇筑完毕后的 12 h 以内对混凝土加以覆盖和浇水，其浇水养护时间，对硅酸盐水泥、普通水泥或矿渣水泥拌制的混凝土不得少于 7 d，对掺用缓凝型外加剂或有抗渗要求的混凝土不得少于 14 d。浇水次数应能保持混凝土处于润湿状态。

5. 试验条件

试件的尺寸、形状、表面状态及加荷速度等，称为试验条件。试验条件不同，会影响混凝土强度的试验值。

实践证明，材料用量相同的混凝土试件，其尺寸越大，测得的强度越低。其原因是试件尺寸大时，内部孔隙、缺陷等出现的概率也高，会导致混凝土强度降低。棱柱体试件（150 mm×150 mm×300 mm）测得的强度值要比立方体试件（150 mm×150 mm×150 mm）低。

当混凝土试件受压面上有油脂类润滑物时，压板与试件间的摩擦阻力大大减小，试件将出现垂直裂纹而破坏，测出的强度值较低，如图 5-11 所示。

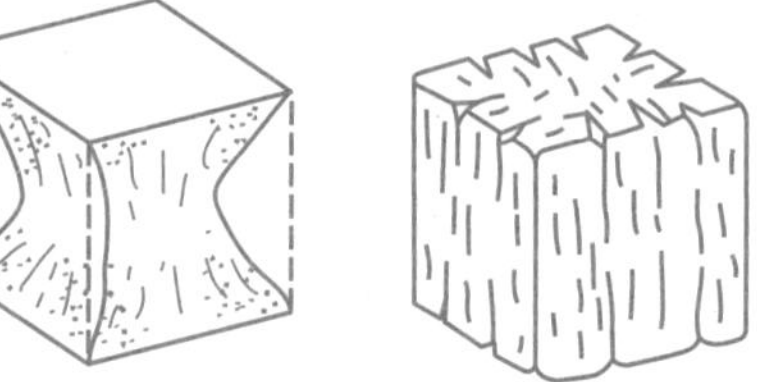

(a) 试件破坏后残存的棱柱体 (b) 不受压板约束时试件的破坏情况

图 5-11 混凝土试件受压破坏状态

加荷速度越快，测得的混凝土强度值越大。因此，国家标准《混凝土物理力学性能试验方法标准》（GB/T 50081—2019）规定，在试验过程中应连续均匀地加荷，混凝土强度等级小于 C30 时，加荷速度取 0.3～0.5 MPa/s；混凝土强度等级不小于 C30 且小于 C60 时，取 0.5～0.8 MPa/s；混凝土强度等级不小于 C60 时，取 0.8～1.0 MPa/s。

综上所述，在其他条件完全相同的情况下，由于试验条件不同，所测得的强度试验结果也有所差异。因此，要得到正确的混凝土抗压强度值，就必须严格遵守国家有关的试验标准。

六、提高混凝土强度的措施

根据影响混凝土强度的因素，应采取以下措施提高混凝土的强度：

（1）采用高强度等级的水泥。

（2）采用水胶比较小、用水量较少的混凝土。

（3）采用级配良好的骨料及合理的砂率。

（4）采用机械搅拌、机械振捣，改进施工工艺。

（5）加强养护。采用湿热养护处理，即蒸汽养护和蒸压养护的方法，提高混凝土的强度，这种措施对采用掺混合材料的水泥拌制的混凝土更为有利。

（6）在混凝土中掺入减水剂、早强剂等外加剂，可提高混凝土的强度或早期强度。

5.4 混凝土的耐久性

混凝土在实际使用条件下抵抗各种破坏因素的作用，长期保持强度和外观完整性，维持混凝土结构的安全和正常使用的能力称为混凝土的耐久性。

混凝土的耐久性主要包括抗冻性、抗渗性、抗侵蚀性、抗碳化性能、抗碱-骨料反应及抗风化性能等。

一、抗冻性

混凝土在水饱和状态下，能经受多次冻融循环作用而不破坏，同时也不严重降低强度的性能称为抗冻性。

混凝土的抗冻性用抗冻等级表示。抗冻等级是以28 d龄期的混凝土标准试件，在吸水饱和后承受反复冻融循环，以抗压强度损失不超过25%，质量损失不超过5%时所能承受的最大循环次数来确定。《混凝土质量控制标准》（GB 50164—2011）规定，混凝土的抗冻标号划分为D50、D100、D150、D200、>D200五个等级，分别表示混凝土能承受冻融循环的最大次数不小于50次、100次、150次、200次和200次以上。

以上是慢冻法，对于抗冻要求高的，也可用快冻法，同时满足弹性模量下降至不低于60%，质量损失不超过5%时，所能承受的最大冻融循环次数。

密实的混凝土和具有闭口孔隙的混凝土（如引气混凝土）抗冻性较高。在实际工程中，可采取以下方法提高混凝土的抗冻性：掺入引气剂、减水剂或防冻剂；减小水胶比；选择好的骨料级配；加强振捣和养护等。在寒冷地区，特别是潮湿环境下受冻的混凝土工程，其抗冻性是评定混凝土耐久性的重要指标。

二、抗渗性

混凝土抵抗压力水（或油）等液体渗透的能力称为抗渗性。

混凝土的抗渗性用抗渗等级表示。抗渗等级是以28 d龄期的标准试件，按标准试验方法进行试验，所能承受的最大水压力值来确定。《混凝土质量控制标准》（GB 50164—2011）规定，混凝土的抗渗等级可分为P4、P6、P8、P10、P12和>P12六个等级，分别表示混凝土能抵抗0.4 MPa、0.6 MPa、0.8 MPa、1.0 MPa、1.2 MPa和1.2MPa以上的水压力而不渗透。

密实的混凝土和具有闭口孔隙的混凝土抗渗性较高。在实际工程中，可采取以下方法提高混凝土的抗渗性：掺入引气剂或减水剂；合理选择水泥品种；减小水胶比；选择好的骨料级配；加强振捣和养护等。

三、抗侵蚀性

混凝土的抗侵蚀性主要取决于水泥的抗侵蚀性，可参看单元4。

四、抗碳化性能

由于水泥水化产物中有较多氢氧化钙，所以硬化后的混凝土呈碱性。在这种碱性条件下钢筋表面会形成一层钝化膜,对钢筋有良好的保护作用。

空气中的二氧化碳在潮湿的条件下与水泥的水化产物氢氧化钙发生反应,生成碳酸钙和水的过程称为混凝土的碳化。这个过程由表及里逐渐向混凝土内部扩散。碳化使混凝土的碱度降低,减弱了对钢筋的保护作用,易引起钢筋锈蚀;碳化还会引起混凝土的收缩,导致表面形成细微裂缝,使混凝土的抗拉强度、抗弯强度和耐久性降低,但碳化作用对提高抗压强度有利。

混凝土碳化的快慢和所处环境有关。二氧化碳的浓度越大,碳化速度越快;碳化需要一定的湿度条件才能进行,在相对湿度 50% ~ 70% 的条件下,碳化速度最快。

混凝土碳化的快慢和混凝土的密实程度有关。混凝土越密实,抗碳化性能越强。在实际工程中,可采取以下方法提高混凝土的抗碳化性能:掺入减水剂;使用硅酸盐水泥或普通硅酸盐水泥;减小水胶比和增加单位水泥用量;加强振捣和养护;在混凝土表面涂刷保护层等。

五、抗碱-骨料反应

水泥中的碱(Na_2O、K_2O)与骨料中的活性二氧化硅或白云石(碳酸盐)发生化学反应,生成复杂的产物,这种产物吸水后体积膨胀,导致混凝土产生膨胀开裂而破坏,这种现象称为碱-骨料反应。

混凝土发生碱-骨料反应必须具备以下三个条件:

(1) 混凝土中含有一定量的碱。

(2) 砂、石骨料中含有一定的活性成分。

(3) 有水存在。混凝土硬化后,在无水情况下,不可能发生碱-骨料反应。

在实际工程中,采取以下方法可防止混凝土发生碱-骨料反应:选用低碱水泥(碱含量低于0.6%);选用非活性骨料;在混凝土中掺入粉煤灰、粒化高炉矿渣等矿物掺合料,通过配合比控制每立方米混凝土碱含量不大于 3 kg;保证混凝土密实程度和重视建筑物排水,使混凝土处于干燥状态。

六、提高混凝土耐久性的措施

混凝土所处的环境条件不同,对耐久性的要求也不相同。总的来说,混凝土的密实程度是影响耐久性的主要因素;其次是原材料的品质和施工质量等。提高混凝土耐久性的主要措施有:

(1) 根据环境条件,合理地选择水泥品种。

(2) 严格控制其他原材料品质,使之符合规范的要求。

(3) 严格控制水胶比,保证足够的水泥用量。国家标准《混凝土结构设计规范》(GB 50010—2010)和建筑工程行业标准《普通混凝土配合比设计规程》(JGJ 55—2011)规定了混凝土的最大水胶比和最小胶凝材料用量,见表 5-17。

(4) 掺入减水剂和引气剂,提高混凝土的耐久性。

(5) 精心进行混凝土配制与施工,加强养护,提高混凝土的耐久性。

表 5-17 混凝土的最大水胶比和最小胶凝材料用量

环境类别	最大水胶比	最小胶凝材料用量/(kg/m³)		
		素混凝土	钢筋混凝土	预应力混凝土
一	0.60	250	280	300
二 a	0.55	280	300	300
二 b	0.50(0.55)	320	320	320
三 a	0.45(0.50)	330	330	330
三 b	0.40	330	330	330

注:1. 混凝土结构的环境类别见表 5-18;

2. 素混凝土构件的水胶比的要求可适当放松;

3. 处于严寒和寒冷地区二 b、三 a 类环境中的混凝土应使用引气剂,并可采用括号中的有关参数。

表 5-18 混凝土结构的环境类别

环境类别	条件
一	室内干燥环境; 无侵蚀性静水浸没环境
二 a	室内潮湿环境; 非严寒和非寒冷地区的露天环境; 非严寒和非寒冷地区与无侵蚀性的水或土壤直接接触的环境; 严寒和寒冷地区的冰冻线以下与无侵蚀性的水或土壤直接接触的环境
二 b	干湿交替环境; 水位频繁变动环境; 严寒和寒冷地区的露天环境; 严寒和寒冷地区冰冻线以上与无侵蚀性的水或土壤直接接触的环境
三 a	严寒和寒冷地区冬季水位变动区环境; 受除冰盐影响环境; 海风环境
三 b	盐渍土环境; 受除冰盐作用环境; 海岸环境
四	海水环境
五	受人为或自然的侵蚀性物质影响的环境

注:1. 室内潮湿环境是指构件表面经常处于结露或湿润状态的环境;

2. 严寒和寒冷地区的划分应符合现行国家标准《民用建筑热工设计规范》(GB 50176)的有关规定;

3. 海岸环境和海风环境宜根据当地情况,考虑主导风向及结构所处迎风、背风部位等因素的影响,由调查研究和工程经验确定;

4. 受除冰盐影响环境是指受到除冰盐盐雾影响的环境;受除冰盐作用环境是指被除冰盐溶液溅射的环境以及使用除冰盐地区的洗车房、停车楼等建筑;

5. 暴露的环境是指混凝土结构表面所处的环境。

5.5 硬化混凝土的变形

混凝土的变形包括非荷载作用下的变形和荷载作用下的变形。非荷载作用下的变形分为混凝土的化学收缩、干湿变形及温度变形;荷载作用下的变形分为短期荷载作用下的变形及长期荷载作用下的变形——徐变。混凝土的变形是混凝土产生裂缝的重要原因,直接影响混凝土的强度和耐久性。

一、非荷载作用下的变形

1. 化学收缩

在混凝土硬化过程中,由于水泥水化物的固体体积比反应前物质的总体积小,从而引起混凝土的收缩,称为化学收缩。

特点:不能恢复,收缩值较小,对混凝土结构没有破坏作用,但在混凝土内部可能产生微细裂缝而影响承载状态和耐久性。

2. 干湿变形

干湿变形是指由于混凝土周围环境湿度的变化,引起混凝土的干湿变形,表现为干缩湿胀。

(1) 产生原因

混凝土在干燥过程中,由于毛细孔内水分的蒸发,使毛细孔中形成负压,随着空气湿度的降低,负压逐渐增大,产生收缩力,导致混凝土收缩。同时,水泥凝胶体颗粒的吸附水也发生部分蒸发,凝胶体因失水而产生紧缩。当混凝土在水中硬化时,体积产生轻微膨胀,这是由于凝胶体中胶体粒子的吸附水膜增厚,胶体粒子间的距离增大所致。

(2) 危害性

混凝土的湿胀变形量很小,一般无破坏作用。但干缩变形对混凝土危害较大,干缩能使混凝土表面产生较大的拉应力而导致开裂,降低混凝土的抗渗性、抗冻性、抗侵蚀性等耐久性能。

(3) 影响因素

① 水泥的用量、细度及品种　水胶比不变,水泥用量越多,混凝土干缩率越大;水泥颗粒越细,混凝土干缩率越大。

② 水胶比的影响　水泥用量不变,水胶比越大,干缩率越大。

③ 施工质量的影响　延长养护时间能推迟干缩变形的发生和发展,但影响甚微;采用湿热法处理养护混凝土,可有效减小混凝土的干缩率。

④ 骨料的影响　骨料含量多的混凝土,干缩率较小。

3. 温度变形

温度变形是指混凝土随着温度的变化而产生热胀冷缩变形。温度变形对大体积混凝土、纵长的混凝土结构、大面积混凝土工程极为不利,易使这些混凝土造成温度裂缝。可采取的措施为采用低热水泥、减少水泥用量、掺加缓凝剂、采用人工降温、设温度伸缩缝以及在结构内配置构造钢筋等,以减少因温度变形而引起的混凝土质量问题。

二、荷载作用下的变形

1. 混凝土在短期荷载作用下的变形

混凝土是一种由水泥石、砂、石、游离水、气泡等组成的不匀质的多组分三相复合材料,为弹塑性体。受力时既产生弹性变形,又产生塑性变形,其应力-应变关系呈曲线,如图5-12所示。卸荷后能恢复的应变 $\varepsilon_{弹}$ 称为混凝土的弹性应变;剩余的不能恢复的应变 $\varepsilon_{塑}$ 称为混凝土的塑性应变。

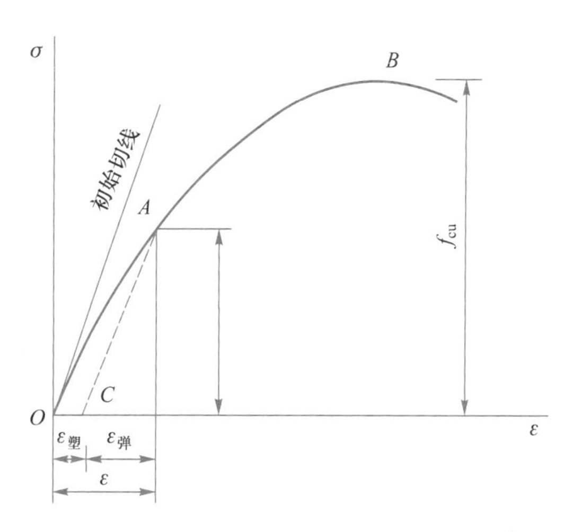

图5-12 混凝土在压力作用下的应力-应变曲线

在应力-应变曲线上任一点的应力 σ[①] 与其应变 ε 的比值,称为混凝土在该应力下的变形模量。影响混凝土弹性模量的主要因素有混凝土的强度、骨料的含量及弹性模量以及养护条件等。

2. 混凝土在长期荷载作用下的变形——徐变

混凝土在持续荷载作用下,除产生瞬间的弹性变形和塑性变形外,还会产生随时间增长的变形,称为徐变,如图5-13所示。

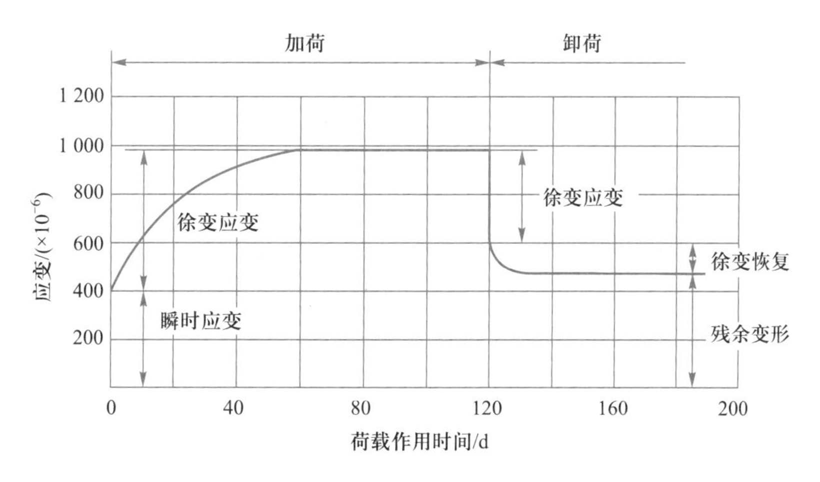

图5-13 徐变变形与徐变恢复

① 《混凝土结构设计规范》规定应力均用 σ 表示。

(1) 徐变的特点

荷载初期,徐变变形增长较快,以后逐渐变慢并稳定下来。卸荷后,一部分变形瞬时恢复,其值小于在加荷瞬间产生的瞬时变形。在卸荷后的一段时间内变形还会继续恢复,称为徐变恢复。最后残存的不能恢复的变形,称为残余变形。

(2) 徐变对结构物的影响

有利影响:可消除钢筋混凝土内的应力集中,使应力重新分配,从而使混凝土构件中局部应力得到缓和。对大体积混凝土则能消除一部分由于温度变形所产生的破坏应力。

不利影响:使钢筋的预加应力受到损失(预应力减小),构件强度降低。

(3) 影响徐变因素

混凝土的徐变是由于在长期荷载作用下,水泥石中的胶凝体产生黏性流动,向毛细孔内迁移所致。影响混凝土徐变的因素有水胶比、水泥用量、骨料种类、应力等。混凝土内毛细孔数量越多,徐变越大;加荷龄期越长,徐变越小;水泥用量和水胶比越小,徐变越小;所用骨料弹性模量越大,徐变越小;所受应力越大,徐变越大。

5.6 混凝土的质量控制与强度评定

混凝土质量控制是为了保证生产的混凝土的技术性能满足设计要求。质量控制应贯穿于设计、生产、施工及成品检验的全过程。

一、混凝土质量波动的因素

混凝土的质量要通过性能检验的结果来评定。在施工中,力求做到既保证混凝土所要求的性能,又保证其质量的稳定性。但实际上,由于原材料、施工条件及试验条件等许多复杂因素的影响,必然造成混凝土质量的波动。引起质量波动的因素很多,归纳起来可分为两种因素:

1. 正常因素(又称偶然因素,随机因素)

正常因素是指施工中不可避免的正常变化因素。在施工过程中,只是由于受正常因素的影响而引起的质量波动是正常波动,工程上是允许的。

2. 异常因素(系统因素)

异常因素是指施工中出现的不正常情况。这些因素对混凝土质量影响很大。它们是可以避免和控制的因素。受异常因素影响引起的质量波动是异常波动,工程上是不允许的。

混凝土质量控制的目的在于及时发现异常因素的影响,以便及时采取纠正和预防措施,使工程质量处于控制状态。

二、混凝土强度的质量控制

由于混凝土质量的波动将直接反映到其最终的强度上，且混凝土的抗压强度与其他性能有较好的相关性，因此在混凝土生产质量管理中，常以混凝土的抗压强度作为评定和控制其质量的主要指标。

1. 混凝土强度的波动规律

对混凝土质量进行控制和判断的实践结果证明，同一等级的混凝土，在施工条件基本一致的情况下，其强度的波动是服从正态分布规律的，如图5-14所示。正态分布是一条形状如钟形的曲线，以平均强度为对称轴，距离对称轴越远，强度概率值越小。对称轴两侧曲线上各有一个拐点，拐点至对称轴的水平距离等于标准差（σ），曲线与横坐标之间的面积为概率的总和，等于100%。在数理统计方法中，常用强度平均值、强度标准差、变异系数和实测强度达到强度标准值组数的百分率等统计参数来评定混凝土质量。

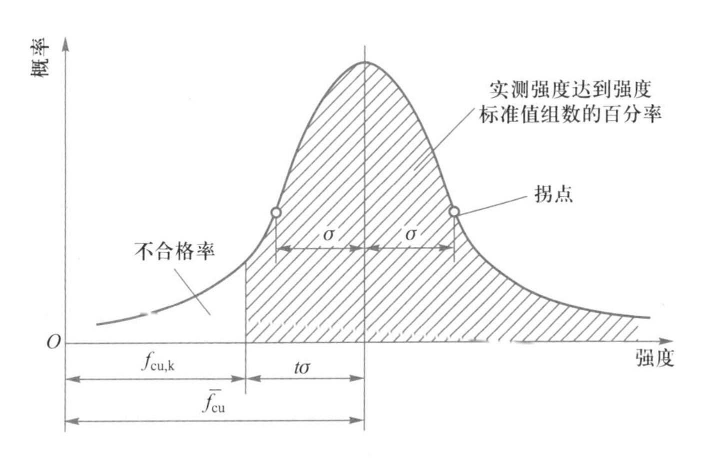

图5-14 混凝土强度正态分布曲线及保证率

（1）强度平均值（$m_{f_{cu}}$） 它代表混凝土强度总体的平均水平，其值按下式计算：

$$m_{f_{cu}} = \frac{1}{n}\sum_{i=1}^{n} f_{cu,i} \tag{5-4}$$

式中 n——试件组数；

$f_{cu,i}$——第 i 组试件的抗压强度，MPa。

强度平均值反映混凝土总体强度的平均值，但并不反映混凝土强度的波动情况。

（2）强度标准差（σ） 也称均方差，反映混凝土强度的离散程度，σ 值越大，强度分布曲线就越宽而矮，离散程度越大，则混凝土质量越不稳定。σ 是评定混凝土质量均匀性的重要指标，可按下式计算：

$$\sigma = \sqrt{\frac{\sum_{i=1}^{n} f_{cu,i}^{2} - n m_{f_{cu}}^{2}}{n-1}} \tag{5-5}$$

式中 n——试件组数(≥30);

$f_{cu,i}$——第 i 组试件的抗压强度,MPa;

$m_{f_{cu}}$——n 组试件的强度平均值,MPa;

σ——混凝土强度标准差,MPa。

当混凝土强度等级不大于 C30,其强度标准差计算值小于 3.0 MPa 时,计算配制强度用的标准差应取不小于 3.0 MPa;当混凝土强度等级大于 C30 且小于 C60,其强度标准差计算值小于 4.0 MPa 时,计算配制强度用的标准差应取不小于 4.0 MPa。

当施工单位无历史统计资料时,混凝土强度标准差可按表 5-19 取用。

表 5-19　混凝土强度标准差

混凝土强度等级	≤C20	C25～C45	C50～C55
σ 取值	4.0	5.0	6.0

(3) 变异系数(C_v)　又称离差系数,也是说明混凝土质量均匀性的指标。对平均强度水平不同的混凝土之间质量稳定性的比较,可考虑相对波动的大小,用变异系数 C_v 来表示,C_v 值越小,说明该混凝土强度质量越稳定。可按下式计算:

$$C_v=\frac{\sigma}{m_{f_{cu}}} \tag{5-6}$$

(4) 实测强度达到强度标准值组数的百分率(P)

实测强度达到强度标准值组数的百分率是指混凝土强度总体分布中,等于或大于强度标准值组数的百分率 P(%)。实测强度达到强度标准值组数百分率可按下式计算,且 P 不应小于 95%:

$$P=\frac{n_0}{n}\times 100\% \tag{5-7}$$

式中 n_0——统计周期内,相同强度等级混凝土达到强度标准值的试件组数;

n——统计周期内同批混凝土试件总组数,$N\geq 25$。

2. 混凝土配制强度

由于混凝土施工过程中原材料性能及生产因素的差异,会出现混凝土质量的不稳定,如果按设计的强度等级配制混凝土,则在施工中将有一半的混凝土达不到设计强度等级,即实测强度达到强度标准值组数的百分率只有 50%。为使实测强度达到强度标准值组数的百分率满足规定的要求,在设计混凝土配合比时,必须使配制强度高于混凝土设计要求的强度。根据《普通混凝土配合比设计规程》(JGJ 55—2011)规定,当混凝土设计强度等级小于 C60 时,工业与民用建筑及一般构筑物所采用的普通混凝土配制强度按下式计算,其实测强度达到强度标准值组数的百分率为 95%。

$$f_{cu,0}\geq f_{cu,k}+1.645\sigma \tag{5-8}$$

式中 $f_{cu,0}$——混凝土配制强度，MPa；

$f_{cu,k}$——混凝土立方体抗压强度标准值，MPa；

σ——混凝土强度标准差，MPa。

当混凝土设计强度等级不小于 C60 时，配制强度按下式确定：

$$f_{cu,0} \geqslant 1.15 f_{cu,k} \tag{5-9}$$

三、混凝土强度的评定

根据《混凝土强度检验评定标准》(GB/T 50107—2010)规定，混凝土强度评定可分为统计方法及非统计方法两种。

1. 统计方法评定

由于混凝土生产条件不同，混凝土强度的稳定性也不同，因而统计方法评定又分为以下两种情况。

(1) 标准差已知方案

当混凝土的生产条件在较长时间内能保持一致，且同一品种、同一强度等级混凝土的强度变异性保持稳定时，强度评定应由连续的 3 组试件组成一个检验批。其强度应同时满足下列要求：

$$m_{f_{cu}} \geqslant f_{cu,k} + 0.7\sigma_0 \tag{5-10}$$

$$f_{cu,min} \geqslant f_{cu,k} - 0.7\sigma_0 \tag{5-11}$$

检验批混凝土立方体抗压强度的标准差应按下式计算：

$$\sigma_0 = \sqrt{\frac{\sum_{i=1}^{n} f_{cu,i}^2 - n m_{f_{cu}}^2}{n-1}} \tag{5-12}$$

当混凝土强度等级不高于 C20 时，其强度的最小值应满足下式要求：

$$f_{cu,min} \geqslant 0.85 f_{cu,k} \tag{5-13}$$

当混凝土强度等级高于 C20 时，其强度的最小值应满足下式要求：

$$f_{cu,min} \geqslant 0.9 f_{cu,k} \tag{5-14}$$

式中 $m_{f_{cu}}$——同一检验批混凝土立方体抗压强度的平均值，MPa；

$f_{cu,k}$——混凝土立方体抗压强度标准值，MPa；

$f_{cu,min}$——同一检验批混凝土立方体抗压强度的最小值，MPa；

σ_0——检验批混凝土立方体抗压强度的标准差，MPa；当检验批混凝土强度标准差 σ_0 计算值小于 2.5 MPa 时，应取 2.5 MPa；

$f_{cu,i}$——前一个检验期内同一品种、同一强度等级的第 i 组混凝土试件的立方体抗压强度代表值，MPa；该检验期不应少于 60 d，也不得大于 90 d；

n——前一检验期内的样本容量，在该期间内样本容量不应少于 45。

（2）标准差未知方案

当混凝土的生产条件在较长时间内不能保持一致，混凝土强度变异性不能保持稳定，或前一个检验期内的同一品种混凝土无足够多的强度数据可用于确定统计计算的标准差时，检验评定只能直接根据每一检验批抽样的强度数据来确定。强度评定时，应由不少于10组的试件组成一个检验批。其强度应同时满足下列要求：

$$m_{f_{cu}} \geqslant f_{cu,k} + \lambda_1 \cdot S_{f_{cu}} \tag{5-15}$$

$$f_{cu,min} \geqslant \lambda_2 \cdot f_{cu,k} \tag{5-16}$$

同一检验批混凝土立方体抗压强度的标准差应按下式计算：

$$S_{f_{cu}} = \sqrt{\frac{\sum_{i=1}^{n} f_{cu,i}^2 - nm_{f_{cu}}^2}{n-1}} \tag{5-17}$$

式中 $S_{f_{cu}}$——同一检验批混凝土立方体抗压强度的标准差，MPa；当检验批混凝土强度标准差 $S_{f_{cu}}$ 计算值小于 2.5 N/mm^2 时，应取 2.5 N/mm^2；

λ_1, λ_2——混凝土强度的合格评定系数，按表5-20取用；

n——本检验期内的样本容量。

表5-20 混凝土强度的合格评定系数

试件组数	10～14	15～19	≥20
λ_1	1.15	1.05	0.95
λ_2	0.90	0.85	

2. 非统计方法评定

对某些小批量或零星混凝土的生产，因其试件数量有限（试件组数<10），不具备按统计方法评定混凝土强度的条件，可采用非统计方法。当检验批混凝土试件仅有一组时，该组试件强度应不低于强度标准值的115%。

按非统计方法评定混凝土强度时，其强度应同时满足下列要求：

$$m_{f_{cu}} \geqslant \lambda_3 \cdot f_{cu,k} \tag{5-18}$$

$$f_{cu,min} \geqslant \lambda_4 \cdot f_{cu,k} \tag{5-19}$$

式中 λ_3, λ_4——混凝土强度的非统计法合格评定系数，应按表5-21取用。

表5-21 混凝土强度的非统计法合格评定系数

混凝土强度等级	<C60	≥C60
λ_3	1.15	1.10
λ_4	0.95	

3. 混凝土强度的合格性判定

混凝土强度应分批进行检验评定，当检验结果能满足以上评定公式的规定时，则该混凝土强度判为合格；否则为不合格。不合格批混凝土制成的结构或构件应进行鉴定。对不合格的结构或构件，必须及时处理。当对混凝土试件强度的代表性有异议时，可对结构或构件进行无破损或半破损检验，并按有关规定进行混凝土强度的评定。

5.7　混凝土配合比设计

混凝土配合比设计是确定混凝土中各组成材料用量之间的比例关系。配合比常用的表示方法有两种：

（1）以每立方米混凝土中各种材料的质量来表示，如水泥 340 kg、水 180 kg、砂 710 kg、石子 1 200 kg；

（2）以各种材料间的质量比来表示（以水泥质量为 1），将上例换算成质量比为：

水泥：砂：石子≈1：2.09：3.53，　水胶比=水：水泥≈0.53

配合比设计的目的就是科学地确定这种比例，使混凝土满足工程所要求的各项技术指标，而尽量节约水泥。

一、混凝土配合比设计的基本要求

（1）满足混凝土结构设计所要求的强度等级。

（2）满足混凝土施工所要求的和易性。

（3）满足工程所处环境对混凝土耐久性（抗冻性、抗渗性等）的要求。

（4）合理使用材料，节约水泥，降低成本。

二、混凝土配合比设计的三个重要参数

水胶比、砂率、单位用水量是混凝土配合比设计的三个重要参数。混凝土配合比设计，实质上就是合理地确定胶凝材料、水、砂与石子这四种基本组成材料用量之间的三个比例关系。

1. 水胶比（W/B）

要得到适宜的水泥浆，就必须合理地确定水和胶凝材料的比例关系，即水胶比（W/B）。在组成材料一定的情况下，水胶比对混凝土的强度和耐久性起关键作用。

2. 砂率（β_s）

要使砂、石在混凝土中组成密实的骨架，就必须合理地确定砂和石子的比例关系，即砂率

$\left(\beta_s=\frac{m_{s0}}{m_{g0}+m_{s0}}\right)$。砂率对混凝土拌合物的和易性,特别是黏聚性和保水性有很大影响。

3. 单位用水量(m_{w0})

在水胶比一定的情况下,单位用水量反映了水泥浆与骨料之间的组成关系,是控制混凝土流动性的主要因素。

三、混凝土配合比设计的基本资料

混凝土配合比设计之前,必须预先掌握下列基本资料:

(1) 了解工程设计要求的混凝土强度等级,以便确定配制强度。

(2) 了解工程所处环境对混凝土耐久性的要求,以便确定所配置的混凝土的适宜水泥品种、最大水胶比和最小水泥用量。

(3) 了解结构断面尺寸及钢筋配置情况,以便确定混凝土骨料的最大粒径。

(4) 了解混凝土施工方法和管理水平,以便选择混凝土拌合物坍落度及骨料的最大粒径。

(5) 掌握混凝土的性能指标,包括水泥品种、强度等级、密度;砂、石骨料的种类及表观密度、级配、最大粒径;拌合用水的水质情况;外加剂的品种、性能、适宜掺量。

四、混凝土配合比设计的方法与步骤

混凝土配合比设计应根据所使用原材料的实际品种,经过计算、试配和调整三个阶段,得出合理的配合比。

(一) 初步配合比的计算

1. 混凝土配制强度($f_{cu,0}$)的确定

混凝土配制强度按式(5-8)、式(5-9)确定。

2. 确定水胶比(W/B)

混凝土强度等级小于 C60 时,混凝土水胶比宜按下式计算:

$$W/B=\frac{\alpha_a f_b}{f_{cu,0}+\alpha_a\alpha_b f_b} \tag{5-20}$$

式中 W/B——混凝土水胶比;

α_a、α_b——回归系数;对卵石取 $\alpha_a=0.49$,$\alpha_b=0.13$,对碎石取 $\alpha_a=0.53$,$\alpha_b=0.20$;

f_b——胶凝材料 28d 胶砂抗压强度,MPa。

计算的水胶比还必须满足混凝土耐久性要求,见表 5-17。

3. 确定单位用水量(m_{w0})

(1) 水胶比在 0.40~0.80 范围时,根据粗骨料的品种、粒径及施工要求的混凝土拌合物稠度,按表 5-22 选取用水量;水胶比小于 0.4 时,可通过试验确定。

表 5-22 塑性和干硬性混凝土的用水量 kg/m³

拌合物稠度		卵石最大公称粒径/mm				碎石最大公称粒径/mm			
项目	指标	10	20	31.5	40	16	20	31.5	40
坍落度/mm	10~30	190	170	160	150	200	185	175	165
	35~50	200	180	170	160	210	195	185	175
	55~70	210	190	180	170	220	205	195	185
	75~90	215	195	185	175	230	215	205	195
维勃稠度/s	16~20	175	160		145	180	170		155
	11~15	180	165		150	185	175		160
	5~10	185	170		155	190	180		165

注:1. 本表用水量系采用中砂时的平均取值。采用细砂时,每立方米混凝土用水量可增加 5~10 kg;采用粗砂时,则可减少 5~10 kg。

2. 掺用各种外加剂或掺合料时,用水量应相应调整。

(2)流动性和大流动性混凝土的用水量宜按下列步骤计算:

① 以表 5-22 中坍落度 90 mm 的用水量为基础,按坍落度每增大 20 mm,用水量增加 5 kg,计算出未掺外加剂时的混凝土用水量。

② 掺外加剂时的混凝土用水量可按下式计算:

$$m_{w0} = m'_{w0}(1-\beta) \tag{5-21}$$

式中 m_{w0}——满足实际坍落度要求的每立方米混凝土的用水量,kg/m³;

m'_{w0}——未掺外加剂时推定的满足实际坍落度要求的每立方米混凝土的用水量,kg/m³;

β——外加剂的减水率,%,应经试验确定。

4. 确定胶凝材料用量(m_{b0})

$$m_{b0} = \frac{m_{w0}}{W/B} \tag{5-22}$$

胶凝材料用量应满足混凝土耐久性要求,见表 5-17。

5. 确定砂率(β_s)

坍落度为 10~60 mm 的混凝土砂率,可根据粗骨料品种、最大公称粒径及水胶比按表 5-23 选取。

表 5-23 混凝土砂率 %

水胶比(W/B)	卵石最大公称粒径/mm			碎石最大公称粒径/mm		
	10	20	40	16	20	40
0.40	26~32	25~31	24~30	30~35	29~34	27~32

续表

水胶比（W/B）	卵石最大公称粒径/mm			碎石最大公称粒径/mm		
	10	20	40	16	20	40
0.50	30~35	29~34	28~33	33~38	32~37	30~35
0.60	33~38	32~37	31~36	36~41	35~40	33~38
0.70	36~41	35~40	34~39	39~44	38~43	36~41

注：1. 本表数值系中砂的选用砂率，对细砂或粗砂，可相应地减少或增大砂率。

2. 只用一个单粒级粗骨料配制混凝土时，砂率应适当增大。

3. 采用机制砂配制混凝土时，砂率可适当增大。

4. 坍落度大于 60 mm 的混凝土，其砂率可经试验确定，也可在本表的基础上，按坍落度每增大 20 mm，砂率增大 1% 的幅度予以调整；坍落度小于 10 mm 的混凝土，其砂率应经试验确定。

6. 确定细骨料、粗骨料用量（m_{s0} 和 m_{g0}）

（1）当采用质量法时，应按下式计算：

$$m_{b0}+m_{s0}+m_{g0}+m_{w0}=m_{cp} \tag{5-23}$$

$$\beta_s=\frac{m_{s0}}{m_{g0}+m_{s0}}\times100\% \tag{5-24}$$

式中 m_{b0}——计算配合比每立方米混凝土的胶凝材料用量，kg/m³；

m_{g0}——计算配合比每立方米混凝土的粗骨料用量，kg/m³；

m_{s0}——计算配合比每立方米混凝土的细骨料用量，kg/m³；

m_{w0}——计算配合比每立方米混凝土的用水量，kg/m³；

β_s——砂率，%；

m_{cp}——每立方米混凝土拌合物的假定质量，kg/m³，其值可取 2 350~2 450 kg/m³。

（2）当采用体积法时，应按下式计算：

$$\frac{m_{b0}}{\rho_b}+\frac{m_{g0}}{\rho_g}+\frac{m_{s0}}{\rho_s}+\frac{m_{w0}}{\rho_w}+0.01\ \text{m}^3\ \alpha=1\ \text{m}^3 \tag{5-25}$$

$$\beta_s=\frac{m_{s0}}{m_{g0}+m_{s0}}\times100\% \tag{5-26}$$

式中 ρ_b——胶凝材料密度，kg/m³；

ρ_g——粗骨料的表观密度，kg/m³；

ρ_s——细骨料的表观密度，kg/m³；

ρ_w——水的密度，可取 1 000 kg/m³；

α——混凝土含气量百分数，在不使用引气剂或引气型外加剂时，α 可取 1。

解联立方程，求出细骨料用量（m_{s0}）和粗骨料用量（m_{g0}）。

7. 得出初步配合比

将上述的计算结果表示为胶凝材料 m_{b0}、砂 m_{s0}、石子 m_{g0}、水 m_{w0} 的配合比：

$$m_{b0} : m_{s0} : m_{g0} = 1 : \frac{m_{s0}}{m_{b0}} : \frac{m_{g0}}{m_{b0}}, \quad \frac{W}{B} = \frac{m_{w0}}{m_{b0}}$$

（二）混凝土配合比的试配、调整

混凝土试配时，应采用工程中实际使用的原材料和搅拌方法。

1. 试配拌合物取料

试配时，每盘混凝土的最小搅拌量应符合表5-24的规定，并不应小于搅拌机公称容量的1/4，且不应大于搅拌机公称容量。

表5-24 混凝土试配的最小搅拌量

粗骨料最大公称粒径/mm	拌合物数量/L
≤31.5	20
40	25

2. 和易性的检验与调整

按计算的配合比试拌，以检查拌合物的性能。当试拌得出的拌合物坍落度（或维勃稠度）不能满足要求，或黏聚性和保水性不好时，应在保证水胶比不变的条件下相应调整配合比其他参数，直到符合要求为止。然后提出供混凝土强度试验用的基准配合比。

3. 强度检验

混凝土强度试验时，应至少采用三个不同的配合比，一个为试拌配合比，另外两个配合比的水胶比，宜较试拌配合比分别增加或减少0.05，用水量应与试拌配合比相同，砂率可分别增加或减少1%。将三个配合比的拌合物分别检验坍落度（或维勃稠度）、黏聚性、保水性及表观密度，并以此结果作为代表相应配合比的混凝土拌合物性能。然后制作强度试件，标准养护到28 d或设计规定龄期时试压。

（三）确定设计配合比

根据试验得出的三个配合比的混凝土强度与其相对应的水胶比关系，用作图法或计算法求出略大于混凝土配制强度相对应的水胶比，然后按下列原则确定各材料用量。

（1）在试拌配合比的基础上，用水量（m_w）和外加剂用量（m_a）应根据确定的水胶比做调整。

（2）胶凝材料用量（m_b）应以用水量除以选定出来的水胶比计算确定。

（3）细骨料、粗骨料用量（m_s 和 m_g）应根据用水量和胶凝材料用量进行调整。

（4）经试配确定配合比后，还应按下列步骤校正：

① 根据确定的材料用量，计算混凝土拌合物的表观密度计算值（$\rho_{c,c}$）：

$$\rho_{c,c}=m_b+m_g+m_s+m_w \tag{5-27}$$

② 计算混凝土配合比校正系数(δ)：

$$\delta=\frac{\rho_{c,t}}{\rho_{c,c}} \tag{5-28}$$

式中 $\rho_{c,t}$——混凝土拌合物表观密度实测值，kg/m^3；

$\rho_{c,c}$——混凝土拌合物表观密度计算值，kg/m^3。

③ 当混凝土拌合物表观密度实测值与计算值之差的绝对值不超过计算值的 2% 时，不必校正；当两者之差超过 2% 时，应将配合比中每项材料用量均乘以校正系数 δ，即为确定的设计配合比。

（四） 施工配合比

上述设计配合比中的骨料是以干燥状态①为准计算出来的。而施工现场的砂、石子常含有一定的水分，并且含水率随气候的变化经常改变，为保证混凝土质量，现场材料的实际称量应按工地砂、石子的含水情况进行修正，修正后的配合比称为施工配合比。若施工现场实测砂含水率为 $a\%$，石子含水率为 $b\%$，则将上述设计配合比换算为施工配合比：

$$m'_b=m_b \tag{5-29}$$

$$m'_s=m_s(1+a\%) \tag{5-30}$$

$$m'_g=m_g(1+b\%) \tag{5-31}$$

$$m'_w=m_w-a\%m_s-b\%m_g \tag{5-32}$$

式中 m'_b、m'_s、m'_g、m'_w——每立方米混凝土拌合物中，施工用的胶凝材料、砂、石子、水量，kg。

五、普通混凝土配合比设计例题

例 5-1 某结构用钢筋混凝土梁，混凝土的设计强度等级为 C30，施工采用机械搅拌、机械振捣，坍落度为 30～50 mm，根据施工单位近期同一品种混凝土资料，强度标准差为 3.2 MPa。采用的材料如下：

水泥：矿渣硅酸盐水泥 32.5 级，密度 3.1 g/cm^3，实测强度 36.8 MPa；

中砂：级配合格，表观密度 2.65 g/cm^3；

碎石：最大公称粒径 40 mm，表观密度 2.68 g/cm^3；

水：自来水。

试设计混凝土初步配合比。

解：1. 确定混凝土配制强度($f_{cu,0}$)

$$f_{cu,0}=f_{cu,k}+1.645\sigma=30\text{ MPa}+1.645\times3.2\text{ MPa}\approx35.26\text{ MPa}$$

---

① 干燥状态骨料系指含水率小于 0.5% 的细骨料或含水率小于 0.2% 的粗骨料。

2. 确定水胶比$\left(\frac{W}{B}\right)$

碎石 $\alpha_a=0.53$，$\alpha_b=0.20$

$$\frac{W}{B}=\frac{\alpha_a f_b}{f_{cu,0}+\alpha_a\alpha_b f_b}=\frac{0.53\times 36.80\ \text{MPa}}{35.26\ \text{MPa}+0.53\times 0.20\times 36.80\ \text{MPa}}\approx\frac{19.50}{39.16}\approx 0.50$$

查表5-17，用于干燥环境的混凝土，最大水胶比为0.60，故取$\frac{W}{B}=0.50$。

3. 确定单位用水量(m_{w0})

查表5-22，取 $m_{w0}=175$ kg。

4. 计算胶凝材料(水泥)用量(m_{b0})

$$m_{b0}=\frac{m_{w0}}{W/B}=\frac{175\ \text{kg}}{0.50}=350\ \text{kg}$$

查表5-17，最小胶凝材料(水泥)用量为280 kg/m^3，故可取 $m_{b0}=350$ kg。

5. 确定合理砂率值(β_s)

根据骨料及水胶比情况，查表5-23，取 $\beta_s=31\%$。

6. 计算细骨料用量(m_{s0})、粗骨料(m_{g0})用量

(1) 用质量法计算

$$\begin{cases}m_{b0}+m_{s0}+m_{g0}+m_{w0}=m_{cp}\\ \beta_s=\dfrac{m_{s0}}{m_{g0}+m_{s0}}\times 100\%\end{cases}$$

取每立方米混凝土拌合物的质量 $m_{cp}=2\ 400$ kg，则

$$\begin{cases}350\ \text{kg}+m_{g0}+m_{s0}+175\ \text{kg}=2\ 400\ \text{kg}\\ \dfrac{m_{s0}}{m_{s0}+m_{g0}}=31\%\end{cases}$$

解得：$m_{s0}\approx 581$ kg，$m_{g0}\approx 1\ 294$ kg。

(2) 用体积法计算

$$\begin{cases}\dfrac{m_{b0}}{\rho_b}+\dfrac{m_{g0}}{\rho_g}+\dfrac{m_{s0}}{\rho_s}+\dfrac{m_{w0}}{\rho_w}+0.01\alpha=1\\ \beta_s=\dfrac{m_{s0}}{m_{s0}+m_{g0}}\times 100\%\end{cases}$$

$$\begin{cases}\dfrac{350\ \text{kg}}{3\ 100\ \text{kg/m}^3}+\dfrac{m_{g0}}{2\ 680\ \text{kg/m}^3}+\dfrac{m_{s0}}{2\ 650\ \text{kg/m}^3}+\dfrac{175\ \text{kg}}{1\ 000\ \text{kg/m}^3}+0.01\ \text{m}^3\times 1=1\ \text{m}^3\\ \dfrac{m_{s0}}{m_{s0}+m_{g0}}=31\%\end{cases}$$

取 $\alpha=1$,解得:$m_{s0}\approx581$ kg,$m_{g0}\approx1\ 294$ kg。

两种方法计算结果相等。

7. 得出初步配合比

初步配合比为

胶凝材料(水泥):$m_{b0}=350$ kg;砂:$m_{s0}=581$ kg;石子:$m_{g0}=1\ 294$ kg;水:$m_{w0}=175$ kg。

或者 $m_{b0}:m_{s0}:m_{g0}=350:581:1\ 294\approx1:1.66:3.70,\dfrac{W}{B}=0.5$。

例 5-2 已知混凝土的设计配合比为 $m_b:m_s:m_g=343:625:1\ 250,\dfrac{W}{B}=0.54$;测得施工现场砂含水率为 4%,石子含水率为 2%,计算施工配合比。

解:已知每立方米混凝土中:胶凝材料(水泥)用量 $m_b=343$ kg,砂用量 $m_s=625$ kg,石子用量 $m_g=1\ 250$ kg,水用量 $m_w=343\ \text{kg}\times0.54\approx185$ kg,则施工配合比为

$$m_b'=m_b=343\ \text{kg}$$

$$m_s'=625\ \text{kg}\times(1+4\%)=650\ \text{kg}$$

$$m_g'=1\ 250\ \text{kg}\times(1+2\%)=1\ 275\ \text{kg}$$

$$m_w'=185\ \text{kg}-625\ \text{kg}\times4\%-1\ 250\ \text{kg}\times2\%=135\ \text{kg}$$

5.8 常见混凝土的制备和输送形式

一、预拌混凝土

在预拌厂预先拌好,运到施工现场进行浇筑的混凝土拌合物称为预拌混凝土。预拌混凝土多以商品的形式出售给施工单位,故也称为商品混凝土。也有一些施工单位内部设集中搅拌站,预拌混凝土运送到各工地使用。

采用预拌混凝土有利于实现建筑工业化,对提高混凝土质量、节约材料、实现现场文明施工和改善环境(因工地不需要混凝土原料堆放场地和搅拌设备)都具有突出的优点,并能取得明显的社会经济效益。我国从 2005 年 12 月 31 日起禁止在城区现场搅拌混凝土。《混凝土结构工程施工规范》(GB 50666—2011)规定,混凝土结构施工宜采用预拌混凝土。

1. 预拌混凝土的分类

(1) 在预拌厂集中配料、搅拌,运至工地使用的称为集中搅拌混凝土。

(2) 在预拌厂集中配料,在装有搅拌机的汽车上,于运输途中一面走一面搅拌,到工地后使用的称为车拌混凝土。

2. 采用预拌混凝土时预拌厂应提供的资料

(1) 原材料资料　水泥品种、强度等级及每立方米混凝土中的水泥用量;骨料的种类和最大公称粒径;外加剂、掺合料的品种及掺量。

(2) 混凝土的强度等级和坍落度值。

(3) 混凝土配合比和标准试件的强度。

(4) 对轻骨料混凝土尚应提供其密度等级。

混凝土运送至浇筑地点时,如混凝土拌合物出现离析或分层现象,应对其进行二次搅拌,并检测其坍落度,所测坍落度值应符合设计和施工要求。坍落度允许偏差应符合表 5-25 的规定。

表 5-25　坍落度允许偏差

坍落度/mm	允许偏差/mm
≤40	±10
50~90	±20
≥100	±30

混凝土拌合物运至浇筑地点时的温度,最高不宜超过 35 ℃,最低不宜低于 5 ℃。

二、泵送混凝土

可在施工现场通过压力泵及输送管道进行浇筑的混凝土称为泵送混凝土。

泵送混凝土可用于大多数混凝土工程,尤其适用于施工场地狭窄和施工机具受到限制的混凝土浇筑。按混凝土泵的不同型号,泵送速率为 8~70 m^3/h,泵送水平距离为 100~300 m,泵送高度为 30~90 m。所以,它具有施工速度快、效率高、节约劳动力的特点。《混凝土结构工程施工规范》(GB 50666—2011)规定,混凝土输送宜采用泵送形式。

泵送混凝土不仅要满足设计强度和耐久性要求,其拌合物还要有良好的可泵性。所谓可泵性,即混凝土拌合物具有一定的流动性能、摩擦阻力小、不离析、不阻塞和良好的黏聚性。所以泵送混凝土配合比要经过仔细的设计。

1. 原材料选择

(1) 水泥　宜选用硅酸盐水泥、普通硅酸盐水泥、矿渣硅酸盐水泥和粉煤灰硅酸盐水泥,不宜采用火山灰质硅酸盐水泥。

(2) 粗、细骨料　粗骨料宜采用连续级配,其针、片状颗粒含量不宜大于 10%,粗骨料最大公称粒径与输送管径之比宜符合表 5-26 的规定;细骨料宜采用中砂,其通过 0.315 mm 筛孔的颗粒含量不宜少于 15%。

表 5-26　粗骨料的最大公称粒径与输送管径之比

粗骨料品种	泵送高度/m	粗骨料最大公称粒径与输送管径之比
碎石	<50	≤1∶3.0
	50～100	≤1∶4.0
	>100	≤1∶5.0
卵石	<50	≤1∶2.5
	50～100	≤1∶3.0
	>100	≤1∶4.0

（3）外加剂和掺合料　应掺用泵送剂、减水剂，并宜掺用矿物掺合料。

2. 泵送混凝土配合比设计要点

除按普通混凝土配合比设计进行计算和试配外，还要符合下列规定：

（1）胶凝材料用量不宜小于 300 kg/m^3。

（2）砂率宜为 35%～45%。

5.9　常见的特种混凝土

一、轻骨料混凝土

用轻粗骨料、轻砂或普通砂、胶凝材料、外加剂和水配制而成的干表观密度不大于 1 950 kg/m^3 的混凝土，称为轻骨料混凝土。轻骨料混凝土中，采用轻砂作细骨料的称为全轻混凝土；用普通砂或普通砂中掺加部分轻砂作细骨料的称为轻砂混凝土。

1. 轻骨料

（1）定义

轻骨料分为轻粗骨料和轻细骨料。凡粒径大于 5 mm、堆积密度小于 1 100 kg/m^3 的轻质骨料称为轻粗骨料；凡粒径不大于 5 mm、堆积密度小于 1 200 kg/m^3 的轻质骨料称为轻细骨料（或轻砂）。

（2）分类

轻骨料按其来源可分为：工业废渣轻骨料，如粉煤灰陶粒、自燃煤矸石、膨胀矿渣珠、煤渣及其轻砂；天然轻骨料，如浮石、火山渣及其轻砂；人造轻骨料，人造轻粗骨料（陶粒等）和人造轻细骨料（陶砂等）。

按粒型可分为：圆球型轻骨料，如粉煤灰陶粒和磨细成球的页岩陶粒等；普通型轻骨料，如页岩陶粒、膨胀珍珠岩等；碎石型轻骨料，如浮石、自燃煤矸石和煤渣等。

(3) 技术要求

对轻骨料的技术要求有堆积密度、粗细程度和颗粒级配、强度和吸水率等，此外还对耐久性、安定性、有害杂质含量等提出了要求。

① 堆积密度　轻骨料堆积密度直接影响所配制的轻骨料混凝土的表观密度和性能，轻骨料按堆积密度划分的密度等级应符合表 5-27 的要求。

表 5-27　轻骨料按堆积密度划分的密度等级

密度等级		堆积密度范围/(kg/m^3)
轻粗骨料	轻细骨料	
200	—	>100，≤200
300	—	>200，≤300
400	—	>300，≤400
500	500	>400，≤500
600	600	>500，≤600
700	700	>600，≤700
800	800	>700，≤800
900	900	>800，≤900
1 000	1 000	>900，≤1 000
1 100	1 100	>1 000，≤1 100
1 200	1 200	>1 100，≤1 200

② 粗细程度和颗粒级配　各种轻骨料的颗粒级配应符合表 5-28 的要求，但人造轻粗骨料的最大粒径不宜大于 19.0 mm。轻细骨料的细度模数宜在 2.3~4.0 范围内。

表 5-28　各种轻骨料的颗粒级配

轻骨料种类	级配类别	公称粒级/mm	各号筛的累计筛余(按质量计)/%											
			方孔筛孔径											
			37.5 mm	31.5 mm	26.5 mm	19.0 mm	16.0 mm	9.50 mm	4.75 mm	2.36 mm	1.18 mm	600 μm	300 μm	150 μm
细骨料	—	0~5	—	—	—	—	—	0	0~10	0~35	20~60	30~80	65~90	75~100

续表

轻骨料种类	级配类别	公称粒级/mm	各号筛的累计筛余(按质量计)/%											
			方孔筛孔径											
			37.5 mm	31.5 mm	26.5 mm	19.0 mm	16.0 mm	9.50 mm	4.75 mm	2.36 mm	1.18 mm	600 μm	300 μm	150 μm
粗骨料	连续粒级	5~40	0~10	—	—	40~60	—	50~85	90~100	95~100	—	—	—	—
		5~31.5	0~5	0~10	—	—	40~75	—	90~100	95~100	—	—	—	—
		5~25	0	0~5	0~10	—	30~70	—	90~100	95~100	—	—	—	—
		5~20	0	0~5	—	0~10	—	40~80	90~100	95~100	—	—	—	—
		5~16	—	—	0	0~5	0~10	20~60	85~100	95~100	—	—	—	—
		5~10	—	—	—	—	0	0~15	80~100	95~100	—	—	—	—
	单粒级	10~16	—	—	—	0	0~15	85~100	90~100	—	—	—	—	—

③ 强度　采用筒压法测定的轻粗骨料的强度称为筒压强度。堆积密度越大,筒压强度越高,则轻骨料的强度越高,配制的混凝土强度也越高。

④ 吸水率　轻骨料的吸水率很大,会显著影响拌合物的和易性及强度。在设计轻骨料混凝土配合比时,必须考虑轻骨料的吸水问题,并根据 1 h 的吸水率计算附加用水量。国家标准《轻集料及其试验方法　第 1 部分:轻集料》(GB/T 17431.1—2010)规定,轻细骨料和天然轻粗骨料的吸水率不做规定,其他轻粗骨料的吸水率不应大于 22%。

2. 轻骨料混凝土的技术性能

(1) 和易性

轻骨料混凝土拌合物应满足不同施工条件下的和易性要求。和易性的指标仍用坍落度或维勃稠度。

与普通混凝土拌合物相比,在水泥浆用量相同的条件下,轻骨料因自重小、表面粗糙、吸水性强等特点,表现出坍落度值小、黏聚性和保水性好。因此,当施工条件和结构物类型相同时,对轻骨料混凝土拌合物的坍落度比普通混凝土的坍落度要求应小些。

轻骨料的吸水率大,在设计和施工时要重视因轻骨料吸水使拌合物和易性的损失,需采取必要措施。

(2) 强度及密度

轻骨料混凝土的强度等级按其立方体抗压强度标准值划分为 LC5、LC7.5、LC10、LC15、LC20、LC25、LC30、LC35、LC40、LC45、LC50、LC55、LC60 十三个等级。

轻骨料混凝土按其干表观密度,分为十四个等级,见表 5-29。某一密度等级轻骨料混凝土的密度标准值,可取该密度等级干表观密度变化范围的上限值。

表 5-29 轻骨料混凝土的密度等级

密度等级	干表观密度的变化范围/(kg/m³)	密度等级	干表观密度的变化范围/(kg/m³)
600	560~650	1 300	1 260~1 350
700	660~750	1 400	1 360~1 450
800	760~850	1 500	1 460~1 550
900	860~950	1 600	1 560~1 650
1 000	960~1 050	1 700	1 660~1 750
1 100	1 060~1 150	1 800	1 760~1 850
1 200	1 160~1 250	1 900	1 860~1 950

按轻骨料混凝土的用途不同,其强度等级和密度等级的合理范围应符合表 5-30 的规定。

表 5-30 不同用途的轻骨料混凝土强度等级、密度等级的合理范围

类别名称	混凝土强度等级的合理范围	混凝土密度等级的合理范围	用途
保温轻骨料混凝土	LC5	≤800	主要用于保温的围护结构或热工构筑物
结构保温轻骨料混凝土	LC5.0 LC7.5 LC10 LC15	800~1 400	主要用于既承重又保温的围护结构
结构轻骨料混凝土	LC15 LC20 LC25 LC30 LC35 LC40 LC45 LC50 LC55 LC60	1 400~1 900	主要用于承重构件或构筑物

(3) 抗冻性

轻骨料混凝土的抗冻性应满足表 5-31 的规定。

表 5-31 轻骨料混凝土的抗冻性要求

环境条件	抗冻等级
夏热冬冷地区	≥F50
寒冷地区	≥F100

续表

环境条件	抗冻等级
寒冷地区干湿循环	≥F150
严寒地区	≥F150
严寒地区干湿循环	≥F200
采用除冰盐环境	≥F250

(4) 其他性能

除以上基本的技术要求外,由于轻骨料混凝土的特殊性,还应专门考虑到一些其他技术项目。

轻骨料混凝土的弹性模量比普通混凝土低,一般为普通混凝土的50%~70%。

轻骨料混凝土由于兼有结构和保温双重功能,所以在热物理性能方面提出较多的技术要求指标。在技术标准中,轻骨料混凝土的导热系数、比热、导温系数和蓄热系数等都按密度等级不同作出了规定。

轻骨料混凝土的收缩比普通混凝土大20%~50%,因此设计时往往考虑收缩值和抗裂强度等。

二、抗渗混凝土

抗渗等级不低于P6的混凝土称为抗渗混凝土,即抗渗混凝土能抵抗0.6 MPa及以上的静水压力作用而不发生透水现象。

抗渗混凝土主要用于水工工程、地下基础工程、屋面防水工程等。为了提高混凝土的抗渗性,应采取合理选择原材料、混凝土配合比以及掺加适量外加剂等方法改善混凝土内部孔隙结构,使混凝土更加密实。

1. 原材料选择

(1) 水泥　宜采用普通硅酸盐水泥。

(2) 粗骨料　宜采用连续级配,其最大公称粒径不宜大于40 mm,含泥量不得大于1.0%,泥块含量不得大于0.5%。

(3) 细骨料　宜采用中砂,含泥量不得大于3.0%,泥块含量不得大于1.0%。

(4) 外加剂和掺合料　宜掺用外加剂和矿物掺合料,粉煤灰等级应为Ⅰ级或Ⅱ级。

2. 抗渗混凝土配合比设计要点

除按普通混凝土配合比设计进行计算和试配外,还应符合以下规定:

(1) 每立方米混凝土中的胶凝材料用量不宜小于320 kg。

(2) 砂率宜为35%~45%。

（3）最大水胶比应符合表5-32的规定。

表5-32　抗渗混凝土最大水胶比

抗渗等级	最大水胶比	
	C20～C30	C30以上
P6	0.60	0.55
P8～P12	0.55	0.50
>P12	0.50	0.45

3．试验项目

（1）抗渗试验　抗渗混凝土配合比设计时，应增加抗渗性能试验，试配要求的抗渗水压值应比设计值提高0.2 MPa，其试验结果应符合下式的要求：

$$P_t \geqslant \frac{P}{10} + 0.2 \tag{5-33}$$

式中　P_t——6个试件中4个未出现渗水时的最大水压值，MPa；

P——设计要求的抗渗等级值。

（2）含气量试验　掺引气剂或引气型外加剂的抗渗混凝土还应进行含气量试验，含气量试验结果宜控制在3%～5%。

三、加气混凝土

加气混凝土是以钙质材料和硅质材料为基本原料，加入发气剂，与料浆发生化学反应，放出氢气，形成微小气泡，这种发气膨胀与料浆的稠化相适应，硬结后形成的多孔制品。由于采用蒸压养护工艺，故称为蒸压加气混凝土。

加气混凝土的钙质材料是水泥和石灰；硅质材料常用石英砂、粉煤灰、粒化高炉矿渣等；发气剂则多采用铝粉。为了说明加气混凝土的不同，命名时多冠以主要材料品种，如水泥-矿渣-砂加气混凝土、水泥-石灰-砂加气混凝土、水泥-石灰-粉煤灰加气混凝土等。

加气混凝土的质量指标主要有表观密度和抗压强度。一般表观密度越大，孔隙率越小，强度越高，但保温性能越差。我国目前生产的加气混凝土表观密度范围为500～700 kg/m^3，相应的抗压强度为3.0～6.0 MPa。使用加气混凝土制品，具有施工速度快、减轻建筑物自重、保温效果好、提高抗震能力以及利用工业废料等优点。因此，加气混凝土是国内外大力发展的新型建材品种。

加气混凝土制品主要有砌块和条板两种。砌块可作为三层或三层以下房屋的承重墙，也可作为工业厂房，多、高层框架结构的非承重填充墙。配有钢筋的加气混凝土条板可作为承重和保温合一的屋面板。加气混凝土还可以与普通混凝土预制成复合板，用于外墙兼有承重和保温作用。

加气混凝土的吸水性强，随着含水率的增大，强度降低，保温性变差。从耐久性方面考虑，采用这种制品时，其表面不应外露，可用抹灰或通过做装饰层加以保护。由于加气混凝土的表面特征和干缩大的影响，吸水的规律有其独特之处，因此，砌筑或抹面用的砂浆，包括操作工序，都应该区别于一般的砖砌体。

四、透水混凝土

透水混凝土是由粗骨料及水泥基胶结料经拌合形成的具有连续孔隙结构的混凝土。它不含细骨料，由粗骨料表面包覆一薄层水泥浆相互黏结而形成孔穴均匀分布的蜂窝状结构，故具有透气、透水和轻质的特点，作为环境负荷减少型混凝土，透水混凝土的研究开发越来越受到重视。

透水混凝土具有与普通混凝土所不同的特点：密度小、水的毛细现象不显著、透水性大、水泥用量小、施工简单等，因此这种新型的建筑材料的优越性不断为人所知，并在道路领域逐渐得到应用。它能够增加渗入地表的雨水，缓解城市地下水位急剧下降等一些城市环境问题。

透水性混凝土作为一种新的环保型、生态型的道路材料，已日益受到人们的关注。现代城市的地表多被钢筋混凝土的房屋建筑和不透水的路面所覆盖。与自然的土壤相比，普通的混凝土路面缺乏呼吸性、吸收热量和渗透雨水的能力，随之带来一系列的环境问题。混凝土一直被认为是破坏自然环境的元凶，但是只要使连续孔隙得以形成，就能创造其与自然环境的衔接点，极大地改变过去的形象。因此，透水性混凝土对于恢复不断遭受破坏的地球环境是一种创造性的材料，有利于推动绿色发展，促进人与自然和谐共生，将对人类的可持续发展做出贡献。

超高强混凝土

复习思考题

1. 普通混凝土的组成材料有哪几种？它们在硬化前后各起什么作用？

2. 配制混凝土时，如何选择水泥的品种和强度等级？

3. 为什么不宜用高强度等级的水泥配制低强度等级的混凝土，用低强度等级的水泥配制高强度等级的混凝土？

4. 什么是骨料的颗粒级配？颗粒级配良好的骨料有什么特征？颗粒级配很差的骨料，对混凝土的性能有何影响？

5. 为什么在配制混凝土时一般不采用细砂或特细砂？

6. 在对混凝土用砂、石的质量要求中，应限制哪些有害物质的含量？这些有害物质对混凝土的性能有何影响？

7. 检验某砂的级配，用 500 g 烘干试样筛分结果如下：

筛孔尺寸/mm	4.75	2.36	1.18	0.60	0.30	0.15	<0.15
筛余量/g	18	69	70	145	101	76	21

试评定该砂的颗粒级配及粗细程度。

8. 什么是石子的最大公称粒径？为什么要限制最大公称粒径？工程上如何确定最大公称粒径？

9. 什么是石子的针片状颗粒？为什么要限制这种颗粒的含量？拌制混凝土时，理想的石子粒形是什么？

10. 用碎石和卵石拌制的混凝土各有什么优缺点？配制高强混凝土时，宜采用碎石还是卵石？

11. 石子的强度用什么表示？配制混凝土时对石子的强度有哪些要求？

12. 某钢筋混凝土梁的截面尺寸为250 mm×400 mm，钢筋净距为45 mm，试确定石子的最大公称粒径。

13. 为什么工地或混凝土预制厂有时需要用水冲洗或淋洗砂、石子？

14. 混凝土拌合用水和养护用水有哪些质量要求？

15. 什么是混凝土的和易性？它包括几个方面？和易性的好坏对混凝土的其他性能有什么影响？

16. 混凝土的流动性如何表示？工程上如何选择流动性的大小？

17. 影响混凝土拌合物和易性的因素有哪些？改善混凝土拌合物和易性的措施有哪些？

18. 什么是砂率？什么是合理砂率？选择合理砂率的主要目的是什么？

19. 为什么不能采用仅增加用水量的方式来提高混凝土拌合物的流动性？

20. 拌合好的混凝土拌合物为何要尽快成型，而不宜放置太久？

21. 什么是混凝土的立方体抗压强度标准值？混凝土的强度等级是根据什么来划分的？

22. 影响混凝土抗压强度的因素有哪些？提高混凝土抗压强度的措施有哪些？

23. 什么是混凝土的养护？

24. 为什么养护条件对混凝土的强度有很大的影响？

25. 混凝土的抗渗性和抗冻性如何表示？

26. 影响混凝土抗冻性的因素有哪些？改善措施有哪些？

27. 影响混凝土抗渗性的因素有哪些？改善措施有哪些？

28. 碳化对混凝土的性质有哪些影响？混凝土的碳化带来的最大危害是什么？

29. 什么是混凝土的碱-骨料反应？对混凝土的性质有何影响？

30. 提高混凝土耐久性的措施是什么？应严格控制哪些参数或指标？

31. 在混凝土中掺入减水剂可获得哪些经济技术效果？

32. 为什么掺引气剂可提高混凝土的抗渗性和抗冻性？

33. 下列工程的混凝土宜掺入哪类外加剂？请举例说明。

(1) 早期强度要求高的钢筋混凝土；(2) 抗渗要求高的混凝土；(3) 大坍落度的混凝土；(4) 炎热夏季施工，且运距过远的混凝土。

34. 普通混凝土配合比设计的基本要求是什么？如何确定配合比设计中的三个重要参数？

35. 某施工单位浇筑一钢筋混凝土现浇梁，要求混凝土的强度等级为C25，坍落度为160~180 mm，现场采用机械搅拌、机械振捣。采用材料如下：

水泥：矿渣硅酸盐水泥32.5级，密度3.1 g/cm^3，实测强度36.5 MPa；

砂：级配合格的中砂，表观密度2.65 g/cm^3；

碎石：最大公称粒径20 mm，表观密度2.60 g/cm^3；

水：自来水。

已知σ为2.8 MPa，请用体积法和质量法计算该混凝土的初步配合比。

36. 某混凝土的设计配合比为1∶1.9∶3.8，$W/B=0.54$，混凝土的湿表观密度为2 410 kg/m^3。试求1 m^3混凝土中各材料的用量。若实测现场砂含水5%，石子含水1%，求施工配合比。

37. 有一组边长100 mm的混凝土试件，标准养护28 d送试验室检测，抗压破坏荷载分别为310 kN、300 kN、280 kN。试计算这组试件的标准立方体抗压强度。

38. 什么是轻骨料混凝土？它与普通混凝土相比有哪些优缺点？

39. 轻骨料的质量要求有哪些？轻骨料混凝土有哪些技术要求？

40. 其他混凝土的类别有哪些？其组成材料和配合比设计都有哪些要求？

单元6 砂　浆

了解：抹面砂浆及防水砂浆的组成、技术性能及应用。

熟悉：砌筑砂浆组成材料的要求。

掌握：砌筑砂浆的技术性能及配合比设计方法。

砂浆由胶凝材料、细骨料和水，有时也加入掺合料混合而成，主要用于砌筑、抹面、灌缝、粘贴饰面材料等，在建筑工程中用量大，用途广。砂浆按用途可分为砌筑砂浆、抹面砂浆、防水砂浆、装饰砂浆等。

6.1 砌筑砂浆

能将砖、石、砌块黏结成砌体的砂浆称为砌筑砂浆。砌筑砂浆是在建筑工程中用量最大的砂浆，起黏结、垫层及传递应力的作用。砌筑砂浆按生产方式可分为预拌砂浆和现场拌制砂浆。砌筑砂浆宜采用预拌砂浆。对于非烧结类块材，如蒸压灰砂砖、混凝土小型空心砌等，宜采用配套的专用砂浆。按胶凝材料不同，砌筑砂浆可分为水泥砂浆、石灰砂浆及水泥混合砂浆。水泥砂浆适用于潮湿环境、水中以及要求砂浆强度较高的工程。石灰是气硬性胶凝材料，因此石灰砂浆强度低、耐水性差，只宜用于地上、强度要求不高的工程。水泥混合砂浆的耐水性、强度介于水泥砂浆和石灰砂浆之间。

一、砌筑砂浆的组成材料及技术要求

1. 水泥

砌筑砂浆宜采用通用硅酸盐水泥或砌筑水泥，且应符合相应标准的规定。水泥强度等级要求：M15 及以下强度等级的砌筑砂浆宜采用 32.5 级的通用硅酸盐水泥或砌筑水泥；M15 以上强度等级的砌筑砂浆宜选用 42.5 级通用硅酸盐水泥。

2. 掺合料

为了改善砂浆的和易性，可在砂浆中加入一些掺合料。常用掺合料有石灰膏、电石膏、粉

煤灰、粒化高炉矿渣粉、天然沸石粉、硅灰等无机塑化剂，或松香皂、微沫剂等有机塑化剂。石灰膏和电石膏必须配制成稠度为(120±5) mm 的膏状体；生石灰熟化成石灰膏时，应用孔径不大于 3 mm×3 mm 的网过滤，熟化时间不得小于 7 d；磨细生石灰粉的熟化时间不得小于 2 d。消石灰粉不得直接用于砌筑砂浆中。

3. 砂

砂浆用砂应符合普通混凝土用砂的技术要求，宜选用中砂，并应符合现行行业标准《普通混凝土用砂、石质量及检验方法标准》(JGJ 52—2006)的规定，且应全部通过 4.75 mm 的筛孔。

砂进场(厂)时应具有质量证明文件。对进场(厂)砂应按现行国家标准《建设用砂》(GB/T 14684—2011)的规定按批进行复验，复验合格后方可使用。

4. 水

应符合建筑工程行业标准《混凝土用水标准》(JGJ 63—2006)中的规定，选用不含有害杂质的洁净水。

5. 外加剂

为了改善砂浆的和易性，可采用增塑剂、保水剂等外加剂。常用的增塑剂有木质素磺酸钙及松香皂等。其中，砂浆微沫剂既有减水作用又有引气效果，是良好的增塑材料。常用的保水剂有甲基纤维素、硅藻水等。但外加剂的品种和掺量及物理力学性能等应通过试验确定。

二、砌筑砂浆的技术性能

砌筑砂浆的技术性能包括新拌砂浆的和易性、硬化砂浆的强度和黏结力等。

1. 新拌砂浆的和易性

新拌砂浆的和易性是指新拌砂浆在施工中易于操作又能保证工程质量的性能，包括流动性和保水性两方面。和易性好的砂浆在运输和操作时不会出现分层、泌水现象，容易在粗糙的底面上铺成均匀的薄层，使灰缝饱满密实，能将砌筑材料很好地黏结成整体。

(1) 流动性

流动性又称为稠度，是指新拌砂浆在自重或外力作用下产生流动的性能，用沉入度表示，用砂浆稠度测定仪测定。沉入度指以标准试锥在砂浆内自由沉入 10 s 时沉入的深度。施工稠度的大小根据砌体种类从表 6-1 中选择。

表 6-1 砌筑砂浆的施工稠度 mm

砌体种类	施工稠度
烧结普通砖砌体、粉煤灰砖砌体	70~90
混凝土砖砌体、普通混凝土小型空心砌块砌体、灰砂砖砌体	50~70

续表

砌体种类	施工稠度
烧结多孔砖砌体、烧结空心砖砌体、轻骨料混凝土小型空心砌块砌体、蒸压加气混凝土砌块砌体	60~80
石砌体	30~50

（2）保水性

保水性是指砂浆保持水分不易析出的性能，用分层度（或保水率）表示。将稠度合格（K_1）的砂浆在分层度筒内静置 30 min 后，去掉上层 200 mm 的砂浆，将余下 100 mm 的砂浆拌匀后测定稠度值（K_2），前后两次稠度值之差（K_1-K_2）即为分层度，用分层度测定仪测定。砂浆的分层度越大，保水性越差，可操作性越差。建筑工程行业标准《砌筑砂浆配合比设计规程》（JGJ/T 98—2010）规定：水泥砂浆的分层度不应大于 30 mm；水泥混合砂浆的分层度不应大于 20 mm。砌筑砂浆的保水率应符合表 6-2 的规定。

表 6-2 砌筑砂浆的保水率

砂浆种类	保水率/%
水泥砂浆	≥80
水泥混合砂浆	≥84
预拌砌筑砂浆	≥88

2. 硬化砂浆的技术性能

（1）强度

砂浆强度以边长为 70.7 mm 的立方体试件，标准条件下养护至 28 d，测得的抗压强度值确定。现场配制水泥砂浆及预拌砂浆的强度等级划分为 M5、M7.5、M10、M15、M20、M25、M30；水泥混合砂浆的强度等级划分为 M5、M7.5、M10、M15。例如，M15 表示砂浆的 28 d 抗压强度值不低于 15 MPa。

（2）黏结力

砌筑砂浆必须具有足够的黏结力，才能将砌筑材料黏结成一个整体。黏结力的大小会影响砌体的强度、耐久性、稳定性和抗震性能。砂浆的黏结力由其本身的抗压强度决定。一般来说，砂浆的抗压强度越大，黏结力越大；另外，砂浆的黏结力还与基础面的清洁程度、含水状态、表面状态、养护条件等有关。

（3）砂浆的变形性

砂浆在承受荷载或在温度变化时，均会产生变形，如果变形过大或变形不均匀，则会降低砌体的质量，引起砌体沉陷或出现裂缝，在使用轻骨料拌制的砂浆时，其收缩变形比普通砂浆大。

（4）砂浆的抗冻性

砂浆的抗冻性是指砂浆抵抗冻融循环作用的能力，砂浆受冻遭损是由于其内部孔隙水的冻结膨胀引起孔隙破坏而致，因此，密实的砂浆和具有封闭性孔隙的砂浆都具有较好的抗冻性，影响砂浆抗冻性的因素还有水泥品种及其强度等级和水胶比等。

三、砌筑砂浆的配合比设计

砂浆配合比用每立方米砂浆中各种材料的质量比或各种材料的用量来表示。

1. 初步配合比的确定

《砌筑砂浆配合比设计规程》（JGJ/T 98—2010）规定，水泥混合砂浆和水泥砂浆的初步配合比按不同方法确定。

（1）水泥混合砂浆的初步配合比设计

① 计算砂浆的试配强度 $f_{m,0}$

$$f_{m,0} = kf_2 \tag{6-1}$$

式中 $f_{m,0}$——砂浆的试配强度，MPa，精确至 0.1 MPa；

f_2——砂浆强度等级值，MPa，精确至 0.1 MPa；

k——系数，按表 6-3 取值。

表 6-3 k 值

施工水平	k
优良	1.15
一般	1.20
较差	1.25

② 计算水泥用量 Q_c

$$Q_c = \frac{1\,000(f_{m,0} - \beta)}{\alpha f_{ce}} \tag{6-2}$$

式中 Q_c——每立方米砂浆的水泥用量，kg，精确至 1 kg；

f_{ce}——水泥的实测强度，MPa，精确至 0.1 MPa；

α、β——砂浆的特征系数，其中 $\alpha = 3.03$，$\beta = -15.09$，也可由当地的统计资料计算（$n \geqslant 30$）获得。

在无法取得水泥的实测强度时，可按下式计算 f_{ce}：

$$f_{ce} = \gamma_c f_{ce,k} \tag{6-3}$$

式中 $f_{ce,k}$——水泥强度等级值，MPa；

γ_c——水泥强度等级的富余系数，按实际统计资料确定，无统计资料时 γ_c 可取 1.0。

③ 计算石灰膏用量 Q_D

$$Q_D = Q_A - Q_c \tag{6-4}$$

式中　Q_D——每立方米砂浆的石灰膏用量，kg，精确至 1 kg；

Q_c——每立方米砂浆的水泥用量，kg，精确至 1 kg；

Q_A——经验数据，每立方米砂浆中石灰膏与水泥的总量，精确至 1 kg，可为 350 kg。

④ 计算砂用量 Q_s

$$Q_s = \rho'_{0,s} V'_0 \tag{6-5}$$

式中　Q_s——每立方米砂浆的砂用量，kg，精确至 1 kg；

$\rho'_{0,s}$——砂子干燥状态时（含水率小于 0.5%）的堆积密度值，kg/m^3；

V'_0——每立方米砂浆所用砂的堆积体积，取 1 m^3。

即每立方米砂浆中的砂用量，按干燥状态（含水率小于 0.5%）的堆积密度值作为计算值（kg）。

⑤ 选定用水量 Q_w

根据砂浆稠度等要求，用水量在 210~310 kg 间选用。

（2）水泥砂浆的初步配合比设计

对于水泥砂浆，如果按照强度要求计算，得到的水泥用量往往不能满足和易性要求，故《砌筑砂浆配合比设计规程》（JGJ/T 98—2010）规定，水泥砂浆配合比设计时，各材料用量按表 6-4 参考选用，试配强度按 $f_{m,0}=kf_2$ 计算。

表 6-4　每立方米水泥砂浆材料用量

强度等级	每立方米砂浆水泥用量/kg	每立方米砂浆砂用量/kg	每立方米砂浆用水量/kg
M5	200~230	砂的堆积密度值	270~330
M7.5	230~260		
M10	260~290		
M15	290~330		
M20	340~400		
M25	360~410		
M30	430~480		

注：表中 M15 及 M15 以下强度等级水泥砂浆，水泥强度等级为 32.5 级；M15 以上强度等级水泥砂浆，水泥强度等级为 42.5 级。

2. 配合比试配、调整和确定

（1）与工程实际使用的材料和搅拌方法相同；

（2）采用三个配合比，其中一个为基准配合比，其余两个配合比的水泥用量应按基准配合比分别增减 10%；

(3) 各组配合比分别试拌,调整用水量及掺合料用量,使和易性满足要求;

(4) 分别制作强度试件,标准养护到 28 d,测定砂浆的抗压强度,选用符合设计强度、和易性要求且水泥用量最少的砂浆配合比;

(5) 根据拌合物的密度校正材料的用量,保证每立方米砂浆中的用量准确。

3. 配合比设计实例

要求设计用于砌筑砖墙的水泥混合砂浆配合比。设计强度等级为 M7.5,稠度为 70~90 mm。原材料的主要参数如下:

水泥:32.5 级矿渣硅酸盐水泥。干砂:中砂,堆积密度为 1 450 kg/m³。石灰膏:稠度为 120 mm。施工水平:一般。

设计步骤:

(1) 计算试配强度 $f_{m,0}$

查表 6-3 得

$$k=1.20$$

$$f_{m,0}=1.2\times 7.5\ \text{MPa}=9\ \text{MPa}$$

(2) 计算水泥用量 Q_c

$$\alpha=3.03,\beta=-15.09,f_{ce}=32.5\ \text{MPa}$$

$$Q_c=[1\ 000\times(9+15.09)/(3.03\times 32.5)]\ \text{kg}\approx 245\ \text{kg}$$

(3) 计算石灰膏用量 Q_D

$$Q_D=Q_A-Q_c=350\ \text{kg}-245\ \text{kg}=105\ \text{kg}$$

(4) 计算砂用量 Q_s

$$Q_s=1\ 450\ \text{kg/m}^3\times 1\ \text{m}^3=1\ 450\ \text{kg}$$

(5) 选定用水量 Q_w

根据砂浆稠度要求,选定用水量为 300 kg。

(6) 初步配合比

水泥:石灰膏:砂:水=245:105:1 450:300≈1:0.43:5.92:1.22

通过试验,此配合比符合设计要求,不需调整。

6.2 抹面和特种砂浆

一、抹面砂浆

抹面砂浆也称抹灰砂浆,涂抹在建(构)筑物表面,其作用是保护墙体不受风雨、潮气等侵蚀,提高墙体防潮、防风化、防腐蚀的能力,同时使墙面、地面等建筑部位平整、光滑、清洁美观。普通抹面砂浆为砂浆层厚度大于 5 mm 的抹面砂浆。

抹面砂浆的胶凝材料用量,一般比砌筑砂浆多,抹面砂浆的和易性要比砌筑砂浆好,黏结力更高。为了使表面平整,不容易脱落,一般分两层或三层施工。各层砂浆所用砂的技术要求以及砂浆稠度见表 6-5。

表 6-5 各层砂浆所用砂的技术要求以及砂浆稠度

抹面砂浆品种	沉入度/mm	砂粒径/mm
底层	100~120	2.5
中层	70~90	2.5
面层	70~80	1.2

底层砂浆的作用是增加抹灰层与基层的黏结力。砖墙底层抹灰多用混合砂浆,有防水防潮要求时采用水泥砂浆;板条或板条顶棚的底层抹灰多采用石灰砂浆或混合砂浆;混凝土墙体、柱、梁、板、顶棚的底层抹灰多采用混合砂浆。中层主要起找平作用,又称找平层,一般采用混合砂浆或石灰砂浆。面层起装饰作用,多用细砂配制的混合砂浆、麻刀石灰砂浆或纸筋石灰砂浆。在容易受碰撞的部位(如窗台、窗口、踢脚板等)采用水泥砂浆。

二、特种砂浆

1. 防水砂浆

防水砂浆是具有显著的防水、防潮性能的砂浆,又称为刚性防水层。防水砂浆适用于不受振动或埋置深度不大、具有一定刚度的防水工程,不适用于易受振动或发生不均匀沉降的部位。

防水砂浆一般依靠特定的施工工艺或在普通水泥砂浆中加入防水剂、膨胀剂、聚合物等配制而成。

常用的防水剂有氯化物金属盐类防水剂、水玻璃防水剂和金属皂类防水剂等。

(1) 氯化物金属盐类防水剂

氯化物金属盐类防水剂是主要由氯化铝、氯化钙和水按一定比例配成的有色液体,其配合比大致为氯化铝∶氯化钙∶水=1∶10∶11,掺加量一般为水泥质量的 3%~5%。这种防水剂掺入水泥砂浆中,能在凝结硬化过程中生成不透水的复盐,起促进结构密实的作用,从而提高砂浆的抗渗性能,一般可用于水池和其他地下建筑物。

(2) 水玻璃防水剂

水玻璃防水剂主要成分为硅酸钠,常加入蓝矾、明矾、紫矾和红矾四种矾,故称为四矾水玻璃防水剂。这种防水剂加入水泥浆后形成许多胶体,堵塞了砂浆内部的毛细管道和孔隙,从而提高了砂浆的防水性能。红矾有剧毒,使用时应注意安全。

(3) 金属皂类防水剂

金属皂类防水剂是由硬脂酸、氨水、氢氧化钾(或碳酸钠)和水按一定比例混合后加热皂化而成。这种防水剂主要也是起填充砂浆微细孔隙和毛细管道的作用,掺加量为水泥质量的3%左右。

2. 保温砂浆

保温砂浆是以膨胀陶粒、膨胀珍珠岩、膨胀蛭石、膨胀玻化微珠和胶凝材料为主要成分,掺加其他功能组分制成的,用于建筑物墙体绝热的干拌混合物。使用时需加适当面层。保温砂浆产品按其密度分为Ⅰ型和Ⅱ型。Ⅰ型的密度应不大于250 kg/m^3,Ⅱ型的密度应不大于350 kg/m^3。

目前,工程上使用的保温砂浆主要有两类:

(1) 无机玻化微珠保温砂浆(无机保温砂浆)

无机玻化微珠保温砂浆是一种用于建筑物内外墙粉刷的新型保温节能砂浆材料,以无机玻化微珠(又称闭孔膨胀珍珠岩)作为骨料,加由胶凝材料、抗裂添加剂及其他填充料等组成的干拌混合物,使用时在现场加水搅拌。无机玻化微珠保温砂浆具有保温隔热、防火防冻、耐老化的优异性能以及节能利废、价格低廉等特点。

(2) 胶粉聚苯颗粒保温砂浆(有机保温砂浆)

胶粉聚苯颗粒保温砂浆由胶粉和聚苯颗粒组成,使用时按比例加水搅拌。胶粉聚苯颗粒保温砂浆具有良好的黏结力、柔性、耐水性、耐候性;导热系数低、保温性能稳定、软化系数高;耐冻融、抗老化、施工方便、价格便宜、保温性能优越。

3. 装饰砂浆

涂抹在建筑物内外墙表面,具有装饰效果的抹面砂浆统称为装饰砂浆。装饰砂浆的底层和中层与普通抹面砂浆基本相同,装饰的面层,要选用具有一定颜色的胶凝材料和骨料以及采用某些特殊的操作工艺,使表面呈现出不同的色彩、线条与花纹等装饰效果,常用的工艺做法有拉毛、水刷石、干粘石、斩假石、弹涂和喷涂等。

装饰砂浆所采用的胶凝材料有普通硅酸盐水泥、白色硅酸盐水泥、彩色水泥以及石灰、石膏等。骨料常采用大理石、花岗岩等带颜色的碎石渣或玻璃、陶瓷碎粒,也可选用白色或彩色天然砂、特制的塑料色粒等。

4. 水泥基自流平砂浆

水泥基自流平砂浆是由水泥、精选骨料及多种外加剂组成的干混型粉状材料,现场拌水即可使用,稍经刮刀展开,在自重作用下即可获得高平整基面。水泥基自流平砂浆硬化速度快,24 h即可在上行走或进行后续工程(如铺木地板、金刚板等)施工,适用于混凝土地面的精找平及所有地面材料的铺设,广泛应用于工业、民用及商业建筑。

5. 防辐射砂浆

防辐射砂浆是在水泥砂浆中加入重晶石粉、重晶石砂配制而成的，其配合比为水泥∶重晶石粉∶重晶石砂=1∶0.25∶(4~5)，具有防X、γ射线辐射的能力。若在水泥砂浆中掺入硼砂、硼酸等硼化物，可配制成具有防中子辐射能力的砂浆。防辐射砂浆主要应用于射线防护工程。

6. 聚合物砂浆

聚合物砂浆是在建筑砂浆中添加聚合物乳液（如丁苯橡胶乳液、氯丁橡胶乳液、丙烯酸树脂乳液等）配制而成的砂浆。其中的聚合物乳液作为有机黏结材料与砂浆中的水泥或石膏等无机黏结材料组合在一起，大大提高了砂浆与基层的黏结强度、砂浆的可变形性、砂浆的内聚强度。

聚合物砂浆具有防水抗渗效果好、与结构的黏结强度高、抗腐蚀能力强等优点，广泛应用于建筑结构混凝土加固，工业和民用建筑屋面、卫生间、地下室防渗漏处理，垃圾填埋场，化工仓库、化工槽等防化学品腐蚀工程领域中。

复习思考题

1. 什么是砂浆？什么是砌筑砂浆？
2. 简述砌筑砂浆的分类及用途。
3. 砌筑砂浆有哪些技术要求？
4. 什么是抹面砂浆？抹面砂浆有什么用途？其施工有何特点？
5. 防水砂浆的用途有哪些？其组成材料有何要求？
6. 防水砂浆中常用的防水剂有哪些？
7. 设计强度等级为M7.5的砌筑砖墙砂浆的配合比。骨料采用中砂，堆积密度为1 400 kg/m^3，含水率为2%；水泥采用32.5级的普通硅酸盐水泥。施工水平一般。要求配制水泥混合砂浆。

单元7 砌墙砖和砌块

学习目标

了解:各种砖、砌块的分类。

熟悉:非烧结砖的类型、特点及应用。

掌握:烧结普通砖、烧结多孔砖、空心砖的技术性能及应用。

7.1 砌墙砖

砌墙砖是以黏土、工业废料及其他地方资源为主要原料,由不同工艺制成,在建筑中用来砌筑墙体的砖。按制作工艺又可分为烧结砖和非烧结砖;按砖的孔洞率、孔的尺寸大小和数量,又可分为普通砖、多孔砖、空心砖,如图 7-1 所示。

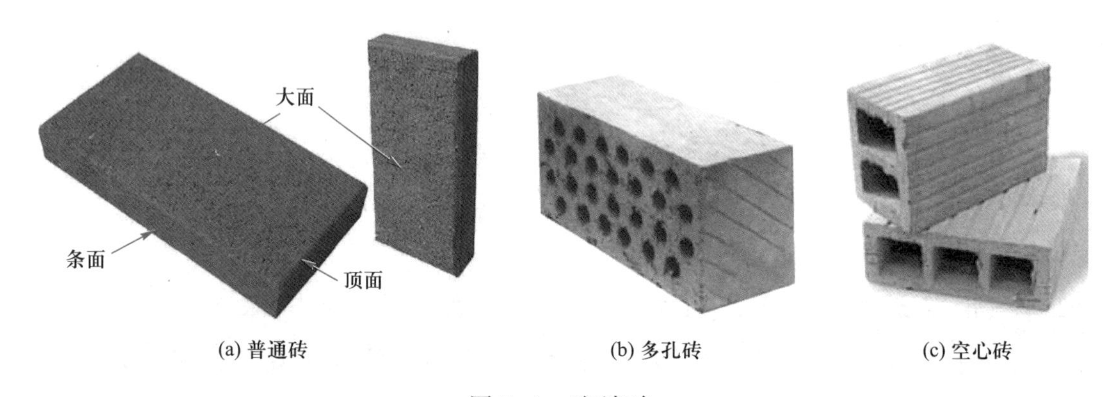

图 7-1 砌墙砖

一、烧结普通砖

烧结普通砖是以黏土、页岩、粉煤灰、煤矸石、污泥等为主要原料,经成型、干燥和焙烧制成的无孔洞或孔洞率小于 25% 的砖。按主要原料分为黏土砖(N)、页岩砖(Y)、粉煤灰砖(F)和煤矸石砖(M)。

烧结普通砖的外形为直角六面体,长 240 mm,宽 115 mm,厚 53 mm。其中,240 mm×115 mm 的面称为大面,240 mm×53 mm 的面称为条面,115 mm×53 mm 的面称为顶面。

黏土砖有青砖和红砖两种。青砖抗风化性能明显优于红砖,但工艺复杂,生产的比较少。

黏土砖虽然价格低廉，历史悠久，但毁坏大量耕地，并有自重大、烧结能耗高、污染环境、尺寸小、施工效率低、抗震性能差等缺点。因此，我国正大力推广一些新型墙体材料，如空心砖、工业废渣砖及砌块、轻质板材来代替实心黏土砖。

烧结普通砖在成品中往往会出现不合格品——过火砖和欠火砖。过火砖颜色深，敲击时声音清脆，强度高，吸水率小，耐久性好，易出现弯曲变形；欠火砖颜色浅，敲击时声音暗哑，强度低，吸水率大，耐久性差。

国家标准《烧结普通砖》（GB/T 5101—2017）规定，烧结普通砖根据尺寸偏差、外观质量、强度、抗风化性能、泛霜、石灰爆裂和放射性核素限量等技术指标可分为合格品与不合格品两个质量等级，且只要有一项不合格该烧结普通砖则为不合格品。各项技术指标应满足下列要求：

1. 尺寸偏差和外观质量

烧结普通砖的合格品必须颜色一致，尺寸偏差和外观质量应符合表 7-1 的要求。产品中不允许有欠火砖、酥砖和螺旋纹砖。

表 7-1 烧结普通砖的尺寸偏差和外观质量要求 mm

<table>
<tr><th colspan="2" rowspan="2">项目</th><th colspan="2">指标</th></tr>
<tr><th>样本平均偏差</th><th>样本极差≤</th></tr>
<tr><td rowspan="3">尺寸偏差</td><td>长度 240</td><td>±2.0</td><td>6.0</td></tr>
<tr><td>宽度 115</td><td>±1.5</td><td>5.0</td></tr>
<tr><td>高度 53</td><td>±1.5</td><td>4.0</td></tr>
<tr><td colspan="2">1. 两条面高度差 ≤</td><td colspan="2">2</td></tr>
<tr><td colspan="2">2. 弯曲 ≤</td><td colspan="2">2</td></tr>
<tr><td colspan="2">3. 杂质凸出高度 ≤</td><td colspan="2">2</td></tr>
<tr><td colspan="2">4. 缺棱掉角的三个破坏尺寸 不得同时></td><td colspan="2">5</td></tr>
<tr><td rowspan="2">5. 裂纹长度</td><td>（1）大面上宽度方向及其延伸至条面的长度 ≤</td><td colspan="2">30</td></tr>
<tr><td>（2）大面上长度方向及其延伸至顶面的长度或条顶面上水平裂纹的长度 ≤</td><td colspan="2">50</td></tr>
<tr><td colspan="2">完整面</td><td colspan="2">不得少于一条面和一顶面</td></tr>
</table>

注：1. 为砌筑挂浆面施加的凹凸纹、槽、压花等不算作缺陷。

2. 凡有下列缺陷之一者，不得称为完整面：

（1）缺损在条面上或顶面上造成的破坏面尺寸同时大于 10 mm×10 mm；

（2）条面或顶面上裂纹宽度大于 1 mm，其长度超过 30 mm；

（3）压陷、黏底、焦花在条面或顶面上的凹陷或凸出超过 2 mm，区域尺寸同时大于 10 mm×10 mm。

2. 强度等级

烧结普通砖按抗压强度分为 MU30、MU25、MU20、MU15、MU10 五个强度等级。各强度等级烧结普通砖的抗压强度应符合表 7-2 所列数值。

表 7-2　各强度等级烧结普通砖的抗压强度

强度等级	抗压强度平均值 $\bar{f}$/MPa ≥	强度标准值 f_k/MPa ≥
MU30	30.0	22.0
MU25	25.0	18.0
MU20	20.0	14.0
MU15	15.0	10.0
MU10	10.0	6.5

烧结普通砖的产品标记按产品名称的英文缩写、类别、强度等级和标准编号顺序编写。示例：烧结普通砖，强度等级 MU15 的黏土砖，其标记为：FCB N MU15 GB/T 5101。

3. 耐久性指标

当烧结普通砖的原料中含有有害杂质或烧结工艺不当时，会造成砖的质量缺陷，从而影响耐久性。主要的缺陷和耐久性指标有：

（1）泛霜

当生产原料中含有可溶性无机盐时，在烧结过程中就会隐含在烧结普通砖内部。砖吸水后再次干燥时这些可溶性盐会随水分向外迁移并渗到砖的表面，水分蒸发后便留下白色粉末、絮团或絮片状的盐，这种现象称为泛霜。泛霜不仅有损建筑物的外观，而且结晶膨胀还会引起砖的表层酥松，甚至剥落。

（2）石灰爆裂

生产烧结普通砖的原料中夹有石灰石等杂物，焙烧时被烧成生石灰块等物质。使用时，生石灰吸水熟化，体积显著膨胀，导致砖块裂缝甚至破坏，这种现象称为石灰爆裂。石灰爆裂不仅造成砖的外观缺陷和强度降低，严重时还能使砌体的强度降低、破坏。

烧结普通砖的泛霜和石灰爆裂的技术标准应符合表 7-3 的规定。

表 7-3　烧结普通砖的泛霜及石灰爆裂的技术标准

项目	指标
泛霜	不允许出现严重泛霜
石灰爆裂	1. 2 mm<最大破坏尺寸≤15 mm 的爆裂区域，每组砖不得多于 15 处，其中>10 mm 的不得多于 7 处； 2. 不得出现最大破坏尺寸>15 mm 的爆裂区域； 3. 试验后抗压强度损失不大于 5 MPa

（3）抗风化性能和抗冻性

抗风化性能是指在干湿变化、温度变化、冻融变化等物理因素作用下，长期不被破坏并保持原有性能的能力。

我国风化区的划分见表 7-4。

表 7-4 我国风化区的划分

严重风化区		非严重风化区		
1. 黑龙江省	8. 青海省	1. 山东省	8. 四川省	15. 海南省
2. 吉林省	9. 陕西省	2. 河南省	9. 贵州省	16. 云南省
3. 辽宁省	10. 山西省	3. 安徽省	10. 湖南省	17. 上海市
4. 内蒙古自治区	11. 河北省	4. 江苏省	11. 福建省	18. 重庆市
5. 新疆维吾尔自治区	12. 北京市	5. 湖北省	12. 台湾省	
6. 宁夏回族自治区	13. 天津市	6. 江西省	13. 广东省	
7. 甘肃省	14. 西藏自治区	7. 浙江省	14. 广西壮族自治区	

严重风化区中的 1~5 地区的砖必须做冻融试验；其他地区的砖的吸水率和饱和系数指标若能达到表 7-5 的要求，可不再进行冻融试验，否则必须进行冻融试验。淤泥砖、污泥砖、固体废弃物砖应进行冻融试验。15 次冻融试验后，每块砖不允许出现分层、掉皮、缺棱掉角等冻坏现象；冻后裂纹长度不得大于表 7-1 中裂纹长度的规定。

表 7-5 烧结普通砖的抗风化性能

产品类别	项目							
	严重风化区				非严重风化区			
	5 h 沸煮吸水率/% ≤		饱和系数≤		5 h 沸煮吸水率/% ≤		饱和系数≤	
	平均值	单块最大值	平均值	单块最大值	平均值	单块最大值	平均值	单块最大值
黏土砖、建筑渣土砖	18	20	0.85	0.87	19	20	0.88	0.90
粉煤灰砖	21	23			23	25		
页岩砖	16	18	0.74	0.77	18	20	0.78	0.80
煤矸石砖								

二、烧结多孔砖

烧结多孔砖是以黏土、页岩、煤矸石、粉煤灰等为主要原料，经成型、干燥和焙烧制成的孔洞率大于或等于 28%，孔的尺寸小而数量多，主要用于承重部位的砖。砖的外形为直角六面体，其长度、宽度、高度尺寸应符合下列要求：290 mm、240 mm、190 mm、180 mm、140 mm、115 mm、90 mm。工程上常用的有 190 mm×190 mm×90 mm（M 型）和 240 mm×115 mm×90 mm（P 型）两种规格，如图 7-2 所示。

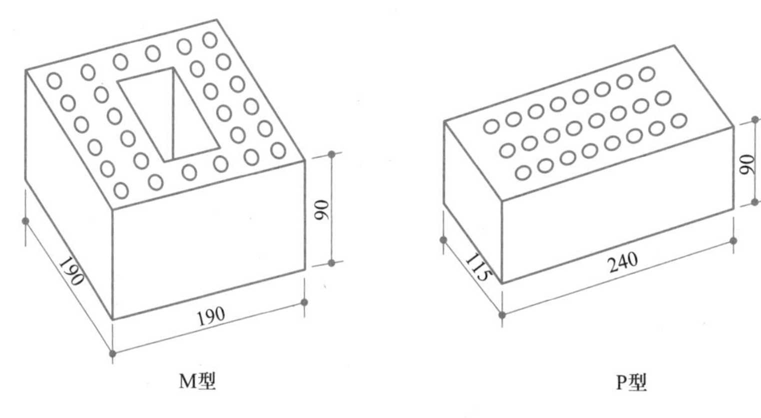

图 7-2　烧结多孔砖

国家标准《烧结多孔砖和多孔砌块》(GB 13544—2011)规定，只要强度、抗风化性能、尺寸偏差、外观质量、孔型、孔结构及孔洞率、泛霜、石灰爆裂、密度等级、放射性核素限量有一项不合格就判定为不合格品。

1. 尺寸偏差和外观质量

烧结多孔砖的尺寸偏差和外观质量应符合表 7-6 的要求。产品中不允许有欠火砖、酥砖。

表 7-6　烧结多孔砖的尺寸偏差和外观质量要求　　mm

项目			指标	
			样本平均偏差	样本极差≤
尺寸偏差	>400		±3.0	10.0
	300~400		±2.5	9.0
	200~300		±2.5	8.0
	100~200		±2.0	7.0
	<100		±1.5	6.0
外观质量	1. 完整面　不得少于		一条面和一顶面	
	2. 缺棱掉角的 3 个破坏尺寸　不得同时>		30	
	3. 裂纹	(1) 大面(有孔面)深入孔壁 15 mm 以上宽度方向及其延伸到条面的长度　≤	80	
		(2) 大面(有孔面)深入孔壁 15 mm 以上长度方向及其延伸到顶面的长度　≤	100	
		(3) 条面或顶面上的水平裂纹　≤	100	
	4. 杂质在砖面上造成的凸出高度　≤		5	

注:1. 为装修而施加的色差、凹凸纹、拉毛、压花等不算作缺陷。

2. 凡有下列缺陷之一者，不得称为完整面：

(1) 缺损在条面或顶面上造成的破坏面尺寸同时大于 20 mm×30 mm；

(2) 条面或顶面上裂纹宽度大于 1 mm，其长度超过 70 mm；

(3) 压陷、黏底、焦花在条面或顶面上的凹陷或凸出超过 2 mm，区域最大投影尺寸同时大于 20 mm×30 mm。

2. 强度等级

烧结多孔砖根据抗压强度分为MU30、MU25、MU20、MU15、MU10五个强度等级。各强度等级烧结多孔砖的抗压强度应符合表7-7的规定。

表7-7 各强度等级烧结多孔砖的抗压强度

强度等级	抗压强度平均值$\overline{f}$/MPa≥	强度标准值f_k/MPa≥
MU30	30	22.0
MU25	25	18.0
MU20	20	14.0
MU15	15	10.0
MU10	10	6.5

3. 密度等级

烧结多孔砖的密度等级应符合表7-8的规定。

表7-8 烧结多孔砖的密度等级 kg/m³

密度等级	3块砖干燥表观密度平均值
—	≤900
1 000	900~1 000
1 100	1 000~1 100
1 200	1 100~1 200
1 300	1 200~1 300

4. 孔型、孔结构及孔洞率

烧结多孔砖的孔型、孔结构及孔洞率见表7-9。

砖的产品标记按产品名称、品种、规格、强度等级、密度等级和标准编号顺序编写。示例：规格尺寸290 mm×140 mm×90 mm、强度等级MU25、密度1200级的黏土烧结多孔砖，其标记为：烧结多孔砖 N 290×140×90 MU25 1 200 GB 13544—2011。

5. 耐久性指标

(1) 泛霜和石灰爆裂

同烧结普通砖，应符合表7-3的要求。

表 7-9 烧结多孔砖的孔型、孔结构及孔洞率

孔型	孔洞尺寸/mm		最小外壁厚/mm	最小肋厚/mm	孔洞率/%	孔洞排列
	孔宽度尺寸 b	孔长度尺寸 L				
矩形条孔或矩形孔	≤13	≤40	≥12	≥5	≥28	1. 所有孔宽应相等。孔采用单向或双向交错排列； 2. 孔洞排列上下、左右应对称，分布均匀，手抓孔的长度方向尺寸必须平行于砖的条面

注：1. 矩形孔的孔长 L、孔宽 b 满足式 $L \geqslant 3b$ 时，为矩形条孔。
2. 孔四个角应做成过渡圆角，不得做成直尖角。
3. 如设有砌筑砂浆槽，则砌筑砂浆槽不计算在孔洞率内。
4. 规格大的砖应设置手抓孔，手抓孔尺寸为(30～40)mm×(75～85)mm。

(2) 抗风化性能和抗冻性

严重风化区中的 1～5 地区的砖和其他地区以淤泥、固体废弃物为主要原料生产的砖必须做冻融试验；其他风化区以黏土、粉煤灰、页岩、煤矸石为主要原料生产的砖的吸水率和饱和系数指标若能达到表 7-10 的要求，可不再进行冻融试验，否则必须进行冻融试验。15 次冻融试验后，每块砖不允许出现裂纹、分层、掉皮、缺棱掉角等冻坏现象。

表 7-10 烧结多孔砖的抗风化性能

产品类别	项目							
	严重风化区				非严重风化区			
	5 h 沸煮吸水率/% ≤		饱和系数 ≤		5 h 沸煮吸水率/% ≤		饱和系数 ≤	
	平均值	单块最大值	平均值	单块最大值	平均值	单块最大值	平均值	单块最大值
黏土砖	21	23	0.85	0.87	23	25	0.88	0.90
粉煤灰砖	23	25			30	32		
页岩砖	16	18	0.74	0.77	18	20	0.78	0.80
煤矸石砖	19	21			21	23		

注：粉煤灰掺入量(体积比)小于 30% 时，抗风化性能按黏土砖规定判定。

6. 烧结多孔砖的应用

烧结多孔砖可代替烧结普通砖，用于 6 层以下砖混结构中的承重墙。

三、烧结空心砖

烧结空心砖是指孔洞率大于或等于40%，孔的尺寸大而数量少，主要用于非承重部位的烧结砖。外形为直角六面体。孔洞采用矩形条孔或其他孔型，平行于大面和条面，如图7-3所示。

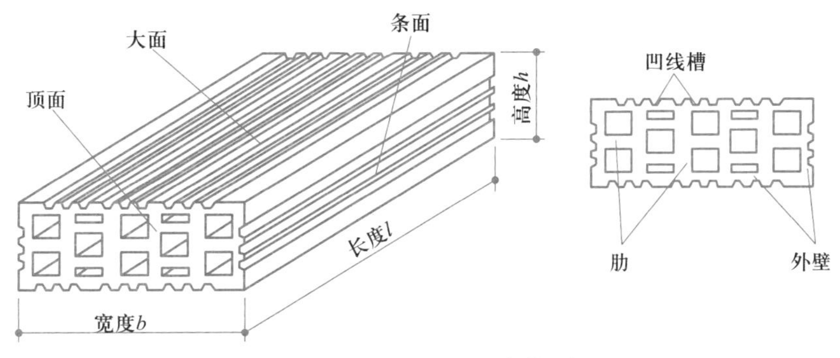

图7-3 烧结空心砖外形

烧结空心砖的长度、宽度、高度尺寸应符合下列规格：390 mm、290 mm、240 mm、190 mm、180 mm(175 mm)、140 mm、115 mm、90 mm。其他规格可由供需双方协商确定。

1. 尺寸偏差和外观质量

国家标准《烧结空心砖和空心砌块》(GB/T 13545—2014)规定，烧结空心砖的尺寸偏差和外观质量应符合表7-11的要求。

表7-11 烧结空心砖的尺寸偏差和外观质量要求 mm

项目		指标	
		样本平均偏差	样本极差≤
尺寸偏差	>300	±3.0	7.0
	>200~300	±2.5	6.0
	100~200	±2.0	5.0
	<100	±1.7	4.0
外观质量	1. 弯曲 ≤	4	
	2. 缺棱掉角的三个破坏尺寸 不得同时>	30	
	3. 垂直度差 ≤	4	
	4. 未贯穿裂纹长度 ≤ (1) 大面上宽度方向及其延伸到条面的长度 (2) 大面上长度方向或条面上水平面方向的长度	 100 120	
	5. 贯穿裂纹长度 (1) 大面上宽度方向及其延伸到条面的长度 (2) 壁、肋沿长度方向、宽度方向及其水平方向的长度	 40 40	

续表

项目			指标	
			样本平均偏差	样本极差≤
外观质量	6. 肋、壁内残缺长度	≤	40	
	7. 完整面	不少于	一条面或一大面	

注：凡有下列缺陷之一者，不能称为完整面；

1. 缺损在大面、条面上造成的破坏面尺寸同时大于 20 mm×30 mm。
2. 大面、条面上裂纹宽度大于 1 mm，其长度超过 70 mm。
3. 压陷、黏底、焦花在大面、条面上的凹陷或凸出超过 2 mm，区域尺寸同时大于 20 mm×30 mm。

2. 强度等级

根据空心砖的抗压强度，可将其分为 MU10.0、MU7.5、MU5.0、MU3.5 四个强度等级，各强度等级烧结空心砖的抗压强度应符合表 7-12 的规定。

表 7-12 各强度等级烧结空心砖的抗压强度

强度等级	抗压强度/MPa		
	抗压强度平均值	变异系数 $\delta \leqslant 0.21$	变异系数 $\delta > 0.21$
	$\bar{f} \geqslant$	强度标准值 $f_k \geqslant$	单块最小抗压强度值 $f_{min} \geqslant$
MU10.0	10.0	7.0	8.0
MU7.5	7.5	5.0	5.8
MU5.0	5.0	3.5	4.0
MU3.5	3.5	2.5	2.8

3. 密度等级

烧结空心砖根据其密度不同，分为 800、900、1 000、1 100 四个密度等级，各级别的密度等级对应的 5 块砖的密度平均值分别为不大于 800 kg/m^3、801～900 kg/m^3、901～1 000 kg/m^3、1 001～1 100 kg/m^3。

4. 孔洞排列及其结构

烧结空心砖孔洞排列及其结构应符合表 7-13 的规定。

表 7-13 烧结空心砖孔洞排列及其结构

孔洞排列	孔洞排数/排		孔洞率/%	孔型
	宽度方向	高度方向		
有序或交错排列	$b \geqslant 200$ mm ≥4 $b < 200$ mm ≥3	≥2	≥40	矩形孔

注：在空心砖的外壁内侧宜设置有序排列的宽度或直径不大于 10 mm 的壁孔，壁孔的孔型可为圆孔或矩形孔。

5. 耐久性指标

(1) 泛霜和石灰爆裂

国家标准《烧结空心砖和空心砌块》(GB/T 13545—2014)规定,烧结空心砖的泛霜和石灰爆裂指标应符合表 7-14 的规定。

表 7-14　烧结空心砖的泛霜和石灰爆裂指标

项目	指标
泛霜	不允许出现严重泛霜
石灰爆裂	1. 2mm<最大破坏尺寸≤15 mm 的爆裂区域,每组砖和砌块不得多于 10 处;其中大于 10 mm 的不得多于 5 处。 2. 不允许出现最大破坏尺寸大于 15 mm 的爆裂区域

(2) 抗风化性能和抗冻性

严重风化区中的 1~5 地区的空心砖应进行冻融试验,其他地区空心砖的抗风化性能符合表 7-15 的规定时可不做冻融试验,否则应进行冻融试验。15 次冻融试验后,每块空心砖不允许出现分层、掉皮、缺棱掉角等冻坏现象;冻后裂纹长度不大于表 7-11 中第 4 项、第 5 项的规定。

表 7-15　烧结空心砖的抗风化性能

<table>
<tr><th rowspan="4">产品类别</th><th colspan="8">项目</th></tr>
<tr><th colspan="4">严重风化区</th><th colspan="4">非严重风化区</th></tr>
<tr><th colspan="2">5 h 沸煮吸水率/% ≤</th><th colspan="2">饱和系数≤</th><th colspan="2">5 h 沸煮吸水率/% ≤</th><th colspan="2">饱和系数≤</th></tr>
<tr><th>平均值</th><th>单块最大值</th><th>平均值</th><th>单块最大值</th><th>平均值</th><th>单块最大值</th><th>平均值</th><th>单块最大值</th></tr>
<tr><td>黏土砖</td><td>21</td><td>23</td><td rowspan="2">0.85</td><td rowspan="2">0.87</td><td>23</td><td>25</td><td rowspan="2">0.88</td><td rowspan="2">0.90</td></tr>
<tr><td>粉煤灰砖</td><td>23</td><td>25</td><td>30</td><td>32</td></tr>
<tr><td>页岩砖</td><td>16</td><td>18</td><td rowspan="2">0.74</td><td rowspan="2">0.77</td><td>18</td><td>20</td><td rowspan="2">0.78</td><td rowspan="2">0.80</td></tr>
<tr><td>煤矸石砖</td><td>19</td><td>21</td><td>21</td><td>23</td></tr>
</table>

注:1. 粉煤灰掺入量(质量分数)小于 30% 时按黏土空心砖规定判定。
2. 淤泥、建筑渣土及其他固体废弃物掺入量(质量分数)小于 30% 时按相应产品类别规定判定。

烧结空心砖一般可用于砌筑填充墙和非承重墙。

多孔砖和空心砖与普通砖相比,可使建筑自重减轻 1/3 左右,节约黏土 20%~30%,节省燃料 10%~20%,造价可降低 20%,施工效率可提高 40%,并能改善砖的隔热和隔声性能。在相同的热工要求下,用空心砖砌筑的墙体厚度可减半砖左右。因此,推广使用多孔砖、空心砖代替普通砖是加快我国墙体材料改革的重要措施之一。

四、非烧结砖

不经焙烧而制成的砖均为非烧结砖。常见的品种有蒸压灰砂实心砖、蒸压灰砂多孔砖、蒸压粉煤灰砖、蒸压粉煤灰多孔砖、混凝土实心砖、混凝土多孔砖等。以下介绍蒸压灰砂实心砖和蒸压粉煤灰砖。

1. 蒸压灰砂实心砖

蒸压灰砂实心砖是以石灰、砂(也可以掺入颜料和外加剂)为原料,经制坯、压制成型、蒸压养护而成的普通砖。根据颜色可分为彩色(C)、本色(N)。

蒸压灰砂实心砖的外形、公称尺寸与烧结普通砖相同。国家标准《蒸压灰砂实心砖和实心砌块》(GB/T 11945—2019)根据其抗压强度划分为 MU30、MU25、MU20、MU15、MU10 五个强度等级,各强度等级蒸压灰砂实心砖的抗压强度应符合表 7-16 的规定。蒸压灰砂实心砖的尺寸偏差和外观质量应符合表 7-17 的要求,抗冻性应符合表 7-18 的规定。彩色砖的颜色应基本一致,无明显色差。

表 7-16 各强度等级蒸压灰砂实心砖的抗压强度 MPa

强度等级	抗压强度	
	平均值	单个最小值
MU10	≥10.0	≥8.5
MU15	≥15.0	≥12.8
MU20	≥20.0	≥17.0
MU25	≥25.0	≥21.2
MU30	≥30.0	≥25.5

表 7-17 蒸压灰砂实心砖的尺寸偏差和外观质量要求 mm

项目名称		实心砖
尺寸允许偏差	长度	±2
	宽度	
	高度	±1
弯曲		≤2
缺棱掉角	三个方向最大投影尺寸	≤10
裂纹延伸的投影尺寸累计		≤20

注:1. 同一批次产品,其长度、宽度、高度的极值差,均应不超过 2 mm。

2. 产品上有贯穿孔洞时,其外壁厚应不小于 35 mm。

表 7-18　蒸压灰砂实心砖的抗冻性

<table>
<tr><th>使用地区[a]</th><th>抗冻指标</th><th>干质量损失率[b]/%</th><th>抗压强度损失率/%</th></tr>
<tr><td>夏热冬暖地区</td><td>D15</td><td rowspan="4">平均值≤3.0
单个最大值≤4.0</td><td rowspan="4">平均值≤15
单个最大值≤20</td></tr>
<tr><td>温和与夏热冬冷地区</td><td>D25</td></tr>
<tr><td>寒冷地区[c]</td><td>D35</td></tr>
<tr><td>严寒地区[c]</td><td>D50</td></tr>
</table>

注：a　区域划分执行 GB 50176 的规定。

b　当某个试件的试验结果出现负值时，按 0.0% 计。

c　当产品明确用于室内环境等，供需双方有约定时，可降低抗冻指标要求，但不应低于 D25。

蒸压灰砂实心砖中 MU30、MU25、MU20、MU15 的砖可用于基础和其他建筑；MU10 的砖仅可用于防潮层以上的建筑。蒸压灰砂实心砖不得用于长期受热 200 ℃以上、受急冷急热和有酸性介质侵蚀的建筑部位，也不适用于有流水冲刷的部位。

2. 蒸压粉煤灰砖

蒸压粉煤灰砖是以粉煤灰、生石灰为主要原料，掺加适量石膏等外加剂和其他骨料，经坯料制备、压制成型、蒸压养护而成的砖。砖的外形、公称尺寸同烧结普通砖。

建筑材料行业标准《蒸压粉煤灰砖》（JC/T 239—2014）中规定，蒸压粉煤灰砖按抗压强度和抗折强度划分为 MU30、MU25、MU20、MU15、MU10 五个等级。根据尺寸偏差、外观质量、强度等级、抗冻性、线性干燥收缩值、碳化系数、吸水率、放射性核素限量分为合格品与不合格品。其中，线性干燥收缩值应不大于 0.5 mm/m；碳化系数 K_c 应不小于 0.85；吸水率不大于 20%。

蒸压粉煤灰砖可用于工业及民用建筑的墙体和基础，但用于基础或易受冻融和干湿交替作用的部位，必须使用 MU15 及以上强度等级的砖，不得用于长期受热 200 ℃以上、受急冷急热和有酸性侵蚀的建筑部位。

7.2 砌　　块

砌块（图 7-4）是指砌筑用的人造块材，多为直角六面体。砌块主规格尺寸中的长度、宽度

(a) 混凝土小型空心砌块

(b) 加气混凝土砌块

图 7-4　砌块

和高度,至少有一项分别大于 365 mm、240 mm、115 mm,但高度不大于长度或宽度的 6 倍,长度不超过高度的 3 倍。

一、砌块的分类

砌块的分类方法很多,按用途划分为承重砌块和非承重砌块;按孔洞率可划分为实心砌块(无孔洞或孔洞率小于 25%)和空心砌块(孔洞率不小于 25%);按产品规格可分为大型(主规格高度大于 980 mm)、中型(主规格高度为 380~980 mm)和小型(主规格高度为 115~380 mm)砌块;按材质又可分为普通混凝土砌块、粉煤灰混凝土砌块、轻骨料混凝土砌块等。

二、常用砌块

目前砌块的种类较多,本节主要对几种常用的砌块做简单的介绍。

1. 蒸压加气混凝土砌块

蒸压加气混凝土砌块是以钙质材料(水泥、石灰等)和硅质材料(矿渣和粉煤灰)为主要原料,加入铝粉作发气剂,经加水搅拌,由化学反应形成空隙,经浇注成型、预养切割、蒸压养护而成的多孔硅酸盐砌块。

国家标准《蒸压加气混凝土砌块》(GB/T 11968—2020)规定,砌块长度为 600 mm;宽度为 100 mm、120 mm、125 mm、150 mm、180 mm、200 mm、240 mm、250 mm、300 mm;高度为 200 mm、240 mm、250 mm、300 mm。其外形示意图如图 7-5 所示。按抗压强度分为 A1.5、A2.0、A2.5、A3.5、A5.0 五个级别,按干密度划分为 B03、B04、B05、B06、B07 五个级别。按尺寸偏差分为 Ⅰ 型和 Ⅱ 型,Ⅰ 型适用于薄灰缝砌筑,Ⅱ 型适用于厚灰缝砌筑。蒸压加气混凝土砌块的尺寸允许偏差应符合表 7-19 的规定,外观质量应符合表 7-20 的规定,抗压强度和干密度应符合表 7-21 的规定,干燥收缩值应不大于 0.50 mm/m,抗冻性应符合表 7-22 的规定,导热系数应符合表 7-23 的规定。

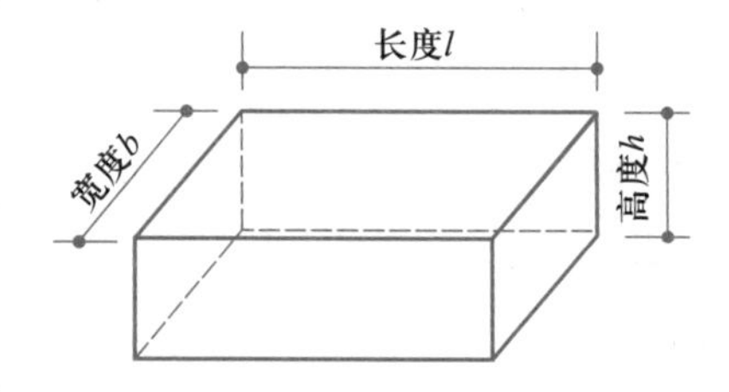

图 7-5 蒸压加气混凝土砌块外形示意图

表 7-19 蒸压加气混凝土砌块的尺寸允许偏差

项目	Ⅰ 型	Ⅱ 型
长度 l	+3	+4
宽度 b	+1	+2
高度 h	+1	+2

表 7-20　蒸压加气混凝土砌块的外观质量要求

项目			Ⅰ型	Ⅱ型
缺棱掉角	最小尺寸/mm	≤	10	30
	最大尺寸/mm	≤	20	70
	三个方向尺寸之和不大于 120 mm 的掉角个数/个	≤	0	2
裂纹长度	裂纹长度/mm	≤	0	70
	任意面不大于 70 mm 的裂纹条数/条	≤	0	1
	每块裂纹总数/条	≤	0	2
损坏深度/mm		≤	1	2
表面疏松、分层、表面油污			无	无
平面弯曲/mm		≤	1	2
直角度/mm		≤	1	2

表 7-21　蒸压加气混凝土砌块的抗压强度和干密度要求

强度级别	抗压强度/MPa		干密度级别	平均干密度/(kg/m^3)
	平均值	最小值		
A1.5	≥1.5	≥1.2	B03	≤350
A2.0	≥2.0	≥1.7	B04	≤450
A2.5	≥2.5	≥2.1	B04	≤450
			B05	≤550
A3.5	≥3.5	≥3.0	B04	≤450
			B05	≤550
			B06	≤650
A5.0	≥5.0	≥4.2	B05	≤550
			B06	≤650
			B07	≤750

表 7-22　蒸压加气混凝土砌块的抗冻性要求

强度级别		A2.5	A3.5	A5.0
抗冻性	冻后质量平均值损失/%	≤5.0		
	冻后强度平均值损失/%	≤20		

表 7-23　蒸压加气混凝土砌块的导热系数要求

干密度级别	B03	B04	B05	B06	B07
导热系数(干态)/[W/(m·K)],≤	0.10	0.12	0.14	0.16	0.18

蒸压加气混凝土砌块常用品种有蒸压水泥-石灰-粉煤灰加气混凝土砌块和蒸压水泥-矿渣-砂加气混凝土砌块。其具有表观密度小、保温及耐火性好、易加工、抗震性好、施工方便等优点,适用于低层建筑的承重墙,多层和高层建筑的隔墙、填充墙及工业建筑物的维护墙体和

绝热材料。

2. 普通混凝土小型砌块

普通混凝土小型砌块是以水泥为胶结材料，砂、碎石或卵石为骨料，加水搅拌，经振动加压或冲压成型，养护而成的，常用于承重部位的小型砌块，包括空心砌块（孔洞率不小于25%）和实心砌块（孔洞率小于25%）。普通混凝土小型砌块如图7-6所示。

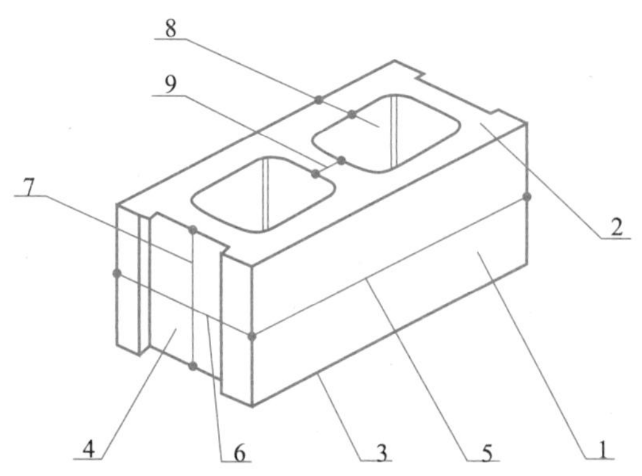

1—条面；2—坐浆面（肋厚较小的面）；3—铺浆面（肋厚较大的面）；4—顶面；5—长度；6—宽度；7—高度；8—壁；9—肋。

图7-6 普通混凝土小型砌块

国家标准《普通混凝土小型砌块》（GB/T 8239—2014）规定，砌体长度为390 mm，宽度为90 mm、120 mm、140 mm、190 mm、240 mm、290 mm，高度为90 mm、140 mm、190 mm。普通混凝土小型砌块的尺寸偏差和外观质量应符合表7-24的要求。普通混凝土小型砌块按抗压强度分为MU5.0、MU7.5、MU10.0、MU15.0、MU20.0、MU25.0、MU30.0、MU35.0、MU40.0九个级别，各强度等级普通混凝土小型砌块的抗压强度应符合表7-25的规定。

表7-24 普通混凝土小型砌块的尺寸偏差和外观质量要求 mm

项目名称			技术指标
长度			±2
宽度			±2
高度			+3、-2
弯曲		≤	2
缺棱掉角	个数/个	≤	1
	三个方向投影尺寸的最大值	≤	20
裂纹延伸的投影尺寸累计		≤	30

注：对于薄灰缝砌块，其高度允许偏差应控制在+1 mm、-2 mm。

表7-25 各强度等级普通混凝土小型砌块的抗压强度

强度等级			MU5.0	MU7.5	MU10.0	MU15.0	MU20.0	MU25.0	MU30.0	MU35.0	MU40.0
抗压强度/MPa	平均值	≥	5.0	7.5	10.0	15.0	20.0	25.0	30.0	35.0	40.0
	单块最小值	≥	4.0	6.0	8.0	12.0	16.0	20.0	24.0	28.0	32.0

3. 轻骨料混凝土小型空心砌块

采用轻骨料混凝土制成的小型空心砌块称为轻骨料混凝土小型空心砌块，用于夏热冬暖地区时，抗冻性应达到D15，用于夏热冬冷地区时，应达到D25，用于寒冷地区时，应达到D35，用于严寒地区时，应达到D50。冻融试验后，质量损失率平均值不大于5%，单块最大值不大于10%；强度损失率平均值不大于20%，单块最大值不大于30%。

4. 粉煤灰混凝土小型空心砌块

粉煤灰混凝土小型空心砌块是指以粉煤灰、水泥、各种轻重骨料、水为主要组分（也可加入外加剂等）拌合制成的小型空心砌块，其中粉煤灰用量不应低于原材料质量的20%，水泥用量不应低于原材料质量的10%。

建筑材料行业标准《粉煤灰混凝土小型空心砌块》（JC/T 862—2008）规定，砌块的主规格尺寸为390 mm×190 mm×190 mm，其他规格尺寸可由供需双方商定。按孔的排数分为单排孔（1）、双排孔（2）、多排孔（D）三类。按抗压强度分为MU3.5、MU5.0、MU7.5、MU10.0、MU15.0、MU20.0六个等级。粉煤灰小型空心砌块的尺寸偏差、外观质量和强度等级应符合表7-26的规定。

表7-26 粉煤灰小型空心砌块的尺寸偏差、外观质量和强度等级

项目名称		指标	
尺寸偏差/mm	长度 ≤	±2	
	宽度 ≤	±2	
	高度 ≤	±2	
最小外壁厚/mm ≥	用于承重墙体	30	
	用于非承重墙体	20	
肋厚/mm ≥	用于承重墙体	25	
	用于非承重墙体	15	
缺棱掉角	个数/个 ≤	2	
	3个方向的投影最小值/mm ≤	20	
裂缝延伸投影的累计尺寸/mm ≤		20	
弯曲/mm ≤		2	
强度等级		抗压强度/MPa	
		平均值 ≥	单块最小值 ≥
MU3.5		3.5	2.8
MU5.0		5.0	4.0
MU7.5		7.5	6.0
MU10.0		10.0	8.0
MU15.0		15.0	12.0
MU20.0		20.0	16.0

粉煤灰小型空心砌块是一种新型材料，主要用于工业与民用建筑的墙体和基础。但不适用于有酸性侵蚀介质的、密封性要求高的、易受较大振动的建筑物，以及受高温受潮湿的承重墙。

复习思考题

1. 什么叫砌墙砖？分哪几类？
2. 如何鉴别欠火砖和过火砖？
3. 烧结普通砖的技术要求有哪些？
4. 烧结普通砖、烧结多孔砖、烧结空心砖各分几个强度等级？
5. 推广使用多孔砖和空心砖有何经济意义？
6. 什么叫砌块？砌块同砌墙砖相比有何优点？
7. 简述蒸压加气混凝土砌块和普通混凝土小型砌块的技术性能及应用。

单元8 建筑钢材

了解:钢材的分类及建筑钢材的类型。

熟悉:钢材化学成分与性能的关系;建筑钢材的标准及类型;建筑钢材防火、防腐的原理及方法。

掌握:建筑钢材的拉伸性能、冷弯性能及冲击韧性;冷加工强化、时效的原理、目的及应用。

钢材是以铁为主要元素,碳含量一般在2%以下,并含有其他元素的材料。

建筑钢材是指建筑工程中使用的各种钢材,包括钢结构用各种型材(如圆钢、角钢、工字钢、钢管、板材)和钢筋混凝土结构用钢筋、钢丝、钢绞线。

钢材是在严格的技术条件下生产的材料,它有以下优点:材质均匀,性能可靠,强度高,具有一定的塑性和韧性,具有承受冲击和振动荷载的能力,可焊接、铆接或螺栓连接,便于装配;其缺点是易腐蚀,维修费用大。

钢材的这些特性决定了它是工程建设所需要的重要材料之一。由各种型钢组成的钢结构安全性大,自重较轻,适用于大跨度结构和高层结构。用钢筋制作的钢筋混凝土结构尽管存在自重大等缺点,但用钢量大为减少,同时克服了钢材因腐蚀而维修费用高的缺点,因而在建筑工程中广泛采用钢筋混凝土结构。

8.1 钢材的分类、钢材的化学成分对钢材性能的影响

一、钢材的分类

1. 按化学成分分类

按化学成分的不同,钢材可以分为非合金钢(碳素钢)、低合金钢和合金钢。非合金钢、低合金钢和合金钢合金元素规定含量界限值见表8-1。

表 8-1 非合金钢、低合金钢和合金钢合金元素规定含量界限值

合金元素	合金元素规定含量界限值(质量分数)/%		
	非合金钢	低合金钢	合金钢
Al	<0.10	—	≥0.10
B	<0.000 5	—	≥0.000 5
Bi	<0.10	—	≥0.10
Cr	<0.30	≥0.30,<0.50	≥0.50
Co	<0.10	—	≥0.10
Cu	<0.10	≥0.1,<0.50	≥0.50
Mn	<1.0	≥1.0,<1.40	≥1.40
Mo	<0.05	≥0.05,<0.10	≥0.10
Ni	<0.30	≥0.30,<0.50	≥0.50
Nb	<0.02	≥0.02,<0.60	≥0.06
Pb	<0.40	—	≥0.40
Se	<0.10	—	≥0.10
Si	<0.50	≥0.50,<0.90	≥0.90
Te	<0.10	—	≥0.10
Ti	<0.05	≥0.50,<0.13	≥0.13
W	<0.10	—	≥0.10
V	<0.04	≥0.04,<0.12	≥0.12
Zr	<0.05	≥0.05,<0.12	≥0.12
La 系	<0.02	≥0.02,<0.05	≥0.05
其他规定元素(S、P、C、N 除外)	<0.05	—	≥0.05

2. 按冶炼时脱氧程度不同分类

钢材在冶炼过程中,不可避免地产生部分氧化铁并残留在钢水中,降低了钢材的质量,因此在铸锭过程中要进行脱氧处理。脱氧的方法不同,钢材的性能就有所差异,因此钢材又分为沸腾钢、镇静钢和特殊镇静钢。

(1) 沸腾钢

一般用弱脱氧剂锰、铁进行脱氧,脱氧不完全,钢液冷却凝固时有大量 CO 气体外逸,引起钢液沸腾,故称为沸腾钢。沸腾钢内部的气泡和杂质较多,化学成分和力学性能不均匀,因此,沸腾钢质量较差,但成本低,可用于一般的建筑结构。

(2) 镇静钢

一般用硅脱氧,脱氧完全,钢液浇注后平静地冷却凝固,基本无 CO 气体产生。镇静钢均匀密实,力学性能好,品质好,但成本高。镇静钢可用于承受冲击荷载的重要结构。

(3) 特殊镇静钢

比镇静钢脱氧程度更充分、更彻底的钢材。

3. 按品质(杂质含量)分类

根据钢材中硫、磷等有害杂质含量的不同,可分为普通质量钢、优质质量钢、特殊质量钢。

4. 按用途分类

钢材按用途不同可分为结构钢(主要用于工程构件及机械零件)、工具钢(主要用于各种刀具、量具及磨具)、特殊钢(具有特殊物理、化学或力学性能,如不腐钢、耐热钢、耐磨钢等,一般为合金钢)。

建筑上常用的是非合金钢中的碳素结构钢和低合金高强度结构钢,如图 8-1 所示。

图 8-1 钢材在建筑工程的应用

二、钢材的化学成分对钢材性能的影响

钢材中除铁、碳外,由于原料、燃料、冶炼过程等因素使钢材中存在大量的其他元素,如硅、氧、硫、磷、氮等;合金钢是为了改性而有意加入一些元素,如锰、硅、钒、钛等。这些元素的存在,对钢的性能都要产生一定的影响。

1. 碳

碳是决定钢材性能的主要元素。随着碳含量的增加,钢材的强度和硬度相应提高,而塑性和韧性相应降低。当碳含量超过 1% 时,钢材的极限强度开始下降,此外,碳含量过高还会增加钢的冷脆性和时效敏感性,降低抗大气腐蚀性和可焊性。

2. 硅

硅是我国钢材的主加合金元素，它的主要作用是提高钢材的强度，而对钢材的塑性及韧性影响不大，特别是当含量较低（小于 1%）时，对塑性和韧性基本上无影响。

3. 锰

锰是我国低合金钢的主加合金元素，含量在 1%～2% 范围内。锰可提高钢的强度和硬度，还可以起到去硫脱氧作用，从而改善钢的热加工性质。但锰含量较高时，将显著降低钢材的可焊性。

4. 磷

磷与碳相似，能使钢的屈服强度和抗拉强度提高，塑性和韧性下降，显著增加钢材的冷脆性。磷的偏析较严重，焊接时焊缝容易产生冷裂纹，所以磷是降低钢材可焊性的元素之一，但磷可使钢材的耐磨性和耐腐蚀性提高。

5. 硫

硫在钢材中以 FeS 形式存在。FeS 是一种低熔点化合物，当钢材在红热状态下进行加工或焊接时，FeS 已熔化，使钢材的内部产生裂纹，这种在高温下产生裂纹的特性称为热脆性。热脆性大大降低了钢材的热加工性和可焊性。此外，硫偏析较严重，会降低冲击韧性、疲劳强度和抗腐蚀性，因此在低碳钢中，也要严格限制硫含量。

8.2 建筑钢材的主要技术性能

一、拉伸性能

钢材的强度可分为拉伸强度、压缩强度、弯曲强度和剪切强度等几种。通常以拉伸强度作为最基本的强度值。

拉伸强度由拉伸试验测出，拉伸试样的形状及尺寸如图 8-2 所示。低碳钢（软钢）是广泛使用的一种材料，它在拉伸试验中表现的力和变形关系比较典型，下面着重介绍。

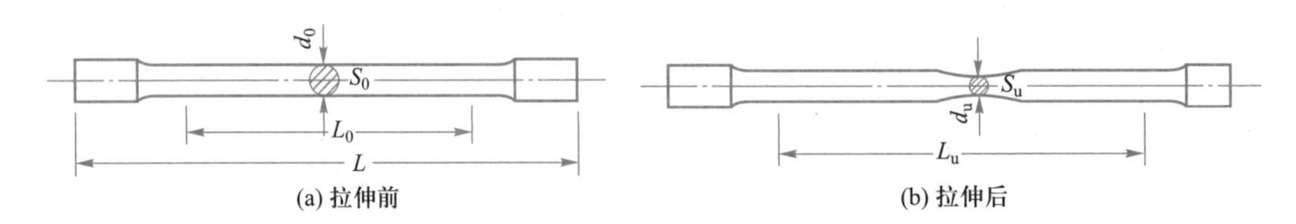

图 8-2 拉伸试样的形状及尺寸

在试件两端施加一缓慢增加的拉伸荷载，观察加荷过程中产生的弹性变形和塑性变形，直至试件被拉断为止。

低碳钢在外力作用下的变形一般可分为四个阶段：弹性阶段、屈服阶段、强化阶段和颈缩阶段，如图 8-3a 所示。

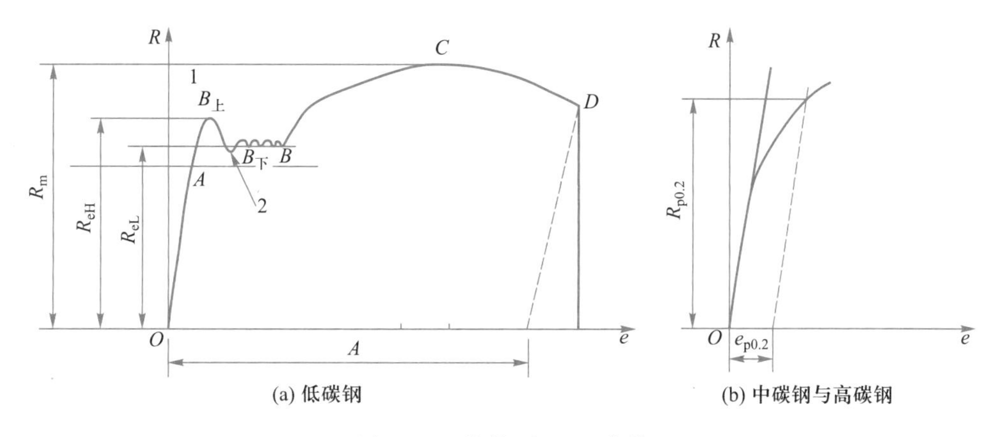

图 8-3　拉伸时 R-e 曲线

1. 弹性阶段

从图 8-3a 中可看出，钢材受拉开始阶段，荷载较小，应力与延伸率成正比，OA 是一条直线，此阶段产生的变形是弹性变形，在弹性极限范围内应力 R 与延伸率 e 的比值，称为弹性模量，用符号 E 表示，单位：MPa。

$$E=R/e=\tan\alpha \tag{8-1}$$

例如 Q235 钢的弹性模量 $E=0.21\times10^6$ MPa，25MnSi 钢的弹性模量 $E=0.2\times10^6$ MPa。弹性模量是衡量材料产生弹性变形难易程度的指标，E 越大，使其产生一定量弹性变形的应力值也越大。

2. 屈服阶段

在 AB 范围内，应力与应变不再成正比关系，钢材在静荷载作用下发生了弹性变形和塑性变形。当应力达到点 $B_上$ 时，此时的应力为上屈服强度（R_{eH}），即使应力不再增加，塑性变形仍明显增长，钢材出现了“屈服”现象。图中，点 $B_下$ 对应的应力为下屈服强度（R_{eL}）。钢材受力达到下屈服强度以后，变形即迅速发展，尽管尚未破坏，但已不能满足使用要求，故设计中一般以下屈服强度作为强度取值的依据。

3. 强化阶段

在 BC 阶段，钢材又恢复了抵抗变形的能力，故称强化阶段。其中，点 C 对应的应力称为极限强度，又称抗拉强度，用 R_m 表示。

4. 颈缩阶段

过点 C 后，钢材抵抗变形的能力明显降低，在受拉试件的某处，迅速发生较大的塑性变形，出现“颈缩”现象（图 8-2b），直至点 D 断裂。

根据拉伸图可以求出材料的强度与塑性指标。

屈服强度和抗拉强度是衡量钢材强度的两个重要指标，也是设计中的重要依据。在工程中，希望钢材不仅具有高的 R_{eL}，并且应具有一定的“屈强比”（即下屈服强度与抗拉强度的比值，用 R_{eL}/R_m 表示）。屈强比是反映钢材利用率和安全可靠程度的一个指标。在同样抗拉强度下，屈强比小，说明钢材利用的应力值小，钢材在偶然超载时不会破坏，但屈强比过小，钢材的利用率低，是不经济的。适宜的屈强比应该是在保证安全可靠的前提下，尽量提高钢材的利用率。合理的屈强比一般应在 0.60～0.75 范围内，如 Q235 碳素结构钢屈强比一般为 0.58～0.63，低合金钢为 0.65～0.75，合金结构钢为 0.85 左右。

中碳钢与高碳钢（硬钢）的拉伸曲线形状与低碳钢不同，其屈服现象不明显，因此这类钢材的屈服强度常用规定塑性延伸率为 0.2% 时的应力 $R_{p0.2}$ 表示（图 8-3b）。

钢材的塑性指标有两个，都是表示外力作用下产生塑性变形的能力。一是断后伸长率（即断后标距的残余伸长与原始标距的百分比），二是断面收缩率（即试件拉断后，颈缩处横截面积的最大缩减量与原始横截面积的百分比）。断后伸长率用 A 表示，断面收缩率用 Z 表示：

$$A=(L_u-L_0)/L_0\times100\% \tag{8-2}$$

$$Z=(S_0-S_u)/S_0\times100\% \tag{8-3}$$

式中 L_0——试件标距原始长度，mm；

L_u——试件拉断后标距长度，mm；

S_0——试件原始横截面积，mm²；

S_u——试件断后最小横截面积，mm²。

塑性指标中，断后伸长率 A 的大小与试件尺寸有关，常用的试件计算长度规定为其直径的 5 倍或 10 倍，断后伸长率分别用 A_5 或 A_{10} 表示。通常以断后伸长率 A 的大小来区别塑性的好坏。A 越大表示塑性越好。$A\geqslant5\%$ 的称为塑性材料，如铜、铁等；$A<5\%$ 的称为脆性材料，如铸铁等。低碳钢的塑性指标平均值：断后伸长率 $A=15\%\sim30\%$、断面收缩率 $Z\approx60\%$。

对于一般非承重结构或由构造决定的构件，只要保证钢材的抗拉强度和断后伸长率即能满足要求；对于承重结构则必须具有抗拉强度、断后伸长率、屈服强度三项指标合格的保证。

二、冷弯性能

冷弯性能是指钢材在常温下承受弯曲变形的能力。冷弯是通过检验试件经规定的弯曲程度后，弯曲处拱面及两侧面有无裂纹、起层、鳞落和断裂等情况进行评定的，一般用弯曲角度 α 以及弯曲压头直径 D 与钢材的厚度（或直径）a 的比值来表示（图 8-4）。弯曲角度越大，D 与 a 的比值越小，表明冷弯性能越好。

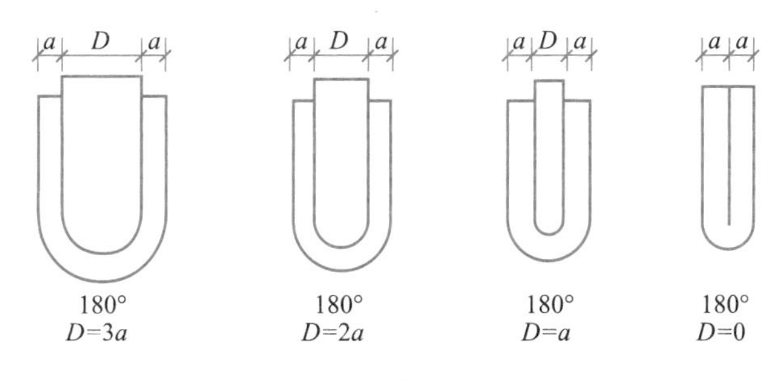

图 8-4 钢材冷弯

冷弯也是检验钢材塑性的一种方法,并与伸长率存在有机的联系,伸长率大的钢材,其冷弯性能必然好,但冷弯检验对钢材塑性的评定比拉伸试验更严格、更敏感。冷弯有助于暴露钢材的某些缺陷,如气孔、杂质和裂纹等,在焊接时,局部脆性及接头缺陷都可通过冷弯检验发现,所以也可以用冷弯的方法来检验钢材的焊接质量。对于重要结构和弯曲成型的钢材,冷弯必须合格。

三、冲击韧性

冲击韧性是指钢材抵抗冲击荷载而不被破坏的能力。规范规定是以刻槽的标准试件,在冲击试验的摆锤冲击下,以破坏后缺口处单位面积上所消耗的功来表示,符号 K,单位 J,如图 8-5 所示。K 越大,冲断试件消耗的能量或者说钢材断裂前吸收的能量越多,说明钢材的冲击韧性越好。

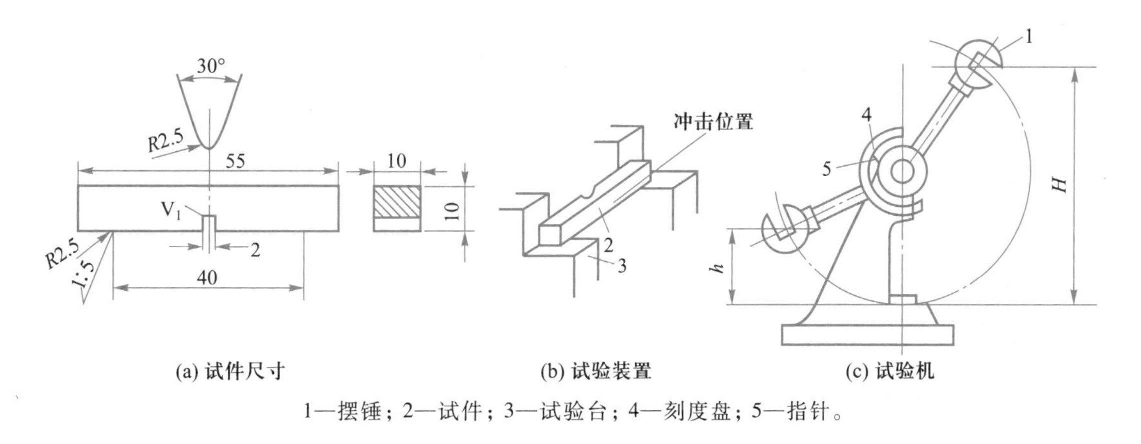

1—摆锤;2—试件;3—试验台;4—刻度盘;5—指针。

图 8-5 冲击韧性试验图

钢材的冲击韧性与钢材的化学成分、冶炼与加工有关。一般来说,钢中的 P、S 含量,夹杂物以及焊接中形成的微裂纹等都会降低冲击韧性。

此外,钢材的冲击韧性还受温度和时间的影响。常温下,随温度的降低,冲击韧性降低得很小,此时破坏的钢件断口呈韧性断裂状;当温度降至某一温度范围时,K 突然发生明显下降,钢材开始呈脆性断裂,这种性质称为冷脆性,发生冷脆性时的温度(范围)称为脆性临界温度

(范围)。低于这一温度时,降低趋势又缓和,但此时 K 值很小。在北方严寒地区选用钢材时,必须对钢材的冷脆性进行评定,此时选用的钢材的脆性临界温度应比环境最低温度低些。由于脆性临界温度的测定工作复杂,规范中通常是根据气温条件规定-20 ℃或-40 ℃的负温冲击值指标。

四、可焊性

焊接是使钢材组成结构的主要形式。焊接的质量取决于焊接工艺、焊接材料及钢材的可焊性。

可焊性是指在一定的焊接工艺条件下,在焊缝及附近过热区是否产生裂缝及硬脆倾向,焊接后的力学性能,特别是强度是否与原钢材相近的性能。

钢材的可焊性主要受化学成分及其含量的影响,当碳含量超过 0.3%、硫和杂质含量高以及合金元素含量较高时,钢材的可焊性降低。

一般焊接结构用钢应选用碳含量较低的氧气转炉或平炉的镇静钢,对于高碳钢及合金钢,为了改善焊接后的硬脆性,焊接时一般要采用焊前预热及焊后热处理等措施。

8.3 钢材的冷加工、时效及应用

钢材在常温下进行的加工称为冷加工。建筑钢材的冷加工方式有冷拉、冷拔(图 8-6)、冷轧、冷扭等。

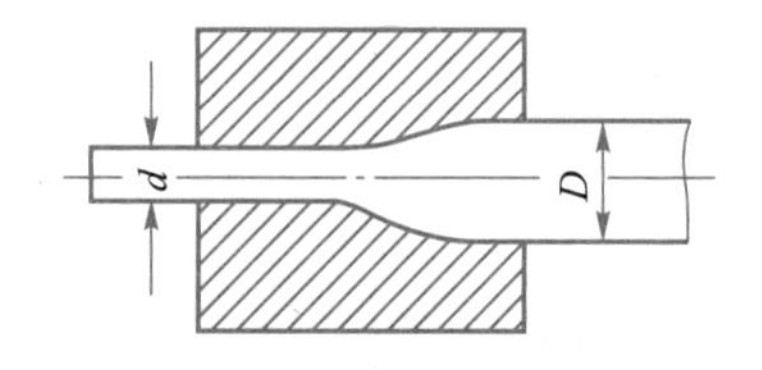

图 8-6 冷拔示意图

钢材在常温下超过弹性范围后,产生塑性变形,强度和硬度提高,塑性和韧性下降的现象称为冷加工强化。如图 8-7 所示,钢材的应力-延伸率曲线为 $OBKCD$,若钢材被拉伸至点 K 时,放松拉力,则钢材将恢复至点 O',此时重新受拉后,其应力-延伸率曲线将为 $O'K_1C_1D_1$,新的屈服强度将比原屈服强度提高,但延伸率降低。在一定范围内,冷加工变形程度越大,屈服强度提高越多,塑性和韧性降低越多。

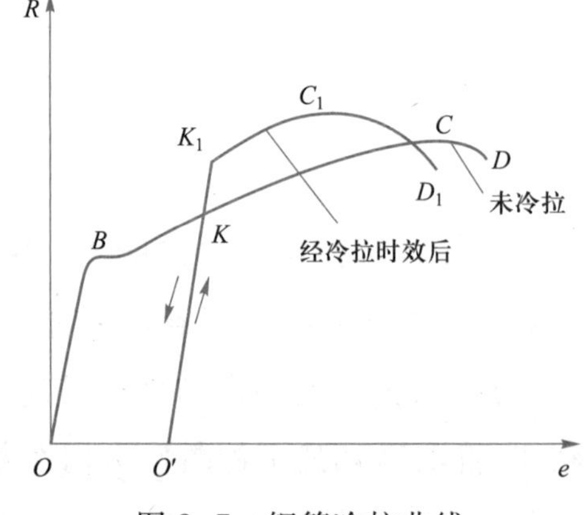

图 8-7 钢筋冷拉曲线

钢材经冷加工后随时间的延长,强度、硬度提高,塑性、韧性下降的现象称为时效。钢材在自然条件下的时效是非常缓慢的,若经过冷加工或使用中经常受到振动、冲击荷载作用时,时效将迅速发展。钢材经冷加工后在常温下搁置 15~20 d 或加热至 100~200 ℃保持 2 h 左右,钢材的屈服强度、抗拉强度及硬度都进一步提高,而塑性、韧性继续降低直至完成时效过程,前者称为自然时效,后者称为人工时效。如图 8-7 所示,经冷加工和时效后，其应力-延伸率曲线为 $O'K_1C_1D_1$，此时屈服强度（K_1）和抗拉强度（C_1）比时效前进一步提高。一般强度较低的钢材采用自然时效，而强度较高的钢材采用人工时效。

用途：① 冷轧带肋钢筋；② 预应力钢丝、钢绞线；③ 混凝土制品用冷拔低碳钢丝。

8.4　建筑钢材的标准与选用

建筑钢材可分为钢筋混凝土结构用钢筋和钢结构用型钢两大类。各种型钢和钢筋的性能主要取决于所用钢种及加工方式。本节将分别说明建筑工程中常用的钢种及常用型材的性能和选用原则。

一、建筑钢材的主要钢种

目前，国内建筑工程所用钢材主要是碳素结构钢和低合金高强度结构钢。

1. 碳素结构钢

国家标准《碳素结构钢》（GB/T 700—2006）规定，钢的牌号由代表屈服强度的字母、屈服强度数值、质量等级符号、脱氧方法四个部分按顺序组成。其中，以“Q”代表屈服强度，屈服强度数值共分 195、215、235 和 275（单位为 MPa）四种；质量等级根据硫、磷等杂质含量由多到少分为四级，分别以符号 A、B、C、D 表示；脱氧方法以 F 表示沸腾钢、Z 和 TZ 表示镇静钢和特殊镇静钢，Z 和 TZ 在钢的牌号中可以省略。

例如：Q235AF 表示屈服强度为 235 MPa 的 A 级沸腾钢。

碳素结构钢的化学成分应符合表 8-2 的规定。碳素结构钢的力学性能、工艺性能应符合表 8-3 和表 8-4 的规定。

表 8-2　碳素结构钢的化学成分

牌号	统一数字代号[a]	等级	厚度（或直径）/mm	脱氧方法	化学成分（质量分数）/%，不大于				
					C	Si	Mn	P	S
Q195	U11952	—	—	F、Z	0.12	0.30	0.50	0.035	0.040
Q215	U12152	A	—	F、Z	0.15	0.35	1.20	0.045	0.050
	U12155	B							0.045
Q235	U12352	A	—	F、Z	0.22	0.35	1.40	0.045	0.050
	U12355	B			0.20[b]				0.045
	U12358	C		Z	0.17			0.040	0.040
	U12359	D		TZ				0.035	0.035

续表

牌号	统一数字代号[a]	等级	厚度(或直径)/mm	脱氧方法	化学成分(质量分数)/%,不大于				
					C	Si	Mn	P	S
Q275	U12752	A	—	F、Z	0.24	0.35	1.50	0.045	0.050
	U12755	B	≤40	Z	0.21			0.045	0.045
			>40		0.22				
	U12758	C	—	Z	0.20			0.040	0.040
	U12759	D		TZ				0.035	0.035

注:a 表中为镇静钢、特殊镇静钢牌号的统一数字,沸腾钢牌号的统一数字代号如下:

Q195F——U11950;

Q215AF——U12150,Q215BF——U12153;

Q235AF——U12350,Q235BF——U12353;

Q275AF—U12750。

b 经需方同意,Q235B 的碳含量可不大于 0.22%。

表 8-3 碳素结构钢的力学性能

牌号	等级	屈服强度[a]/(N/mm²)不小于						抗拉强度[b]/(N/mm²)	断后伸长率/%不小于					冲击试验(V 型缺口)	
		厚度(或直径)/mm							厚度(或直径)/mm					温度/℃	冲击吸收功(纵向)/J 不小于
		≤16	>16~40	>40~60	>60~100	>100~150	>150~200		≤40	>40~60	>60~100	>100~150	>150~200		
Q195	—	195	185	—	—	—	—	315~430	33	—	—	—	—	—	—
Q215	A	215	205	195	185	175	165	335~450	31	30	29	27	26	—	—
	B													+20	27
Q235	A	235	225	215	215	195	185	370~500	26	25	24	22	21	—	—
	B													+20	27[c]
	C													0	
	D													-20	
Q275	A	275	265	255	245	225	215	410~540	22	21	20	18	17	—	—
	B													+20	27
	C													0	
	D													-20	

注:a Q195 的屈服强度值仅供参考,不作交货条件。

b 厚度大于 100 mm 的钢材,抗拉强度下限允许降低 20 N/mm²。宽带钢(包括剪切钢板)抗拉强度上限不作交货条件。

c 厚度小于 25 mm 的 Q235B 级钢材,如供方能保证冲击吸收功值合格,经需方同意,可不做检验。

表 8-4 碳素结构钢的工艺性能

牌号	试样方向	冷弯试验(180°,$B=2a$[a])	
		钢材厚度(或直径)[b]/mm	
		≤60	>60~100
		弯曲压头直径 D	
Q195	纵	0	—
	横	$0.5a$	
Q215	纵	$0.5a$	$1.5a$
	横	a	$2a$
Q235	纵	a	$2a$
	横	$1.5a$	$2.5a$
Q275	纵	$1.5a$	$2.5a$
	横	$2a$	$3a$

注:a B 为试件宽度,a 为试件厚度(或直径)。

b 钢材厚度(或直径)大于 100 mm 时,弯曲试验由双方协商确定。

碳素结构钢分为四个牌号,每个牌号又分为不同的质量等级。一般来讲,牌号数值越大,碳含量越高,其强度、硬度也就越高,但塑性、韧性降低。建筑工程中主要应用的是碳素钢 Q235,即用 Q235 轧成的各种型材、钢板、管材和钢筋。

2. 低合金高强度结构钢

国家标准《低合金高强度结构钢》(GB/T 1591—2018)规定,其牌号的表示方法由屈服强度字母、规定的最小上屈服强度数值、交货状态代号、质量等级符号四个部分组成。其中,以"Q"代表屈服强度;规定的最小上屈服强度数值共分 355、390、420、460、500、550、620 和 690(单位为 MPa)八种;交货状态分为热轧(代号为 AR 或 WAR)、正火、正火轧制(正火与正火轧制代号均为 N)、热机械轧制(代号 TMCP),其中 AR、WAR 可以省略;质量等级分 B、C、D、E、F 五级。如 Q335ND 表示屈服强度为 335 MPa 的正火 D 级钢。低合金高强度结构钢是在碳素结构钢的基础上加入少量合金元素制成的,其化学成分和拉伸性能应符合国家标准的规定。

低合金高强度结构钢与碳素结构钢相比,具有较高的强度,同时具有良好的塑性、冲击韧性、可焊性及耐低温性、耐腐蚀性等,因此它是综合性能较为理想的建筑钢材,尤其是大跨度、大柱网、承受动荷载和冲击荷载的结构更为适用。

二、钢筋混凝土结构用钢筋

钢筋混凝土结构用钢筋如图 8-8 所示。

(a) 带肋钢筋　　(b) 光圆钢筋　　(c) 钢绞线

图 8-8　钢筋混凝土结构用钢筋

1. 热轧钢筋

热轧钢筋是将钢材胚料在结晶温度以上通过一对旋转轧辊的间隙,轧制而成的钢筋,主要有热轧光圆钢筋和热轧带肋钢筋两类。

(1) 热轧钢筋的标准与性能

国家标准《钢筋混凝土用钢　第 1 部分:热轧光圆钢筋》(GB/T 1499.1—2017)规定,热轧光圆钢筋牌号用 HPB 和屈服强度特征值表示,它的牌号为 HPB300。热轧光圆钢筋的力学性能、工艺性能应符合表 8-5 的规定。

表 8-5　热轧光圆钢筋的力学性能、工艺性能

牌号	下屈服强度 R_{eL}/MPa	抗拉强度 R_m/MPa	断后伸长率 A/%	最大力总延伸率 A_{gt}/%	冷弯试验 180°
	不小于				
HPB300	300	420	25	10.0	$D=a$

注:1. D——弯曲压头直径;a——钢筋公称直径。
2. 对于没有明显屈服的钢筋,下屈服强度特征值 R_{eL} 应采用规定非比例延伸强度 $R_{p0.2}$。
3. 伸长率类型可从 A 或 A_{gt} 中选定,仲裁检验时采用 A_{gt}。
4. 按表中规定的弯曲压头直径弯曲 180°后,钢筋受弯曲部位表面不得产生裂纹。

国家标准《钢筋混凝土用钢　第 2 部分:热轧带肋钢筋》(GB/T 1499.2—2018)规定,热轧带肋钢筋分为两种:普通热轧带肋钢筋和细晶粒热轧带肋钢筋。普通热轧带肋钢筋的牌号用 HRB 和钢材的屈服强度特征值表示,牌号分别为 HRB400、HRB500、HRB600。其中,H 表示热轧,R 表示带肋,B 表示钢筋,后面的数字表示屈服强度特征值。细晶粒热轧带肋钢筋的牌号用 HRBF 和钢材的屈服强度特征值表示,牌号分别为 HRBF400、HRBF500。其中,H 表示热轧,R 表示带肋,B 表示钢筋,F 表示细晶粒,后面的数字表示屈服强度特征值。热轧带肋钢筋的力学性能、工艺性能应符合表 8-6 的规定。

表 8-6 热轧带肋钢筋的力学性能、工艺性能

牌号	下屈服强度 R_{eL}/MPa	抗拉强度 R_m/MPa	断后伸长率 A/%	最大力总延伸率 A_{gt}/%	R_m^o/R_{eL}^o	R_{eL}^o/R_{eL}
	不小于					不大于
HRB400 HRBF400	400	540	16	7.5	—	—
HRB400E HRBF400E			—	9.0	1.25	1.30
HRB500 HRBF500	500	630	15	7.5	—	—
HRB500E HRBF500E			—	9.0	1.25	1.30
HRB600	600	730	14	7.5	—	—

注：1. E 为地震的英文首位字母。

2. R_m^o 为钢筋实测抗拉强度；R_{eL}^o 为钢筋实测下屈服强度。

（2）应用

热轧光圆钢筋强度较低，具有塑性好、伸长率高、便于弯折成型、容易焊接等特点，可用作混凝土构件中板的配筋、构造钢筋和小规格梁柱的箍筋。其锚固性差，需做弯钩，将逐渐被低强度等级的热轧带肋钢筋和冷轧带肋钢筋替代。

普通热轧带肋钢筋强度较高，塑性较好，焊接性能比较理想，钢筋表面轧有通长的纵肋（也可不带纵肋）和均匀分布的横肋，从而可加强钢筋与混凝土间的黏结。普通热轧带肋钢筋适用于大、中型普通钢筋混凝土结构工程的受力钢筋。

细晶粒热轧带肋钢筋的生产工艺是在热轧过程中控制轧制温度和冷却速度，得到细晶粒组织，其 C、Si、Mn、S、P 五大元素的化学成分以及力学性能与普通热轧带肋钢筋完全相同，因为减少微合金元素用量，可节约资源，降低生产成本，为在我国推广 400、500 级高强度钢筋开辟了新的途径。

2. 冷轧带肋钢筋

冷轧带肋钢筋是热轧圆盘条经冷轧后，在其表面带有沿长度方向均匀分布的横肋的钢筋。冷轧带肋钢筋既具有较高的强度，又具有较强的握裹力，适用于中小型预应力混凝土结构和普通钢筋混凝土结构构件。国家标准《冷轧带肋钢筋》（GB/T 13788—2017）规定，冷轧带肋钢筋按延性分为冷轧带肋钢筋（CRB）和高延性冷轧带肋钢筋（CRB+抗拉强度特征值+H），可划分为六个牌号：CRB550、CRB650、CRB800、CRB600H、CRB680H、CRB800H。CRB550、CRB600H、CRB680H 钢筋的公称直径范围为 4～12 mm，可替代普通钢筋中的热轧

光圆钢筋；CRB650、CRB800、CRB800H 钢筋的公称直径为 4 mm、5 mm、6 mm，可替代原用于预应力混凝土的结构的冷拔低碳钢丝。CRB680H 既可用于普通钢筋，也可用作预应力筋。冷轧带肋钢筋的力学性能、工艺性能应符合表 8-7 的规定，冷轧带肋钢筋反复弯曲试验的弯曲半径见表 8-8。

表 8-7 冷轧带肋钢筋的力学性能、工艺性能

分类	牌号	规定塑性延伸强度 $R_{p0.2}$/MPa 不小于	抗拉强度 R_m/MPa 不小于	$R_m/R_{p0.2}$ 不小于	断后伸长率/% 不小于		最大力总延伸率/% 不小于	弯曲试验[a] 180°	反复弯曲次数	应力松弛初始应力应相当于公称抗拉强度的 70%
					A	$A_{100\ mm}$	A_{gt}			1 000 h，% 不大于
普通钢筋混凝土用	CRB550	500	550	1.05	11.0	—	2.5	$D=3a$	—	—
	CRB600H	540	600	1.05	14.0	—	5.0	$D=3a$	—	—
	CRB680H[b]	600	680	1.05	14.0	—	5.0	$D=3a$	4	5
预应力混凝土用	CRB650	585	650	1.05	—	4.0	2.5	—	3	8
	CRB800	720	800	1.05	—	4.0	2.5	—	3	8
	CRB800H	720	800	1.05	—	7.0	4.0	—	4	5

注：a D 为弯曲压头直径，a 为钢筋公称直径。

b 当该牌号钢筋作为普通钢筋混凝土用钢筋使用时，对反复弯曲和应力松弛不做要求；当该牌号钢筋作为预应力混凝土用钢筋使用时应进行反复弯曲试验代替 180°弯曲试验，并检测松弛率。

表 8-8 冷轧带肋钢筋反复弯曲试验的弯曲半径 mm

钢筋公称直径	4	5	6
弯曲半径	10	15	15

3. 余热处理钢筋

余热处理钢筋是热轧后利用热处理原理进行表面控制冷却，并利用芯部余热自身完成回火处理所得的成品钢筋。钢筋余热处理后，强度提高，但延性、可焊性、机械连接性能及适应性降低，一般可用于对变形性能及加工性能要求不高的构件中，如延性要求不高的基础、大体积混凝土、楼板，以及次要的中小构件等。国家标准《钢筋混凝土用余热处理钢筋》(GB 13014—2013)规定，余热处理钢筋的牌号用 RRB、屈服强度特征值以及焊接英文缩写表示，可划分为三个牌号：RRB400、RRB500、RRB400W(W 为焊接英文缩写)。余热处理钢筋的力学性能应符合表 8-9 的规定。

表 8-9　余热处理钢筋的力学性能

牌号	R_{eL}/MPa	R_m/MPa	A/%	A_{gt}/%
	不小于			
RRB400	400	540	14	5.0
RRB500	500	630	13	
RRB400W	430	570	16	7.5

注:1. 时效后检验结果。

2. 直径 28~40 mm 各牌号钢筋的断后伸长率 A 可降低 1%。直径大于 40 mm 各牌号钢筋的断后伸长率可降低 2%。

3. 对于没有明显屈服强度的钢材,屈服强度特性值 R_{eL} 应采用规定非比例延伸强度 $R_{p0.2}$。

4. 根据供需双方协议,伸长率类型可从 A 或 A_{gt} 中选定。如伸长率类型未经协议确定,则伸长率采用 A。仲裁试验时采用 A_{gt}。

4. 预应力混凝土用钢丝、钢绞线和螺纹钢筋

预应力混凝土用钢丝是以低碳钢热轧圆盘条为原材料,经冷加工或冷加工后连续稳定化处理消除残余应力而制成的钢丝。

国家标准《预应力混凝土用钢丝》(GB/T 5223—2014)规定,预应力混凝土用钢丝按加工状态分为消除应力钢丝和冷拉钢丝两种,按外形可分为光圆、螺旋肋和刻痕三种。冷拉钢丝仅用于压力管道。刻痕钢丝削弱了截面,并且握裹力差,已趋于被淘汰。钢丝直径为 4~12 mm 多种规格,抗拉强度为 1 470~1 860 MPa。

预应力混凝土用钢绞线由多根冷拉光圆钢丝和刻痕钢丝捻制而成。

国家标准《预应力混凝土用钢绞线》(GB/T 5224—2014)规定,钢绞线按结构可分为 8 类:用两根钢丝捻制的钢绞线(1×2)、用三根钢丝捻制的钢绞线(1×3)、用三根刻痕钢丝捻制的钢绞线(1×3I)、用七根钢丝捻制的标准型钢绞线(1×7)、用六根刻痕钢丝和一根光圆中心钢丝捻制的钢绞线(1×7I)、用七根钢丝捻制又经模拔的钢绞线[(1×7)C]、用十九根钢丝捻制的 1+9+9 西鲁式钢绞线(1×19S)、用十九根钢丝捻制的 1+6+6/6 瓦林吞式钢绞线(1×19W)。钢绞线直径为 5~28.6 mm,抗拉强度为 1 470~1 960 MPa。

预应力混凝土用钢丝和钢绞线均具有强度高、塑性好、使用时不需要接头等优点,尤其适用于需要曲线配筋的预应力混凝土结构、大跨度或重荷载的屋架等。

预应力混凝土用螺纹钢筋又称精轧螺纹钢筋,是热轧成的在整根钢筋上带有不连续外螺纹的直条钢筋,在任意截面处均可用带有匹配内螺纹的连接器或锚具进行连接或锚固。钢筋直径范围为 15~75 mm,抗拉强度为 980~1 330 MPa。预应力混凝土用螺纹钢筋具有施工方便、黏结力强、锚固安全可靠等优点。

5. 冷拔低碳钢丝

冷拔低碳钢丝是将低碳钢热轧圆盘条经冷拔而成的光圆钢丝,适用于混凝土制品,如预应

力管、排水管、管桩、电杆等。建筑材料行业标准《混凝土制品用冷拔低碳钢丝》(JC/T 540—2006)规定,冷拔低碳钢丝按强度分为甲级和乙级。甲级钢丝主要用于预应力筋;乙级钢丝主要用作焊接骨架、焊接网、箍筋和构造钢筋。冷拔低碳钢丝的力学性能应符合表 8-10 的规定。

表 8-10 冷拔低碳钢丝的力学性能

<table>
<tr><th>钢丝级别</th><th>公称直径/mm</th><th>抗拉强度/MPa
不小于</th><th>伸长率/%(标距 100 mm)
不小于</th><th>180°反复弯曲
(次数)不小于</th></tr>
<tr><td rowspan="4">甲级</td><td rowspan="2">5</td><td>650</td><td rowspan="2">3.0</td><td rowspan="5">4</td></tr>
<tr><td>600</td></tr>
<tr><td rowspan="2">4</td><td>700</td><td rowspan="2">2.5</td></tr>
<tr><td>650</td></tr>
<tr><td>乙级</td><td>3、4、5、6</td><td>550</td><td>2.0</td></tr>
</table>

注:甲级钢丝作预应力筋用时,如经机械调直,抗拉强度标准值应降低 50 MPa。

三、钢结构用型钢

钢结构构件一般应直接选用各种型钢。构件之间可直接或通过连接钢板进行连接。连接方式有铆接、螺栓连接和焊接。所用母材主要是碳素结构钢及低合金高强度结构钢。型钢按加工方法有热轧和冷轧两种。

1. 热轧型钢

常用的热轧型钢有角钢(等边和不等边)、工字钢、槽钢、T 型钢、H 型钢、Z 型钢等。

钢结构用的钢种和钢号,主要根据结构与构件的重要性、荷载性质、连接方法、工作条件等因素予以选择。对于承受动荷载的结构、焊接的结构及结构中的关键构件,应选用质量较好的钢材。

我国建筑用热轧型钢主要采用碳素结构钢 Q235A,强度适中,塑性较好,而且冶炼容易,成本低廉,适合建筑工程使用。在钢结构设计规范中推荐使用的低合金钢主要有四种:Q355、Q390、Q420、Q460,可用于大跨度、承受动荷载的钢结构。

2. 冷弯薄壁型钢

通常是用 2~6 mm 薄钢板冷弯或模压而成,有角钢、槽钢等开口薄壁型钢及方形、矩形等空心薄壁型钢,可用于轻型钢结构。

3. 钢板和压型钢板

用光面轧辊轧制而成的扁平钢材,以平板状态供货的称钢板,以卷状供货的称钢带。按轧制温度不同,又可分为热轧和冷轧两种。建筑用钢板及钢带的钢种主要是碳素结构钢,一些重型结构、大跨度桥梁、高压容器等也采用低合金钢钢板。

按厚度来分，热轧钢板分为厚板（厚度大于 4 mm）和薄板（厚度为 0.35~4 mm）两种；冷轧钢板只有薄板（厚度为 0.2~4 mm）一种。厚板可用于焊接结构；薄板可用作屋面或墙面等围护结构，或作为涂层钢板的原料，如制作压型钢板等。钢板可用来弯曲制成型钢。薄钢板经冷压或冷轧成波形、双曲形、V 形等形状，称为压型钢板。制作压型钢板的板材采用有机涂层薄钢板（或称彩色钢板）、镀锌薄钢板、防腐薄钢板或其他薄钢板。

压型钢板具有单位质量轻、强度高、抗震性能好、施工快、外形美观等特点，主要用于围护结构、楼板、屋面等。

4. 钢管

钢管按制造方法分无缝钢管和焊接钢管。无缝钢管主要用于输送水、蒸汽和煤气的管道以及建筑构件、机械零件和高压管道等。焊接钢管用于输送水、煤气及采暖系统的管道，也可用作建筑构件，如扶手、栏杆、施工脚手架等。按表面处理情况分镀锌和不镀锌两种。按管壁厚度分为普通钢管和加厚钢管。

8.5　钢材的腐蚀与防止

一、钢材的腐蚀

钢材表面与周围介质发生化学反应引起破坏的现象称作腐蚀。钢材腐蚀的现象普遍存在，如在大气中生锈，特别是当环境中有各种侵蚀性介质或湿度较大时，情况就更为严重。腐蚀不仅使钢材有效截面积均匀减小，还会产生局部锈坑，引起应力集中。腐蚀会显著降低钢材的强度、塑性、韧性等力学性能。根据钢材与环境介质的作用原理，可分为化学腐蚀和电化学腐蚀。

1. 化学腐蚀

化学腐蚀指钢材与周围的介质（如氧气、二氧化碳、二氧化硫和水等）直接发生化学作用，生成疏松的氧化物而引起的腐蚀。在干燥环境中，化学腐蚀的速度缓慢，但在温度高和湿度较大时，腐蚀速度大大加快。

2. 电化学腐蚀

钢材由不同的晶体组织构成，并含有杂质，由于这些成分的电极电位不同，当有电解质溶液（如水）存在时，就会在钢材表面形成许多微小的局部原电池。整个电化学腐蚀过程如下：

阳极区：$Fe = Fe^{2+} + 2e^-$

阴极区：$2H_2O + 2e^- + 1/2O_2 = 2OH^- + H_2O$

溶液区：$Fe^{2+}+2OH^{-}=Fe(OH)_2$

$4Fe(OH)_2+O_2+2H_2O=4Fe(OH)_3$

水是弱电解质溶液，而溶有 CO_2 的水则成为有效的电解质溶液，从而加速电化学腐蚀的过程。钢材在大气中的腐蚀，实际上是化学腐蚀和电化学腐蚀共同作用所致，但以电化学腐蚀为主。

二、防止钢材腐蚀的措施

防止钢材腐蚀的主要措施有：

1. 保护层法

利用保护层可使钢材与周围介质隔离，从而防止锈蚀。钢结构防止锈蚀的方法通常是表面刷防锈漆。薄壁钢材可采用热浸镀锌后加塑料涂层。对于一些行业（如电气、冶金、石油、化工等）的高温设备钢结构，可采用硅氧化合结构的耐高温防腐涂料。

2. 电化学保护法

对于一些不能和不易覆盖保护层的地方（如轮船外壳、地下管道、桥梁建筑等），可采用电化学保护法，即在钢铁结构上接一块比钢铁更为活泼的金属（如锌、镁）作为牺牲阳极来保护钢结构。

3. 制成合金钢

在钢材中加入合金元素铬、镍、钛、铜等，制成不锈钢，提高其耐腐蚀能力。

另外，埋于混凝土中的钢筋在碱性的环境下会形成一层保护膜，可以防止锈蚀，但是混凝土外加剂中的氯离子会破坏保护膜，促进钢材的锈蚀。因此，在混凝土中应控制氯盐外加剂的使用，控制混凝土的水胶比和水泥用量，提高混凝土的密实性，还可以采用掺加防锈剂的方法防止钢筋的锈蚀。

复习思考题

1. 钢材按化学成分和脱氧程度可以分为哪几类？
2. 建筑钢材有哪些主要性能？每种性能用何种指标表示？有何实际意义？如何测定？
3. 何为冷加工、时效？冷加工、时效后钢材的性能发生了哪些变化？
4. 碳素结构钢分几个牌号？其牌号是如何表示的？
5. 低合金高强度结构钢分几个牌号？为什么低合金高强度结构钢能得到广泛应用？
6. 钢筋混凝土结构工程中常用的钢筋、钢丝、钢绞线有几种？适用于何处？

单元9
防水材料

学习目标

了解:煤沥青和改性沥青的性能及特点,防水材料的发展方向。

熟悉:石油沥青的分类、组成、主要性能及应用。

掌握:常用防水卷材、密封材料、防水涂料的分类、特性及应用。

9.1 沥　　青

沥青是一种有机胶凝材料,具有防潮、防水、防腐的性能,广泛用作交通、水利及工业与民用建筑工程中的防潮、防腐、防水材料。常温下呈黑色或褐色的固体、半固体或黏稠液体。

沥青材料可分为地沥青和焦油沥青两大类。地沥青包括天然沥青和石油沥青;焦油沥青包括煤沥青、木沥青、泥炭沥青、页岩沥青。工程中使用最多的是石油沥青和煤沥青,石油沥青的防水性能好于煤沥青,但煤沥青的防腐、黏滞性能较好。

一、石油沥青

石油沥青是石油经蒸馏提炼出各种轻质油品(汽油、煤油等)及润滑油以后的残留物,经再加工得到的褐色或黑褐色的黏稠状液体或固体状物质,略有松香味,能溶于多种有机溶剂,如三氯甲烷、四氯化碳等。

1. 石油沥青的分类

按原油的成分分为石蜡基沥青、沥青基沥青和混合基沥青。按石油加工方法不同分为残留沥青、蒸馏沥青、氧化沥青、裂解沥青和调和沥青。按用途划分为道路石油沥青、建筑石油沥青和普通石油沥青。

2. 石油沥青的组分

石油沥青的成分非常复杂,在研究其组成时,将化学成分相近和物理性能相似的部分划分为若干组,即组分。各组分的含量会直接影响石油沥青的性质。一般分为油分、树脂、地沥青质三大组分,此外,还有一定的石蜡固体。石油沥青的组分及其主要特性和作用见表9-1。

表 9-1 石油沥青的组分及其主要特性和作用

<table>
<tr><th colspan="2">组分</th><th>状态</th><th>颜色</th><th>密度/(g/cm³)</th><th>含量/%</th><th>作用</th></tr>
<tr><td colspan="2">油分</td><td>黏性液体</td><td>淡黄色至红褐色</td><td><1</td><td>40~60</td><td>使石油沥青具有流动性</td></tr>
<tr><td rowspan="2">树脂</td><td>酸性</td><td rowspan="2">黏稠固体</td><td rowspan="2">红褐色至黑褐色</td><td rowspan="2">≥1</td><td rowspan="2">15~30</td><td>使石油沥青与矿物的黏滞性提高</td></tr>
<tr><td>中性</td><td>使石油沥青具有黏滞性和塑性</td></tr>
<tr><td colspan="2">地沥青质</td><td>粉末颗粒</td><td>深褐色至黑褐色</td><td>>1</td><td>10~30</td><td>能提高石油沥青的黏滞性和耐热性；含量提高，使塑性降低</td></tr>
</table>

油分和树脂可以互溶，树脂可以浸润地沥青质。以地沥青质为核心，周围吸附部分树脂和油分，构成胶团，无数胶团均匀地分布在油分中，形成胶体结构。

石油沥青的状态随温度不同也会改变。温度升高，固体石油沥青中的易熔成分逐渐变为液态，使石油沥青流动性提高；当温度降低时，它又恢复为原来的状态。石油沥青中各组分不稳定，会因环境中的阳光、空气、水等因素作用而变化，油分、树脂减少，地沥青质增多，这一过程称为“老化”。这时，石油沥青的塑性降低，脆性增加，变硬，出现脆裂，失去防水、防腐蚀效果。

3. 石油沥青的技术性能

(1) 黏滞性

黏滞性是指石油沥青在外力作用下抵抗变形的能力，又称黏性。液体石油沥青的黏滞性用黏滞度表示；半固体和固体石油沥青的黏滞性用针入度表示。黏滞度和针入度是划分石油沥青牌号的主要指标。

黏滞度是液体石油沥青在一定温度下经规定直径的孔，漏下 50 mL 所需的秒数。其测定示意图如图 9-1 所示。黏滞度常以符号 C_t^d 表示。其中，d 是孔径(mm)，t 为试验时石油沥青的温度(℃)，黏滞度大时，表示沥青的黏滞性大。

针入度是指在温度为 25 ℃的条件下，以 100 g 的标准针，经 5 s 沉入石油沥青中的深度，0.1 mm 为 1 度。其测定示意图如图 9-2 所示。针入度大，则流动性大，黏滞性小。针入度在 5~200 度之间。

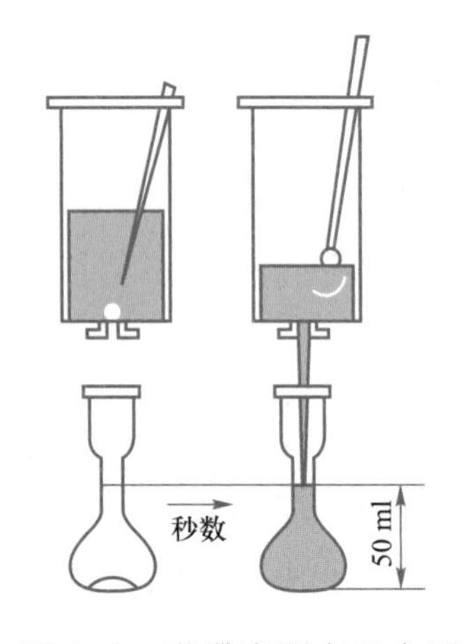

图 9-1 黏滞度测定示意图

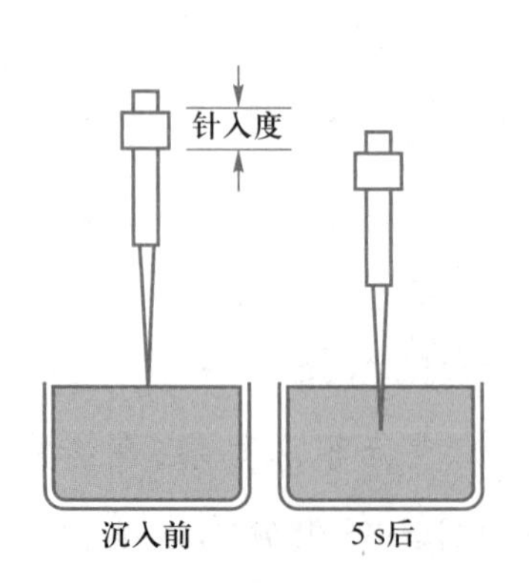

图 9-2 针入度测定示意图

（2）塑性

塑性表示石油沥青开裂后的自愈能力及受机械力作用后变形而不破坏的能力。石油沥青的塑性用延伸度表示，简称延度。其测定方法是将标准“8”字试件（图 9-3），在一定温度（25 ℃）和一定拉伸速度（50 mm/min）下拉断。试件拉断时延伸的长度用 cm 表示，即为延度。延度越大，塑性越好。

（3）温度敏感性

温度敏感性是指石油沥青的黏滞性和塑性随温度升降而变化的性能。

沥青由固态转变为具有一定流动性的膏体的临界温度，称为软化点。软化点通常用“环球法”测定，如图 9-4 所示。就是将熬制脱水后的石油沥青试样，装入规定尺寸的铜环中，上置规定尺寸的钢球，放在水或甘油中，以 5 ℃/min 的升温速度加热至石油沥青软化，下垂达 25.4 mm 时的温度即为软化点。

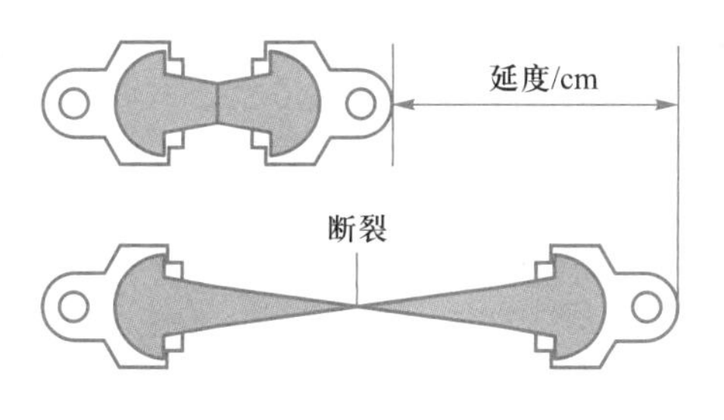

图 9-3　“8”字延度试件示意图

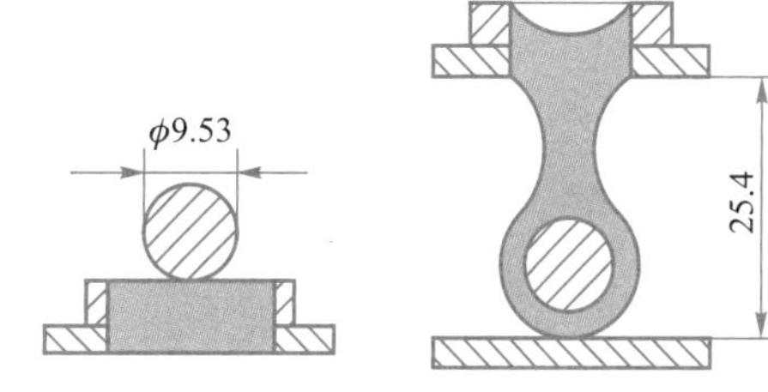

图 9-4　软化点测定示意图

石油沥青的软化点在 50～100 ℃之间。软化点高，石油沥青的耐热性好，但软化点过高，又不易加工和施工；软化点低的石油沥青，夏季高温时易产生流淌而变形。

除上述黏滞性、塑性、温度敏感性外，还有大气稳定性、闪点、燃点、溶解度等，都对石油沥青的使用有影响。大气稳定性好的石油沥青耐久性好，耐用时间长。闪点和燃点直接影响石油沥青熬制温度的确定。

4. 石油沥青的技术标准和应用

石油沥青的主要技术标准以针入度、相应的软化点和延度等来表示，道路石油沥青和建筑石油沥青的技术标准见表 9-2。

表 9-2　道路石油沥青和建筑石油沥青的技术标准

项目	道路石油沥青					建筑石油沥青		
	200 号	180 号	140 号	100 号	60 号	40 号	30 号	10 号
针入度（25 ℃，100 g，5 s）/度（0.1 mm）	200～300	150～200	110～150	80～110	50～80	36～50	26～35	10～25
延度（25 ℃）/cm　≥	20	100	100	90	70	3.5	2.5	1.5
软化点/℃	30～48	35～48	38～51	42～55	45～58	60	75	95

续表

项目		道路石油沥青					建筑石油沥青		
		200号	180号	140号	100号	60号	40号	30号	10号
溶解度/%	≥	99					99		
蒸发损失/%	≤	1			—		1		
闪点(开口)/℃	≥	180	200	230			260		
薄膜烘箱试验	质量变化/%	—			报告				
	针入度比/%	—			报告				
	延度(25 ℃)/cm	—			报告				

道路石油沥青黏滞性差,塑性好,容易浸透和乳化,但弹性、耐热性和温度稳定性较差,主要用于拌制各种沥青混凝土或沥青砂浆,修筑路面和各种防渗、防护工程,还可用来配制填缝材料、黏结剂和防水材料。建筑石油沥青具有良好的防水性、黏滞性、耐热性及温度稳定性,但黏滞度大,延伸变形性能较差,主要用于制造防水卷材、配制沥青胶和沥青涂料。普通石油沥青性能较差,一般较少单独使用,可以作为建筑石油沥青的掺配材料。

5. 石油沥青的掺配

当单独使用一种牌号的石油沥青不能满足工程的耐热性要求时,可用两种或三种石油沥青进行掺配。掺量用下式计算:

$$\text{较软石油沥青掺量/\%}=\frac{\text{较硬石油沥青的软化点}-\text{要求石油沥青的软化点}}{\text{较硬石油沥青的软化点}-\text{较软石油沥青的软化点}}\times 100\%$$

$$\text{较硬石油沥青的掺量/\%}=100\%-\text{较软石油沥青的掺量}$$

经过试配,测定掺配后石油沥青的软化点,最终掺量以试配结果(掺量-软化点曲线)来确定满足要求软化点的配合比。如用三种石油沥青进行掺配,可先计算两种的掺量,然后再与第三种石油沥青进行掺配。

二、煤沥青

煤沥青是炼焦或生产煤气的副产品,烟煤干馏时所挥发的物质冷凝得到的黑色黏稠物质称为煤焦油,煤焦油再经分馏提取各种油品后的残渣即为煤沥青。煤沥青与石油沥青的主要区别见表 9-3。煤沥青中含有酚,有毒,防腐性好,适用于地下防水层或作防腐蚀材料。

表 9-3 煤沥青与石油沥青的主要区别

性质	煤沥青	石油沥青
密度/(g/cm^3)	1.25~1.28	近于 1.0
锤击	韧性差,较脆	韧性较好

续表

性质	煤沥青	石油沥青
颜色	浓黑色	灰亮褐色
溶解	难溶于汽油、煤油中，呈黄绿色	易溶于汽油、煤油中，呈棕黑色
温度敏感性	较差	较好
燃烧	烟多，黄色，臭味大，有毒	烟少，无色，有松香味，无毒
防水性	较差（含酚，能溶于水）	好
大气稳定性	较差	较好
抗腐蚀性	较好	差

三、改性沥青

对沥青进行氧化、乳化、催化或者掺入橡胶、树脂等物质，使沥青的性能发生不同程度的改善，得到的产品称为改性沥青。

1. 橡胶改性沥青

掺入橡胶（天然橡胶、丁基橡胶、氯丁橡胶、丁苯橡胶、再生橡胶）的沥青，使沥青具有一定橡胶特性，改善其气密性、低温柔性、耐化学腐蚀性、耐光性、耐气候性、耐燃烧性，可用于制作卷材、片材、密封材料或涂料。

2. 树脂改性沥青

掺入树脂可以提高沥青的耐寒性、耐热性、黏滞性和不透水性，常用品种有聚乙烯、聚丙烯、酚醛树脂等改性沥青。

3. 橡胶树脂改性沥青

在沥青中同时掺入橡胶和树脂，可使沥青同时具备橡胶和树脂的特性，性能更加优良。主要产品有片材、卷材、密封材料、防水涂料。

4. 矿物填充料改性沥青

矿物填充料改性沥青是指为了提高沥青的黏结力和耐热性，减小沥青的温度敏感性，加入一定数量矿物填充料（滑石粉、石灰粉、云母粉、硅藻土）的沥青。

9.2 防水卷材

防水卷材是一种可卷曲的片状制品，按组成材料分为沥青防水卷材、高聚物改性沥青卷材、合成高分子防水卷材三大类。

一、沥青防水卷材

沥青防水卷材是以沥青为主要浸涂材料所制成的可卷曲成卷状的柔性防水材料，分为有胎沥青防水卷材和无胎沥青防水卷材两大类。有胎沥青防水卷材以原纸、纤维毡、纤维布、金属箔、塑料膜等材料中的一种或数种复合为胎基，浸涂沥青、改性沥青或改性焦油，并用隔离材料覆盖其表面制成。无胎沥青防水卷材以橡胶或树脂、沥青、各种配合剂和填料为原料，经热熔混合后成型制成。沥青防水卷材成本低，但含蜡量高，延伸率小，温度稳定性差，在高温下易流淌，低温下易脆裂和龟裂，因此防水功能受到限制。其中的石油沥青纸胎油毡等，在很多地区已被禁止或限制使用。

1. 常用沥青防水卷材的性能

石油沥青玻璃纤维胎防水卷材是采用玻璃纤维薄毡为胎基，浸涂石油沥青，表面撒矿物粉料或覆盖聚乙烯薄膜等隔离材料制成的一种防水卷材，具有柔性好（在 0~10 ℃弯曲无裂纹）、耐化学微生物腐蚀、寿命长等优点。国家标准《石油沥青玻璃纤维胎防水卷材》（GB/T 14686—2008）规定：玻纤胎油毡幅宽为 1 000 mm，公称面积为 10 m^2、20 m^2。按单位面积质量分为 15 号、25 号两个标号。

2. 沥青防水卷材的贮存、运输和保管

不同类型、规格的产品不得混放；避免日晒雨淋，并注意通风；卷材应在 45 ℃以下立放，高度不应超过两层；运输时防止倾斜或侧压，必要时加盖苫布；人工搬运要轻拿轻放，避免出现不必要的损伤。产品保质期为一年。

二、高聚物改性沥青卷材

高聚物改性沥青卷材是以合成高分子聚合物改性沥青为涂盖层，纤维织物或纤维毡为基胎，粉状、粒状、片状或薄膜材料为防黏隔离层制成的防水卷材，具有高温不流淌、低温不脆裂、拉伸强度高、延伸率较大等优异性能。

1. 高聚物改性沥青卷材常用品种的性能及应用

高聚物改性沥青卷材常用品种有弹性体改性沥青防水卷材、塑性体改性沥青防水卷材等。高聚物改性沥青有 SBS、APP、PVC 和再生胶改性沥青等。

（1）弹性体（SBS）改性沥青防水卷材

弹性体（SBS）改性沥青防水卷材是以苯乙烯-丁二烯-苯乙烯（SBS）热塑性弹性体作改性剂，以聚酯毡、玻纤毡、玻纤增强聚酯毡为胎基，两面覆盖聚乙烯膜、细砂、粉料或矿物粒（片）料等隔离材料制成的防水卷材，简称 SBS 卷材，属弹性体卷材。

国家标准《弹性体改性沥青防水卷材》（GB 18242—2008）规定：SBS 卷材按胎基分为聚酯毡（PY）、玻纤毡（G）、玻纤增强聚酯毡（PYG）。按上表面隔离材料分为聚乙烯膜（PE）、细砂（S）、矿物粒料（M），下表面隔离材料为聚乙烯膜（PE）、细砂（S）。按材料性能可分为Ⅰ型、

Ⅱ型。卷材公称宽度 1 000 mm，聚酯毡卷材公称厚度为 3 mm、4 mm、5 mm，玻纤毡卷材公称厚度为 3 mm、4 mm，玻纤增强聚酯毡卷材公称厚度为 5 mm，每卷卷材公称面积为 7.5 m^2、10 m^2、15 m^2。弹性体(SBS)改性沥青防水卷材性能见表 9-4。

表 9-4 弹性体(SBS)改性沥青防水卷材性能

序号	项目		指标				
			Ⅰ		Ⅱ		
			PY	G	PY	G	PYG
1	可溶物含量/(g/m^2) ≥	3 mm	2 100				—
		4 mm	2 900				—
		5 mm	3 500				
		试验现象	—	胎基不燃	—	胎基不燃	—
2	耐热性	温度/℃	90		105		
		不大于	2 mm				
		试验现象	无流淌、滴落				
3	低温柔性/℃		-20		-25		
			无裂缝				
4	不透水性(30 min)		0.3 MPa	0.2 MPa	0.3 MPa		
5	拉力/(N/50 mm)	最高峰拉力 ≥	500	350	800	500	900
		次高峰拉力 ≥	—	—	—	—	800
		试验现象	拉伸过程中，试件中部无沥青涂盖层开裂或胎基分离现象				
6	延伸率/%	最大峰时延伸率 ≥	30	—	40	—	—
		第二峰时延伸率 ≥	—		—		15
7	浸水后质量增加/% ≤	PE、S	1.0				
		M	2.0				
8	热老化	拉力保持率/%	≥90				
		延伸率保持率/%	≥80				
		低温柔性/℃	-15		-20		
			无裂缝				
		尺寸变化率/% ≤	0.7	—	0.7	—	0.3
		质量损失/% ≤	1.0				
9	渗油性	张数	≤2				
10	接缝剥离强度/(N/mm)		≥1.5				

续表

序号	项目		指标				
			I		II		
			PY	G	PY	G	PYG
11	钉杆撕裂强度[a]/N ≥		—				300
12	矿物粒料黏附性[b]/g ≤		2.0				
13	卷材下表面沥青涂盖层厚度[c]/mm		1.0				
14	人工气候加速老化	外观	无滑动、流淌、滴落				
		拉力保持率/%	80				
		低温柔性/℃	-15		-20		
			无裂缝				

注：a 仅适用于单层机械固定施工方式防水卷材。

b 仅适用于矿物粒料表面的卷材。

c 仅适用于热熔施工的卷材。

弹性体(SBS)改性沥青防水卷材力学性能好，耐水性、耐腐蚀性能也很好，弹性和低温性能有明显改善，主要适用于工业与民用建筑的屋面和地下防水工程，更适合北方寒冷地区建筑物的防水。玻纤增强聚酯毡防水卷材可用于机械固定单层防水，但需通过抗风荷载试验；玻纤毡防水卷材适用于多层防水中的底层防水。外露使用时采用上表面隔离材料为不透明的矿物粒料的防水卷材。地下工程防水采用表面隔离材料为细砂的防水卷材。

（2）塑性体(APP)改性沥青防水卷材

塑性体(APP)改性沥青防水卷材是以聚酯毡、玻纤毡、玻纤增强聚酯毡为胎基，无规聚丙烯或聚烯烃类聚合物作改性剂，两面覆隔离材料所制成的防水卷材，简称 APP 卷材。卷材的品种、规格、外观要求同 SBS 卷材。其性能应符合国家标准《塑性体改性沥青防水卷材》(GB 18243—2008)的规定，见表 9-5。

表 9-5 塑性体(APP)改性沥青防水卷材性能

序号	项目		指标				
			I		II		
			PY	G	PY	G	PYG
1	可溶物含量/(g/m^2) ≥	3 mm	2 100				—
		4 mm	2 900				—
		5 mm	3 500				
		试验现象	—	胎基不燃	—	胎基不燃	—

续表

序号	项目		指标				
			I		II		
			PY	G	PY	G	PYG
2	耐热性	温度/℃	110		130		
		不大于	2 mm				
		试验现象	无流淌、滴落				
3	低温柔性/℃		-7		-15		
			无裂缝				
4	不透水性(30 min)		0.3 MPa	0.2 MPa	0.3 MPa		
5	拉力/(N/50 mm)	最高峰拉力 ≥	500	350	800	500	900
		次高峰拉力 ≥	—	—	—	—	800
		试验现象	拉伸过程中,试件中部无沥青涂盖层开裂或胎基分离现象				
6	延伸率/%	最大峰时延伸率 ≥	25	—	40	—	—
		第二峰时延伸率 ≥	—		—		15
7	浸水后质量增加/% ≤	PE、S	1.0				
		M	2.0				
8	热老化	拉力保持率/%	≥90				
		延伸率保持率/%	≥80				
		低温柔性/℃	-2		-10		
			无裂缝				
		尺寸变化率/% ≤	0.7	—	0.7	—	0.3
		质量损失/% ≤	1.0				
9	接缝剥离强度/(N/mm)		≥1.0				
10	钉杆撕裂强度[a]/N ≤		—				300
11	矿物粒料黏附性[b]/g ≤		2.0				
12	卷材下表面沥青涂盖层厚度[c]/mm		1.0				
13	人工气候加速老化	外观	无滑动、流淌、滴落				
		拉力保持率/%	80				
		低温柔性/℃	-2		-10		
			无裂缝				

注:a 仅适用于单层机械固定施工方式防水卷材。

b 仅适用于矿物粒料表面的卷材。

c 仅适用于热熔施工的卷材。

塑性体(APP)改性沥青防水卷材与弹性体(SBS)改性沥青防水卷材相比,耐低温性稍低,耐热度更好,而且有良好的耐紫外线老化性能,除适用于一般屋面和地下防水工程外,更适用于高温炎热或有紫外线辐照地区的建筑物的防水。

(3) 自粘聚合物改性沥青防水卷材

自粘聚合物改性沥青防水卷材是以自粘聚合物改性沥青为基料,非外露使用的无胎基或采用聚酯胎基增强的本体自粘防水卷材。

国家标准《自粘聚合物改性沥青防水卷材》(GB 23441—2009)规定:自粘聚合物改性沥青防水卷材按有无胎基增强分为N类(无胎基)、PY类(聚酯胎基),N类按上表面材料分为聚乙烯膜(PE)、聚酯膜(PET)、无膜双面自粘(D)。按性能分为Ⅰ型和Ⅱ型,卷材厚度为2 mm的PY类只有Ⅰ型。自粘聚合物改性沥青防水卷材公称宽度为1 000 mm、2 000 mm,公称面积为10 m^2、15 m^2、20 m^2、30 m^2。N类卷材厚度为1.2 mm、1.5 mm、2.0 mm,PY类卷材厚度为2 mm、3 mm、4 mm。

2. 高聚物改性沥青防水卷材的贮存、运输和保管

不同品种、标号、规格的产品应有明显标记,不得混放;卷材应存放在远离火源、通风、干燥的室内,防止日晒、雨淋和受潮;SBS卷材、APP卷材贮存温度不应高于50 ℃,自粘聚合物改性沥青防水卷材贮存温度不应高于45 ℃;卷材立放贮存时单层堆放,运输过程中立放不超过两层,不得倾斜或横压,必要时加盖苫布,自粘聚合物改性沥青防水卷材平放贮存时不超过5层;卷材应避免与化学介质及有机溶剂等有害物质接触。

三、合成高分子防水卷材

合成高分子防水卷材是以合成橡胶、合成树脂或两者的共混体为基础,加入适量的助剂和填充料等,经过特定工序所制成的防水卷材。合成高分子防水卷材具有强度高、延伸率大、弹性高、高低温特性好、防水性能优异等特点,而且彻底改变了沥青防水卷材施工条件差、污染环境等缺点,是值得大力推广的新型高档防水卷材。其多用于要求有良好防水性能的屋面、地下防水工程。

新材料——热塑性聚烯烃(TPO)防水卷材

合成高分子防水卷材种类很多,最具代表性的有以下几种:

1. 三元乙丙橡胶(EPDM)防水卷材

三元乙丙橡胶防水卷材是以三元乙丙橡胶为主要原料,掺入适量的丁基橡胶、硫化剂、软化剂、补强剂等,经混炼、拉片、过滤、压延或挤出成型、硫化等工序加工而成的防水卷材。三元乙丙橡胶防水卷材有硫化型(JL)和非硫化型(JF)两类。规格中厚度有1.0 mm、1.2 mm、1.5 mm、1.8 mm、2.0 mm,宽度有1.0 m、1.1 m、1.2 m,长度不小于20 m。

三元乙丙橡胶防水卷材是耐老化性能最好的一种卷材,使用寿命可达30年以上。它具有

防水性好、质量轻（1.2～2.0 kg/m²）、耐候性好、耐臭氧性好、弹性好、抗拉强度高（大于7.5 MPa）、抗裂性强（延伸率在450%以上）、耐酸碱腐蚀等特点，广泛应用于工业和民用建筑的屋面工程，适合于外露防水层的单层或多层防水（如易受振动、易变形的建筑防水工程，有刚性防水层或倒置式屋面及地下室、桥梁、隧道防水），并可以冷施工，目前在国内属高档防水材料。三元乙丙橡胶防水卷材的主要物理性能见表9-6。

表9-6 三元乙丙橡胶防水卷材的主要物理性能

项目		性能指标
断裂拉伸强度/MPa ≥		7.5
扯断伸长率/% ≥		450
撕裂强度/(kN/m) ≥		25
不透水性(30 min 无渗漏)		0.3 MPa
低温弯折/℃ ≤		-40
加热伸缩量/mm		延伸≤2，收缩≤4
热老化保持率（80 ℃×168 h） ≥	断裂拉伸强度	80%
	扯断伸长率	70%

2. 聚氯乙烯（PVC）防水卷材

聚氯乙烯（PVC）防水卷材是以聚氯乙烯树脂为主要原料，加入一定量的改性剂、增塑剂等助剂和填充料，经混炼、造粒、挤出压延、冷却、分卷包装等工序制成的柔性防水卷材。国家标准《聚氯乙烯（PVC）防水卷材》（GB 12952—2011）规定，聚氯乙烯防水卷材按组成分为五类：H类（均质卷材）、L类（带纤维背衬卷材）、P类（织物内增强卷材）、G类（玻璃纤维内增强卷材）、GL类（玻璃纤维内增强带纤维背衬卷材）。卷材公称长度规格为15 m、20 m、25 m，公称宽度为1 m、2 m，厚度规格为1.2 mm、1.5 mm、1.8 mm、2.0 mm。

聚氯乙烯防水卷材的特点是价格便宜，抗拉强度和断裂伸长率较高，对基层伸缩、开裂、变形的适应性强，低温柔性好，可在较低的温度下施工和应用。卷材的搭接除了可用黏结剂外，还可以用热空气焊接的方法，接缝处严密。

与三元乙丙橡胶防水卷材相比，除在一般工程中使用外，聚氯乙烯防水卷材更适用于刚性层下的防水层及旧建筑混凝土结构屋面的修缮工程，以及有一定耐腐蚀要求的室内地面工程的防水、防渗工程等。聚氯乙烯防水卷材的主要物理性能见表9-7。

表 9-7 聚氯乙烯防水卷材的主要物理性能

序号	项目			指标				
				H	L	P	G	GL
1	中间胎基上面树脂层厚度/mm		≥	—		0.40		
2	拉伸性能	最大拉力/(N/cm)	≥	—	120	250	—	120
		拉伸强度/MPa	≥	10.0	—	—	10.0	—
		最大拉力时伸长率/%	≥	—	—	15	—	—
		断裂伸长率/%	≥	200	150	—	200	100
3	热处理尺寸变化率/%		≤	2.0	1.0	0.5	0.1	0.1
4	低温弯折性			−25 ℃无裂纹				
5	不透水性			0.3 MPa，2 h不透水				
6	抗冲击性能			0.5 kg·m，不渗水				
7	抗静态荷载[a]			—	—	20 kg不渗水		
8	接缝剥离强度/(N/mm)		≥	4.0或卷材破坏		3.0		
9	直角撕裂强度/(N/mm)		≥	50	—	—	50	—
10	梯形撕裂强度/N		≥	—	150	250	—	220
11	吸水率(70 ℃，168 h)/%	浸水后	≤	4.0				
		晾置后	≥	−0.40				
12	热老化(80 ℃)	时间/h		672				
		外观		无起泡、裂纹、分层、黏结和孔洞				
		最大拉力保持率/%	≥	—	85	85	—	85
		拉伸强度保持率/%	≥	85	—	—	85	—
		最大拉力时伸长率保持率/%	≥	—	—	80	—	—
		断裂伸长率保持率/%	≥	80	80	—	80	80
		低温弯折性		−20 ℃无裂纹				
13	耐化学性	外观		无起泡、裂纹、分层、黏结和孔洞				
		最大拉力保持率/%	≥	—	85	85	—	85
		拉伸强度保持率/%	≥	85	—	—	85	—
		最大拉力时伸长率保持率/%	≥	—	—	80	—	—
		断裂伸长率保持率/%	≥	80	80	—	80	80
		低温弯折性		−20 ℃无裂纹				

续表

序号	项目			指标				
				H	L	P	G	GL
14	人工气候加速老化[c]	时间/h		1 500[b]				
		外观		无起泡、裂纹、分层、黏结和孔洞				
		最大拉力保持率/%	≥	—	85	85	—	85
		拉伸强度保持率/%	≥	85	—	—	85	—
		最大拉力时伸长率保持率/%	≥	—	—	80	—	—
		断裂伸长率保持率/%	≥	80	80	—	80	80
		低温弯折性		-20 ℃无裂纹				

注:a　抗静态荷载仅对用于压铺屋面的卷材要求。

b　单层卷材屋面使用产品的人工气候加速老化时间为 2 500 h。

c　非外露使用的卷材不要求测定人工气候加速老化。

3. 氯化聚乙烯-橡胶共混防水卷材

氯化聚乙烯-橡胶共混防水卷材是以氯化聚乙烯树脂和适量的丁苯橡胶为主要原料,加入多种化学助剂,经密炼、过滤、挤出成型、硫化等工序加工制成的防水卷材。卷材长度规格为 20 m,厚度规格为 1.2 mm、1.5 mm、2.0 mm,幅宽为 1 000 mm、1 100 mm、1 200 mm 三种。

氯化聚乙烯-橡胶共混防水卷材兼有橡胶和塑料的特点,具有优异的高弹性、高延伸性和良好的低温柔性,对地基沉降、混凝土收缩的适应性强。此类防水卷材的性能接近于三元乙丙橡胶防水卷材,但其原料丰富,价格低于三元乙丙橡胶防水卷材,适用于寒冷地区或变形较大的建筑防水工程。氯化聚乙烯-橡胶共混防水卷材的主要物理性能见表 9-8。

表 9-8　氯化聚乙烯-橡胶共混防水卷材的主要物理性能

项目			指标
拉伸强度/MPa	≥		7.0
断裂伸长率/%	≥		400
直角撕裂强度/(kN/m)	≥		24.5
不透水性(压力 0.3 MPa,30 min)			不透水
热老化保持率/%[(80±2)℃,168 h]	≥	拉伸强度	80
		断裂伸长率	70
脆性温度/℃	≤		-40
加热收缩率/%	<		1.2

9.3 防水涂料

防水涂料是以沥青、合成高分子等为主体，在常温下呈无定型流态或半固态，涂布在建筑或构筑物表面能形成坚韧的防水膜材料的总称。

根据组分不同，防水涂料可分为单组分防水涂料和双组分防水涂料。单组分防水涂料使用方便，靠溶剂或水分的挥发固化成膜。双组分防水涂料在施工时按一定比例将甲、乙两个组分混合、搅拌、涂布，两组分自然发生化学反应，固化成膜。

按涂料的类型可将涂料分为溶剂型、水乳型和反应型三类。

按涂料成膜物质的主要成分可分为沥青基防水涂料、高聚物改性沥青防水涂料和合成高分子防水涂料三类。

一、沥青基防水涂料

沥青基防水涂料主要成膜物质是沥青，有溶剂型和水乳型两种。

1. 溶剂型石油沥青防水涂料

将石油沥青直接溶于汽油等有机溶剂中，制成沥青溶液，即为溶剂型石油沥青防水涂料。由于该涂料涂刷后涂膜很薄，不宜单独作防水涂料使用，可作油毡等施工时的基层处理剂。

2. 水乳型石油沥青防水涂料

将石油沥青分散于水中，成为稳定的水分散体，即为水乳型石油沥青防水涂料。根据沥青颗粒大小，又可分为乳胶体和悬浮体。

（1）水性石棉沥青防水涂料

将石棉和水组成悬浮液，再将熔化的石油沥青加入其中，强烈搅拌，即成为水性石棉沥青防水涂料。

石棉纤维具有改性作用，使涂料在贮存稳定性、耐水性、耐裂性、耐候性等方面较一般乳化沥青好，可形成较厚的涂膜，可单独作防水涂料使用。施工时采用冷施工，只要基层不积水，即使潮湿，也可施工。与溶剂型防水涂料相比，水性石棉沥青防水涂料无毒无味，操作方便、安全，成本较低，可满足一般防水要求。

（2）石灰乳化沥青防水涂料

以石油沥青为基料，石灰膏为分散体，石棉绒为填料，搅拌而成。生产工艺简单，施工时现配现用。

这种沥青浆膏成本较低，石灰膏在沥青中形成蜂窝状骨架，耐热性较好，涂膜较厚，在5~30 ℃施工，但石油沥青未改性，耐低温性能较差。石灰乳化沥青防水涂料和聚氯乙烯胶、泥配合,可用于砂浆找平层屋面防水。

(3) 膨润土乳化沥青防水涂料

以优质石油沥青为基料,膨润土为分散剂,经搅拌而成。这种厚质防水涂料可在潮湿但无积水的基层上施工,涂膜耐水性很好,黏结性强,耐热性好,冷施工,施工方法简单,不污染环境。

膨润土乳化沥青防水涂料一般和胎体增强材料配合使用,用于工业与民用建筑屋面、地下工程以及厕浴间等工程防水防潮。

二、高聚物改性沥青防水涂料

高聚物改性沥青防水涂料是用再生橡胶、合成橡胶或SBS树脂对沥青进行改性而制成的水乳型或溶剂型防水涂料。用再生橡胶改性,可改善沥青的低温冷脆性,增强抗裂性,增加弹性;用合成橡胶改性,可改善沥青的气密性、耐化学性、耐光性、耐候性;用SBS树脂改性,可改善沥青的弹塑性、延伸性、抗拉强度、耐化学性及耐高低温性。

高聚物改性沥青防水涂料品种有再生橡胶改性沥青防水涂料、氯丁橡胶改性沥青防水涂料、SBS橡胶改性沥青防水涂料等。

1. 再生橡胶改性沥青防水涂料

(1) 溶剂型再生橡胶改性沥青防水涂料

溶剂型再生橡胶改性沥青防水涂料以再生橡胶为改性剂,汽油为溶剂,添加其他填料(滑石粉、碳酸钙等),经加热搅拌而成。产品改善了沥青基防水涂料的柔韧性、耐久性等性能,原料来源广泛、成本低、生产简单。溶剂型再生橡胶改性沥青防水涂料性能见表9-9。

表9-9 溶剂型再生橡胶改性沥青防水涂料性能

项目	性能
外观	黑色黏稠液体
耐热性[(80±2)℃,垂直放置5 h]	无变化
黏结力/MPa[(20±2)℃,十字交叉法测抗拉强度]	0.2~0.4
柔性(-10~28 ℃,绕ϕ10 mm圆棒弯曲)	无网纹、无裂纹、无剥落
透水性(0.2 MPa动水压,2 h)	不透水
耐碱性(20 ℃,饱和$Ca(OH)_2$溶液浸泡20 d)	无剥落、起泡、分层、起皱
耐酸性(1% H_2SO_4溶液浸泡15 d)	无剥落、起泡、分层、起皱

溶剂型再生橡胶改性沥青防水涂料在常温和低温下都能施工。该产品适用于工业与民用建筑屋面、地下室、水池、冷冻库、桥梁、涵洞等工程的抗渗、防潮、防水,以及油毡屋面的维修和翻修。

(2) 水乳型再生橡胶改性沥青防水涂料

溶剂型再生橡胶改性沥青防水涂料如用水代替汽油,就得到水乳型再生橡胶改性沥青防水涂料,其性能见表 9-10。

表 9-10 水乳型再生橡胶改性沥青防水涂料性能

项目	性能
外观	黑色黏稠液体
耐热性[(80±2)℃,垂直放置 5 h]	无变化
黏结力/MPa(8 字模法)	≥0.2
柔性(-10 ℃,绕 ϕ10 mm 圆棒弯曲)	无裂纹
固含量/%	≥43

水乳型再生橡胶改性沥青防水涂料可在潮湿但无积水的基层上施工,适用于工业与民用建筑混凝土基层屋面及地下混凝土建筑防潮、防水。

2. 氯丁橡胶改性沥青防水涂料

氯丁橡胶改性沥青防水涂料有溶剂型和水乳型两类。

溶剂型氯丁橡胶改性沥青防水涂料是将氯丁橡胶和石油沥青溶于芳烃溶剂(苯或二甲苯)中形成一种混合胶体溶液,常用于工业与民用建筑混凝土基层、屋面防水层、水池、地下室的抗渗、防潮,以及防腐蚀地坪的隔离层和旧油毡屋面的维修等防水工程。溶剂型氯丁橡胶改性沥青防水涂料的性能见表 9-11。

表 9-11 氯丁橡胶改性沥青防水涂料的性能

项目	性能	
	溶剂型	水乳型
外观	黑色黏稠液体	深棕色黏稠液体
耐热性(85 ℃,5 h)	无变化	无变化
黏结力/MPa	≥0.25	≥0.20
柔性(-40 ℃,1 h,绕 ϕ5 mm 圆棒弯曲)	无裂纹	无裂纹
透水性(0.2 MPa 动水压,3 h)	不透水	不透水
耐碱性(20 ℃,饱和 $Ca(OH)_2$ 溶液浸泡 15 d)	无变化	
固含量/%		≥43
涂膜干燥时间/h		表干≤4,实干≤24

水乳型氯丁橡胶改性沥青防水涂料是以阳离子氯丁胶乳和阴离子沥青乳液混合而成的。以水代替溶剂，成本低、无毒，常用于各类工业与民用建筑混凝土屋面、地下混凝土工程、厕浴间、室内地面的防潮、防水、抗渗，以及旧屋面防水工程的翻修和防腐蚀地坪的隔离防水层等。水乳型氯丁橡胶改性沥青防水涂料的性能见表9-11。

三、防水涂料的贮运及保管

防水涂料的包装容器必须密封严实，容器表面应有标明涂料名称、生产厂家、生产日期和产品有效期的明显标志；贮运及保管的环境温度不得低于0 ℃；严防日晒、碰撞，渗漏；应存放在干燥、通风、远离火源的室内，料库内应配备专门用于扑灭有机溶剂挥发物引起的火灾的消防措施；运输时，运输工具、车轮应有接地措施，防止静电起火。

四、常用防水涂料的性能及用途

常用防水涂料的性能及用途见表9-12。

表9-12　常用防水涂料的性能及用途

类别	性能	用途
石灰乳化沥青防水涂料	耐候性好，但延伸率低	适用于工业及民用建筑的复杂屋面和青灰屋面防水，也可涂于屋顶钢筋板面和用于油毡屋面防水
再生橡胶改性沥青防水涂料	有一定的柔韧性和耐水性，常温下冷施工，安全可靠	适用于工业及民用建筑的保温屋面、地下室、洞体、冷库地面等的防水
硅橡胶防水涂料	防水性、成膜性、弹性、黏结性好，安全无毒	地下工程、蓄水池、厕浴间、屋面的防水
PVC防水涂料	具有弹塑性，能适应基层的一般开裂或变形	可用于屋面及地下工程、蓄水池、水沟、天沟的防腐和防水
三元乙丙橡胶防水涂料	具有高强度、高弹性、高延伸率，施工方便	可用于宾馆、办公楼、厂房、仓库、宿舍的建筑屋面和地面防水
氯磺化聚乙烯防水涂料	涂层附着力高，耐腐蚀，耐老化	可用于地下工程、海洋工程、石油化工、建筑屋面及地面的防水
聚丙烯酸酯防水涂料	黏结性强，防水性好，延伸率高，耐老化，能适应基层的开裂变形，冷施工	广泛应用于中、高级建筑工程的各种防水工程，平面、立面均可施工
聚氨酯防水涂料	强度高，耐老化性能优异，延伸率高，黏结力强	用于建筑屋面的隔热防水工程，地下室、厕浴间的防水，也可用于彩色装饰性防水
粉状黏性防水涂料	属于刚性防水，涂层寿命长，经久耐用，不存在老化问题	适用于建筑屋面、厨房、厕浴间、坑道、隧道地下工程防水

9.4 建筑密封材料

建筑密封材料又称嵌缝材料,分为定形(密封条、压条)和不定形(密封膏或密封胶)两类。建筑密封材料嵌入建筑接缝中,可以防尘、防水、隔气,具有良好的黏附性、耐老化性和温度适应性,能长期承受被黏附物体的振动,收缩而不破坏。

一、建筑密封材料的分类

按原材料及其性能,不定形密封材料可分为塑性密封膏、弹塑性密封膏和弹性密封膏。

1. 塑性密封膏

塑性密封膏是以改性沥青和煤焦油为主要原料制成的。其价格低,具有一定的塑性和耐久性,但弹性和延伸性差,使用年限在10年以下。

2. 弹塑性密封膏

弹塑性密封膏以聚氯乙烯胶泥及各种塑料油膏为主。其弹性较低,塑性较大,延伸和黏结力较好,使用年限在10年以上。

3. 弹性密封膏

弹性密封膏是以聚硫橡胶、有机硅橡胶、氯丁橡胶、聚氨酯和丙烯酸萘为主要原料制成的。其性能好,使用年限在20年以上。

二、工程常用密封膏

1. 建筑防水沥青嵌缝油膏

建筑防水沥青嵌缝油膏是以石油沥青为基料,加入改性材料、稀释剂及填充料混合而成。改性材料有废橡胶粉和硫化鱼油,稀释剂有松节油、机油,填充料有石棉绒和滑石粉。其技术性能应符合建筑材料行业标准《建筑防水沥青嵌缝油膏》(JC/T 207—2011)的规定,见表9-13。

表9-13 建筑防水沥青嵌缝油膏的技术性能

项目	技术指标	
	702	801
密度/(g/cm^3) ≥	规定值[a]±0.1	
施工度/mm ≥	22.0	20.0
耐热性	70 ℃下垂度不小于4.0 mm	80 ℃下垂度不小于4.0 mm
低温柔性	-20 ℃时无裂纹、无剥离	-10 ℃时无裂纹、无剥离

续表

项目	技术指标	
	702	801
拉伸黏结性	≥125%	
浸水后拉伸黏结性	≥125%	
浸出性	渗出幅度≤5 mm,渗出张数≤4 张	
挥发性	≤2.8%	

注:a 规定值由生产商提供或供需双方商定。

建筑防水沥青嵌缝油膏主要用作屋面、墙面、沟和槽的防水嵌缝材料。使用建筑防水沥青嵌缝油膏嵌缝时,缝内应洁净干燥,先刷涂冷底子油一道,待其干燥后即嵌填油膏。油膏表面可加石油沥青、油毡、砂浆、塑料为覆盖层。

2. 聚氯乙烯建筑防水接缝材料

聚氯乙烯建筑防水接缝材料是以聚氯乙烯(含 PVC 废料)和焦油为基料,同增塑剂、稳定剂、填充剂等共混,经塑化或热熔而成,呈黑色黏稠状或块状。其技术性能应符合建筑材料行业标准《聚氯乙烯建筑防水接缝材料》(JC/T 798—1997)的规定,见表 9-14。

表 9-14 聚氯乙烯建筑防水接缝材料的技术性能

项目	技术指标	
	801	802
密度/(g/cm^3)	规定值[a]±0.1	
下垂度/mm(80 ℃)	≤4.0	
低温柔性	-10 ℃时无裂缝	-20 ℃时无裂缝
拉伸黏结性	最大延伸率≥300%,最大抗拉强度为 0.02~0.15 MPa	
浸水后拉伸黏结性	最大延伸率≥250%,最大抗拉强度为 0.02~0.5 MPa	
恢复率	≥80%	
挥发性	热熔型 PVC 接缝材料≤3%	

注:a 规定值是指企业标准或产品说明书所规定的密度值。

聚氯乙烯建筑防水接缝材料具有良好的黏结性、防水性、弹塑性,耐热、耐寒、耐腐蚀和抗老化性能也较好,可以热用,也可以冷用。其适用于各种屋面嵌缝或表面涂布作为防水层,也可用于水渠、管道等接缝,用于工业厂房自防水屋面嵌缝、大型墙板嵌缝等的效果也很好。

3. 聚氨酯建筑密封胶

聚氨酯建筑密封胶是由多异氰酸酯与聚醚通过加成反应制成预聚体后,加入固化剂、助剂等在常温下交联固化而成的一类高弹性建筑密封胶。建筑材料行业标准《聚氨酯建筑密封胶》(JC/T 482—2003)规定:聚氨酯建筑密封胶按包装形式可分为单组分(Ⅰ)和多组分(Ⅱ)两个品种,按流动性可分为非下垂型(N)和自流平型(L)两个类型,按位移能力可分为25、20两个级别,按拉伸模量可分为高模量(HM)和低模量(LM)两个次级别。聚氨酯建筑密封胶的主要技术性能应符合表9-15的要求。

表9-15 聚氨酯建筑密封胶的主要技术性能

<table>
<tr><th colspan="2" rowspan="2">项目</th><th colspan="3">指标</th></tr>
<tr><th>20 HM</th><th>25 LM</th><th>20 LM</th></tr>
<tr><td colspan="2">密度/(g/cm³)</td><td colspan="3">规定值±0.1</td></tr>
<tr><td rowspan="2">流动性</td><td>下垂度(N型)</td><td colspan="3">≤3mm</td></tr>
<tr><td>流平性(L型)</td><td colspan="3">光滑平整</td></tr>
<tr><td colspan="2">表干时间/h</td><td colspan="3">≤24</td></tr>
<tr><td colspan="2">挤出性[a]/(mL/min)</td><td colspan="3">≥80</td></tr>
<tr><td colspan="2">适用期[b]/h</td><td colspan="3">≥1</td></tr>
<tr><td colspan="2">弹性恢复率/%</td><td colspan="3">≥70</td></tr>
<tr><td colspan="2">质量损失率/%</td><td colspan="3">≤7</td></tr>
<tr><td colspan="2">浸水后定伸黏结性</td><td colspan="3">无破坏</td></tr>
<tr><td colspan="2">定伸黏结性</td><td colspan="3">无破坏</td></tr>
<tr><td colspan="2">冷拉热压后的黏结性</td><td colspan="3">无破坏</td></tr>
<tr><td rowspan="2">拉伸模量/MPa</td><td>23 ℃</td><td rowspan="2">>0.4或>0.6</td><td colspan="2" rowspan="2">≤0.4或≤0.6</td></tr>
<tr><td>-20 ℃</td></tr>
</table>

注:a 此项仅适用于单组分产品。

b 此项仅适用于多组分产品,允许采用供需双方商定的其他指标值。

聚氨酯建筑密封胶对金属、混凝土、玻璃、木材等均有良好的黏结性能。其具有弹性大、延伸率大、黏结性好、耐低温、耐水、耐油、耐酸碱、抗疲劳及使用年限长等优点,广泛应用于墙板、屋面、伸缩缝等勾缝部位的防水密封工程,以及给排水管道、蓄水池、游泳池、道路桥梁、机场跑道等工程的接缝密封与渗漏修补,也可用于玻璃、金属材料的嵌缝。

4. 聚硫建筑密封胶

聚硫建筑密封胶是以液态聚硫橡胶为主剂,以金属过氧化物(多数以二氧化铅)为固化剂,加入增塑剂、增韧剂、填充剂及着色剂配制而成的双组分密封材料。目前国内双组分聚硫密封材料的品种较多,这类产品按延伸率和模量分为A类和B类。A类是低延伸率、高模量的聚硫密封胶;B 类是高延伸率、低模量的聚硫密封胶。

聚硫建筑密封胶具有良好的耐候性、耐油、耐湿热、耐水、耐低温等性能,能承受持续和明显的循环位移,抗撕裂性强,对金属(钢、铝等)和非金属(混凝土、玻璃、木材等)材质均具有良好的黏结力,可在常温下或加温条件下固化。

聚硫建筑密封胶可用于高层建筑接缝及窗框周围防水、防尘密封,中空玻璃的周边密封,建筑门窗玻璃装嵌密封,游泳池、储水槽、上下管道、冷藏库等接缝的密封,特别适用于自来水厂、污水处理厂等。

三、建筑密封材料的贮运及保管

建筑密封材料的贮运及保管应遵守下列规定:应避开火源、热源,避免日晒、雨淋,防止碰撞,保持包装完好无损;外包装应贴有明显的标记,标明产品的名称、生产厂家、生产日期和使用有效期;应分类贮放在通风、阴凉的室内。

四、常用建筑密封材料的性能与用途

常用建筑密封材料的性能与用途见表 9-16。

表 9-16 常用建筑密封材料的性能与用途

品种	性能	用途
有机硅酮密封胶	对硅酸盐制品、金属、塑料具有良好的黏结性,具有耐水、耐热、耐低温、耐老化等性能	适用于窗玻璃、大型玻璃幕墙、贮槽、水族箱、卫生陶瓷等接缝密封
聚硫建筑密封胶	对金属、混凝土、玻璃、木材具有良好的黏结性,具有耐水、耐油、耐老化、耐化学腐蚀等性能	适用于中空玻璃、混凝土、金属结构的接缝密封,也适用于耐油、耐试剂要求的车间,实验室的地板、墙板密封和一般建筑、土木工程的各种接缝密封
聚氨酯建筑密封胶	对混凝土、金属、玻璃具有良好的黏结性,具有良好的弹性、延伸性、耐疲劳性、耐候性	适用于建筑物屋面、墙板、地板、窗框、卫生间的接缝密封,也适用于混凝土结构的伸缩缝、沉降缝和高速公路、机场跑道、桥梁等土木工程的嵌缝密封
丙烯酸酯密封膏	具有良好的黏结性、耐候性和一定的弹性,可在潮湿基层上施工	适用于室内墙面、地板、门窗框、卫生间的接缝以及室外小位移量的建筑缝密封
氯丁橡胶密封膏	具有良好的黏结性、延伸性、耐候性、弹性	
聚氯乙烯接缝材料	具有良好的弹塑性、延伸性、黏结性、防水性、耐腐蚀性,耐热、耐寒性,耐候性较好	适用于各种坡度的建筑屋面和耐腐蚀要求的屋面的接缝防水以及水利设施、地下管道的接缝防渗

续表

品种	性能	用途
改性沥青油膏	具有良好的黏结性、柔韧性、低温柔性,可冷施工	适用于屋面板、墙板等装配式建筑构件间的接缝嵌填,以及小位移量的各种建筑接缝的防水密封

复习思考题

1. 什么是石油沥青?按用途可分为哪几类?

2. 石油沥青由哪几种组分组成,分别对沥青的性能有何影响?

3. 如何划分石油沥青的牌号?建筑工程中常用的牌号有哪几种?

4. 石油沥青和煤沥青的区别有哪些?如何判断沥青质量的好坏?

5. 常用的改性沥青有哪几种?各有何特点?

6. 什么是防水卷材?如何分类?各类卷材的主要品种及性能、用途是什么?

7. 常用的防水涂料有哪几种?其性能及用途如何?

8. 什么是建筑密封材料?不定形密封材料主要品种及应用有哪些?

9. 某工程需要软化点为65 ℃的石油沥青胶,工地现有30号和60号两种沥青,经试验其软化点分别为70 ℃和45 ℃,试计算这两种沥青的掺配比例。

单元10

绝热材料和吸声材料

了解:常用绝热材料的品种及常用吸声材料的品种。

熟悉:影响绝热材料绝热性能好坏的因素及影响吸声材料吸声效果好坏的因素。

掌握:绝热材料的绝热原理,吸声材料的吸声原理。

10.1 绝热材料

一、绝热材料的作用及基本要求

在建筑中,习惯上把用于控制室内热量外流的材料称为保温材料,把防止室外热量进入室内的材料称为隔热材料。保温、隔热材料统称为绝热材料。

1. 绝热材料的作用

众所周知,热量总是由高温向低温传递。如室内的空气与室外的空气之间存在着温度差,就会通过房屋围护结构(主要是外墙、门窗、屋顶等)产生传热现象。冬天,由于室内气温高于室外气温,热量从室内经围护结构向外传递,造成热损失。夏天,室外气温高,热量的传递方向相反,即热量经由围护结构传至室内而使室温升高。

为了保持室内有适于人们工作、学习与生活的气温环境,房屋的围护结构所采用的建筑材料必须具有一定的保温、隔热性能,这样可使室内冬暖夏凉,节约供暖和降温的能源。例如,一栋四单元六层的住宅楼,由于采用矿棉复合板框架结构,其热量损失要比相同的砖混结构减少40%左右。因此合理使用绝热材料具有重要的节能意义。

2. 绝热材料的基本要求

建筑材料的导热系数和比热容是设计建筑物围护结构时进行热工计算的重要参数。选用导热系数小而比热容大的建筑材料,可提高围护结构的绝热性能,并保持室内温度稳定。

选择绝热材料的基本要求是:其导热系数不宜大于0.23 W/(m·K),表观密度不宜大于600 kg/m^3,抗压强度应大于0.3 MPa。另外,还要根据工程的特点,考虑材料的吸湿性、温度稳定性、耐腐蚀性等性能。

在建筑工程中，绝热材料主要用于墙体和屋顶的保温、隔热以及热工设备、热力管道的保温，有时用于冬季施工的保温，在冷藏室和冷藏设备上也普遍使用。

二、常用的绝热材料

1. 无机绝热材料

无机绝热材料由矿物类的材料经加工而成，多呈纤维状、粒状和多孔状，具有不腐蚀、不燃烧、不虫蛀和价格便宜等优点。

(1) 纤维状绝热材料

① 玻璃棉及其制品

玻璃棉是将熔融后的玻璃，用火焰喷吹或离心喷吹等方法制成的棉絮状材料，包括短棉和超细棉两种。短棉的纤维长度为 50～150 mm，直径 12 μm，外观洁白似植物棉，超细棉的直径为 4 μm 以下。玻璃棉极轻，导热系数小，化学稳定性好，不燃、不腐，吸湿性小，是一种高级的无机绝热材料，常用其加工成毡、板、条、管壳等保温制品，用于围护结构及管道保温。

② 矿棉及其制品

矿棉是以工业废料矿渣为主要原料，经熔化，用喷吹法或离心法制成的棉丝状无机绝热材料。矿棉具有质轻、不燃、绝热和电绝缘等性能，其原料来源丰富，成本较低，可制成矿棉板、矿棉防水毡及管套等，也可用于建筑物的墙壁、屋顶、天花板等处的保温隔热和吸声。

(2) 粒状绝热材料

粒状绝热材料主要有膨胀蛭石和膨胀珍珠岩。

① 膨胀蛭石及其制品

蛭石是一种天然矿物，因其在高温焙烧时膨胀的形态像水蛭(蚂蟥)蠕动，故称为蛭石。

膨胀蛭石是将蛭石破碎、烘干、筛分，然后在 850～1 000 ℃的温度下焙烧，其体积急剧膨胀而形成的一种层状颗粒绝热材料。这种松散的材料表观密度极小，导热系数小，防火和虫蛀，常用于复合墙体的填料层以及楼板、平屋顶的保温层等。使用膨胀蛭石时注意防潮。若以水泥作胶凝材料配成水泥膨胀蛭石制品，可用于建筑物中的围护结构以及热工设备和各种工业管道的保温。

② 膨胀珍珠岩及其制品

珍珠岩是一种呈酸性的天然岩石，因其具有珍珠光泽而得名。珍珠岩经破碎、筛分、预热和高温焙烧，使其体积发生急剧膨胀而形成一种白色或灰白色的轻质颗粒状多孔绝热材料，称为膨胀珍珠岩。膨胀珍珠岩具有质轻、保温、无毒、不燃和无味等优点，其缺点是吸水率大，吸水后强度和保温、隔热性能都要下降。

膨胀珍珠岩在建筑工程中广泛用于围护结构、低温和超低温制冷设备、热工设备等处的绝热保温,也可用于制作吸声制品。

膨胀珍珠岩制品是以膨胀珍珠岩为主,配合适量增强纤维、胶凝材料(水泥、水玻璃、沥青等),经拌合、成型、养护后而制成的具有一定形状的板、块、管壳等制品。

(3) 多孔状绝热材料

① 泡沫混凝土

泡沫混凝土又称为泡沫水泥。它是用水泥加水拌合形成水泥素浆,再加入发泡剂经发泡成型、养护而成的一种多孔材料,具有多孔、轻质、保温、绝热、吸声等性能,宜用于建筑物围护结构的保温隔热。

② 泡沫玻璃

泡沫玻璃是将碎玻璃磨成粉状与发泡剂混合,在高温的条件下焙烧、膨胀而成。制品内部存有大量封闭而不连通的气泡,孔隙率高达 80%~90%,气泡直径为 0.1~5 mm。这种材料具有表观密度小、导热系数小、抗压强度和抗冻性高、耐久性好等特点。泡沫玻璃可用来砌筑墙体,也可用于冷藏设备的保温,具有耐火、可锯、可钻、可钉等优点,是一种高级的无机绝热材料。

2. 有机绝热材料

有机绝热材料是用植物性的原料、有机高分子原料经加工而制成的,由于多孔、吸湿性大、不耐久、不耐高温,只能用于低温绝热。

(1) 泡沫塑料

泡沫塑料是以各种树脂为基料,加入一定剂量的发泡剂、催化剂、稳定剂等辅助材料,经加热、发泡而制成的一种新型高效绝热材料。这种材料的主要特点是质轻、保温、隔热、吸声、防震,常用于屋面、墙面保温,冷库绝热和制成夹心复合板。目前我国生产的泡沫塑料有聚苯乙烯泡沫塑料、聚氯乙烯泡沫塑料、聚氨酯泡沫塑料等。

(2) 植物纤维类绝热板

植物纤维类绝热板是以植物纤维为主要成分的板材,常用作绝热材料的各种软质纤维板,如软木板、木丝板、甘蔗板、蜂窝板等,它们的特点是质轻、导热系数小、抗震性能好,常用于天花板、隔墙板等。

(3) 新型防热片——窗用绝热薄膜

窗用绝热薄膜用于建筑物窗户的绝热作用,可以遮蔽阳光,防止室内陈设物褪色,减低冬季热能损失,节约能源,使建筑物更加美观,给人们带来舒适环境。使用时,将特制的防热片(薄膜,厚度为 12~50 μm)贴在玻璃上,其功能是将透过玻璃的大部分阳光反射出去,反射率高达 80%。防热片能减少紫外线的透过率,减轻紫外线对室内家具和织物的有害作用,减弱室内温度变化程度,避免玻璃碎片飞出伤人。

绝热薄膜可应用于商业、工业、公共建筑、家庭寓所、宾馆等建筑物的窗户内、外表面,也可用于博物馆内艺术品和绘画的紫外线防护。

常用绝热材料及其技术参数见表 10-1。

表 10-1 常用绝热材料及其技术参数

名称	表观密度/(kg/m³)	强度/MPa	导热系数/[W/(m·K)]	用途
膨胀珍珠岩	40~300		常温 0.02~0.044 高温 0.06~0.17 低温 0.02~0.038	高效能保温、保冷填充材料
水泥膨胀珍珠岩制品	300~400	f_c=0.5~1.0	常温 0.05~0.081 低温 0.081~0.12	保温隔热
水玻璃膨胀珍珠岩制品	200~300	f_c=0.6~1.2	常温 0.056~0.065	保温隔热
沥青膨胀珍珠岩制品	400~500	f_c=0.2~1.2	0.093~0.12	常温及负温
水泥膨胀蛭石制品	300~500	f_c=0.2~1.0	0.076~0.105	保温隔热
微孔硅酸钙制品	250	f_c>0.5 f_t>0.3	0.041	围护结构及管道保温
泡沫混凝土	300~500	f_c≥0.4	0.081~0.19	围护结构
加气混凝土	400~700	f_c≥0.4	0.093~0.16	围护结构
木丝板	300~600	f_v=0.4~0.5	0.11~0.26	天花板、隔墙板、护墙板
软质纤维板	150~400		0.047~0.093	天花板、隔墙板、护墙板,表面较光洁
芦苇板	250~400		0.093~0.13	天花板、隔墙板
软木板	150~350	f_v=0.15~2.5	0.052~0.70	吸水率小,不霉腐、不燃烧,用于绝热结构
聚苯乙烯泡沫塑料	20~50	f_v=0.15	0.031~0.047	屋面、墙面保温隔热等
硬质聚氨酯泡沫塑料	30~40	f_c≥0.2	0.037~0.055	屋面、墙面保温,冷藏库隔热
玻璃纤维制品	120~150		0.035~0.041	围护结构及管道保温
轻质钙塑板	100~150	f_c=0.1~0.3 f_t=0.7~0.11	0.047	保温隔热兼防水性能,并具有装饰性能
泡沫玻璃	150~200	f_c=0.55~1.6	0.042	砌筑墙体,冷藏库隔热

10.2 吸声材料

吸声材料是指对入射声能具有较大吸收作用的材料。建筑物室内使用吸声材料,可以控制噪声，改善室内的收音条件，保持良好的音质效果。吸声材料广泛应用于厂房噪声控制，音乐厅、影剧院、大会堂等的音质设计，以及各种工业与民用建筑中。

一、吸声系数

吸声系数 α 是用来表示吸声材料吸声性能好坏的重要指标。吸声系数是指声波遇到材料表面时，被材料吸收的声能与入射给材料的声能之比，用下式表示：

$$\alpha=\frac{E}{E_0} \tag{10-1}$$

式中 E——被材料吸收的声能，J；

E_0——传递给材料的全部入射声能，J。

例如，入射给材料的声能有 60% 被吸收，余下的 40% 被反射回来，则说明材料的吸声系数为 0.60。

材料的吸声系数在 0~1 之间，吸声系数越大，吸声性能越好。吸声系数的大小除与材料本身的性质有关外，还与声音的频率、声音的入射方向有关。材料相同、声波的频率不同时，其吸声系数不一定相同。通常将 125 Hz、250 Hz、500 Hz、1 000 Hz、2 000 Hz、4 000 Hz 六个频率作为检测材料吸声性能的依据，这六个频率作用于材料后，材料平均吸声系数大于 0.2 时，可认为是吸声材料。

二、常用吸声材料及其吸声性能

工程上使用较多的吸声材料有矿渣棉、玻璃丝棉、膨胀珍珠岩等，它们的共性是均为多孔。

多孔材料吸声的原理：当声波入射至多孔材料的表面时，声波沿着微孔射入到材料内部相互贯通的孔隙中，引起孔隙内的空气产生振动。由于空气的黏滞阻力，使振动空气的动能不断地转化成热能，致使入射的声能减弱；另外，空气绝热压缩时，空气与孔壁间不断地发生热交换，由于热传导的作用，也使声能转化为热能。材料中开放的、相互贯通的、细微的孔隙越多，则材料的吸声性能越好。

常用吸声结构的构造图例及材料构成见表 10-2，常用吸声材料及其吸声系数见表 10-3。

表 10-2 常用吸声结构的构造图例及材料构成

类别	多孔吸声材料	薄板振动吸声结构	共振腔吸声结构	穿孔板组合吸声结构	特殊吸声结构
构造图例		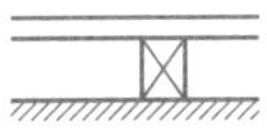		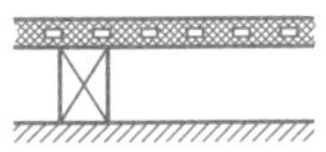	

续表

类别	多孔吸声材料	薄板振动吸声结构	共振腔吸声结构	穿孔板组合吸声结构	特殊吸声结构
举例	玻璃棉 矿棉 木丝板 半穿孔纤维板	胶合板 硬质纤维板 石棉水泥板 石膏板	共振吸声器	穿孔胶合板 穿孔铝板 微穿孔板	空间吸声体 帘幕体

表 10-3 常用吸声材料及其吸声系数

分类及名称		厚度/cm	各种频率下的吸声系数						装置情况
			125 Hz	250 Hz	500 Hz	1 000 Hz	2 000 Hz	4 000 Hz	
无机材料	石膏板(有花纹)	—	0.03	0.05	0.06	0.09	0.04	0.06	贴实
	水泥蛭石板	4.0	—	0.14	0.46	0.78	0.50	0.60	贴实
	石膏砂浆(掺水泥玻璃纤维)	2.2	0.24	0.12	0.09	0.30	0.32	0.83	墙面粉刷
	水泥膨胀珍珠岩板	5	0.16	0.46	0.64	0.48	0.56	0.56	贴实
	水泥砂浆	1.7	0.21	0.16	0.25	0.40	0.42	0.48	—
	砖(清水墙面)	—	0.02	0.03	0.04	0.04	0.05	0.05	—
有机材料	软木板	2.5	0.05	0.11	0.25	0.63	0.70	0.70	贴实钉在木龙骨上,分为后面留 10 cm 空气层和留 5 cm 空气层两种
	木丝板	3.0	0.10	0.36	0.62	0.53	0.71	0.90	
	胶合板(三夹板)	0.3	0.21	0.73	0.21	0.19	0.08	0.12	
	穿孔胶合板(五夹板)	0.5	0.01	0.25	0.55	0.30	0.16	0.19	
	木花板	0.8	0.03	0.02	0.03	0.03	0.04	—	
	木质纤维板	1.1	0.06	0.15	0.28	0.30	0.33	0.31	
多孔材料	泡沫玻璃	4.4	0.11	0.32	0.52	0.44	0.52	0.33	贴实
	脲醛泡沫塑料	5.0	0.22	0.29	0.40	0.68	0.95	0.94	贴实
	泡沫水泥(外粉刷)	2.0	0.18	0.05	0.22	0.48	0.22	0.32	紧贴墙面
	吸声蜂窝板	—	0.27	0.12	0.42	0.86	0.48	0.30	—
	泡沫塑料	1.0	0.03	0.06	0.12	0.41	0.85	0.67	—
纤维材料	矿渣棉	3.13	0.10	0.21	0.60	0.95	0.85	0.72	贴实
	玻璃棉	5.0	0.06	0.08	0.18	0.44	0.72	0.82	贴实
	酚醛玻璃纤维板	8.0	0.25	0.55	0.80	0.92	0.98	0.95	贴实
	工业毛毡	3.0	0.10	0.28	0.55	0.60	0.60	0.56	紧贴墙面

三、隔声材料

建筑上将主要起隔绝声音作用的材料称为隔声材料。隔声分为隔绝空气声（通过空气传播的声音）和隔绝固体声（通过固体传播的声音）两种。

空气声的隔绝主要由质量定律所支配，即隔声能力的大小主要取决于隔声材料单位面积质量的大小。质量越大，材料越不易受激振动，因此对空气声的反射越大，透射越小，隔声性能越好。同时质量大还有利于防止发生共振现象和出现低频共振效应。为了有效隔绝空气声，应尽可能选用密实、沉重的材料，如砖、混凝土、钢板等。当必须使用轻质材料时，应辅以填充吸声材料或采用夹层结构，这样处理后的隔声量比相同质量的单层墙体的隔声量可以提高很多。

隔绝固体声的方法与隔绝空气声的方法截然不同。对固体声的隔绝，最有效的方法是采用柔性材料隔断声音传播的路径。一般来说，可采用加设弹性面层、弹性垫层等方法来隔绝声音。当撞击作用发生时，这些材料发生变形，使机械能转换为热能，而使固体传播的声能大大降低。常用的弹性衬垫材料有橡胶、软木、毛毡、地毯等。必须指出：吸声性能好的材料不能简单地作为隔声材料来使用。

复习思考题

1. 建筑物上使用保温、隔热材料的目的是什么？在什么部位使用？
2. 用什么技术指标来评定绝热材料保温、隔热性能的好坏？它的单位是什么？
3. 为什么说使用绝热材料要特别注意防水和防潮？
4. 举例说明工程上使用无机绝热材料和有机绝热材料的品种和特点。
5. 试列举工程上使用吸声材料的建筑部位和常用吸声材料的品种。

单元11 建筑装饰材料

学习目标

了解:常见建筑装饰材料的装饰效果。

熟悉:常见建筑装饰材料的主要类型和作用。

掌握:常见建筑装饰材料的主要技术性能和选用原则。

依附于建筑物表面起装饰和美化环境作用的材料称为建筑装饰材料。建筑装饰工程的总体效果及功能的实现,无一不是通过运用建筑装饰材料及配套设备的形体、质感、图案、色彩、功能等所体现出来的。在普通建筑物中,建筑装饰材料的费用占建筑材料成本的50%左右,在豪华型建筑物中,建筑装饰材料的费用要占到80%以上。但是,也应看到,建筑装饰材料在装饰建筑、美化环境的同时,其含有的一些有害物质也在危害着人类的身体健康。为此,在提倡使用“绿色建材”的今天,国家颁布了10项有关“室内装饰装修材料有害物质限量”强制性国家标准,于2002年1月1日起正式实施。这10项标准是:《室内装饰装修材料 人造板及其制品中甲醛释放限量》《室内装饰装修材料 溶剂型木器涂料中有害物质限量》《建筑用墙面涂料中有害物质限量》《室内装饰装修材料 胶粘剂中有害物质限量》《室内装饰装修材料 木家具中有害物质限量》《室内装饰装修材料 壁纸中有害物质限量》《室内装饰装修材料 聚氯乙烯卷材地板中有害物质限量》《室内装饰装修材料 地毯、地毯衬垫及地毯胶粘剂有害物质释放限量》《混凝土外加剂中释放氨限量》《建筑材料放射性核素限量》。所以,在正确选用建筑装饰材料的同时,还应考虑环境保护。

建筑装饰材料种类繁多,而且装饰部位不同对材料的要求也不同。本单元仅介绍常用的建筑装饰材料。

11.1 建筑玻璃

在建筑工程中,玻璃是一种重要的建筑装饰材料。它的用途除透光、透视、隔声、隔热外,还有艺术装饰作用。一些特殊玻璃还有吸热、保温、防辐射、防爆等用途。玻璃的种类很多,本节介绍一些常用玻璃。

一、普通平板玻璃

普通平板玻璃是建筑上使用量最大的一种玻璃,常采用垂直引上法和浮法生产。浮法生产的平板玻璃质量好,具有表面平整、厚度公差小、无波筋等优点。普通平板玻璃的厚度为 2~12 mm,具有良好的透光性、较高的化学稳定性和耐久性,但韧性小、易破碎,主要用于装配门窗,起透光、挡风雨、保温、隔声等作用。

二、安全玻璃

安全玻璃包括钢化玻璃、夹丝玻璃、夹层玻璃。安全玻璃主要特性是强度较高,韧性较好,被击碎时,碎块不会飞溅伤人,并有防火的功能。

1. 钢化玻璃

钢化玻璃又称强化玻璃,是采用加热到一定温度后迅速冷却的方法或化学方法进行特殊钢化处理的玻璃。钢化玻璃的机械强度比未经钢化的玻璃要大 4~5 倍,韧性好、弹性好、热稳定性高,当玻璃破碎时,裂成圆钝的小碎片,不致伤人。钢化玻璃在建筑上主要用作高层建筑的门窗、隔墙与幕墙。

2. 夹丝玻璃

夹丝玻璃是将预先编织好的钢丝网压入已软化的红热玻璃中而制成。其强度高、防火性能好,破碎时即使有许多裂缝,其碎片仍能附着在钢丝上,不会四处飞溅伤人。夹丝玻璃在建筑上主要用于厂房天窗、各种采光屋顶和防火门窗等。

3. 夹层玻璃

夹层玻璃是两片或多片平板玻璃之间嵌夹透明塑料(聚乙烯醇缩丁醛)薄衬片,经加热、加压粘合成平面或曲面的复合玻璃制品。夹层玻璃韧性和抗穿透性好,玻璃破碎时不裂成分离的碎片,只有辐射状的裂纹和少量玻璃碎屑,碎片仍粘贴在衬片上,不致伤人。夹层玻璃在建筑上主要用于有特殊安全要求的门窗、隔墙、工业厂房的天窗以及某些水下工程等。

三、保温隔热玻璃

保温隔热玻璃包括吸热玻璃、热反射玻璃、中空玻璃等。它们在建筑上主要起装饰作用,并具有良好的保温隔热功能。除用于一般门窗外,常作为幕墙玻璃。

1. 吸热玻璃

吸热玻璃是既能吸收大量红外线,又能吸收太阳光线中的紫外线,还能保持良好的光透过率的平板玻璃。吸热玻璃有灰色、茶色、蓝色、绿色等颜色。吸热玻璃在建筑工程中应用广泛,凡既需采光又需隔热之处,均可采用。

2. 热反射玻璃

热反射玻璃既具有较高的热反射能力,又能保持良好的透光性能,又称镀膜玻璃。热反射玻璃是在玻璃表面用热解、蒸发、化学处理等方法喷涂金、银、铜、镍、铬、铁等金属或金属氧化物薄膜而成的。

热反射玻璃反射率高达30%以上,装饰性好,具有单向透像作用,越来越多地用作高层建筑的幕墙。

3. 中空玻璃

中空玻璃由两片或多片玻璃构成,用边框隔开,四周边缘部分用密封胶密封,玻璃层间充有干燥气体。中空玻璃使用的玻璃原片有平板玻璃、吸热玻璃、热反射玻璃等。

中空玻璃的特性是保温隔热、节能性好、隔声性能优良,并能有效地防止结露。中空玻璃主要用于需要采暖、空调,防止噪声、结露,需要无直射阳光和特殊光线的建筑上,如住宅、饭店、宾馆、办公楼、学校、医院、商店等。

4. 压花玻璃和磨砂玻璃

压花玻璃又称滚花玻璃,是将熔融的玻璃液在急冷中通过带图案花纹的辊轴滚压而成的制品,可一面压花,也可两面压花。压花玻璃分为一般压花玻璃、真空镀膜压花玻璃和彩色膜压花玻璃等,一般规格为800 mm×700 mm×3 mm。

压花玻璃具有透光不透视的特点,其表面有各种图案花纹且凹凸不平,当光线通过时产生漫反射,因此从玻璃的一面看另一面时,物像模糊不清。压花玻璃由于其表面有各种花纹,具有一定的艺术效果,多用于办公室、会议室、浴室以及公共场所分离室的门窗和隔断等。

磨砂玻璃是一种毛玻璃,它是将硅砂、金刚石、石榴石粉等研磨材料加水,采用机械喷砂、手工研磨或氢氟酸溶蚀等方法,把普通玻璃表面处理成均匀毛面而成,具有透光不透视,使室内光线不炫目、不刺眼的特点,一般用于建筑物的卫生间、浴室、办公室等的门窗和隔断。

5. 玻璃空心砖

玻璃空心砖一般是由两块压注成凹形的玻璃经熔接或胶接而成的整块空心砖。砖面可为光滑平面,也可在内外压注多种花纹。砖内腔可为空气,也可填充玻璃棉等。玻璃空心砖具有透光不透视,抗压强度较高,保温隔热、隔声、防火、装饰性能好等特点,可用来砌筑透光墙壁、隔断、门厅、通道等。

6. 玻璃马赛克

玻璃马赛克又称玻璃锦砖或锦玻璃,是一种小规格的饰面玻璃。其颜色有红、黄、蓝、白、黑等多种。玻璃马赛克具有色调柔和、朴实典雅、美观大方、化学稳定性好、冷热稳定性好、不变色、易清洗、便于施工等优点,适用于宾馆、医院、办公楼、礼堂、住宅等建筑的内外墙饰面。

7. 激光玻璃

激光玻璃有两种,一种是以普通平板玻璃为基材,另一种是以钢化玻璃为基材。前一种主要用于墙面、窗户、顶棚等部位的装饰，后一种主要用于地面装饰。此外，也有专门用于柱面装饰的曲面激光玻璃，专门用于大面积幕墙的夹层激光玻璃、激光玻璃砖等产品。激光玻璃的主要特点是具有优良的抗老化性能。

11.2 建筑陶瓷

我国陶瓷的发展历程

建筑陶瓷制品最常用的有釉面砖、墙地砖、陶瓷锦砖、陶瓷劈离砖、琉璃制品等。

一、釉面砖

釉面砖又称瓷砖，由于其主要用于建筑物内墙饰面，故又称内墙面砖。

釉面砖色泽柔和典雅，常用的有白色、彩色釉面砖和带浮雕、图案、斑点釉面砖等。其装饰效果主要取决于颜色、图案和质感。釉面砖具有强度高、防潮、抗冻、耐酸碱、抗急冷急热、易清洗等优良性能，主要用作厨房、浴室、卫生间、实验室、精密仪器车间及医院等室内墙面、台面等的饰面材料，既清洁卫生，又美观耐用。

二、墙地砖

墙地砖是以优质陶土原料加入其他材料配成生料，经半干压成型后于 1 100 ℃左右焙烧而成的，分有釉和无釉两种。有釉的称为彩色釉面陶瓷墙地砖，无釉的称为无釉墙地砖。

墙地砖的表面质感多种多样，通过配料和改变制作工艺，可制成平面、麻面、毛面、刨光面、磨光面、纹点面、仿花岗石表面、压花浮雕表面、无光釉面、金属光泽面、防滑面、耐磨面等以及丝网印刷、套花图案、单色、多色等多种制品。墙地砖质地较密实，强度高，吸水率小，热稳定性、耐磨性及抗冻性均较好，主要用于建筑物外墙贴面和室内外地面装饰铺贴。

三、陶瓷锦砖

陶瓷锦砖俗称马赛克，是边长不大于 40 mm、具有多种色彩和不同形状的小块砖，可镶拼组成各种花色、图案的陶瓷制品。陶瓷锦砖采用优质瓷土烧制成正方形、长方形、六角形等薄片状小块瓷砖后，再通过铺贴盒将其按设计图案反贴在牛皮纸上，称作一联，每联 305. 5 mm×305. 5 mm，每 40 联为一箱，每箱约 3. 7 m^2。

陶瓷锦砖具有色泽明净、图案美观、质地坚实、抗压强度高、耐污染、耐腐蚀、耐磨、耐水、抗火、抗冻、不吸水、不滑、易清洗等特点，坚固耐用，成本较低。

陶瓷锦砖由于砖块小，不易被踩碎，主要用于室内地面铺贴，适用于工业建筑的洁净车间、化验室以及民用建筑的餐厅、厨房、浴室的地面铺装等，也可作为高级建筑物的外墙饰面材料。

彩色陶瓷锦砖还可以拼成文字、花边以及风景名胜和动物花鸟等图案的壁画，形成一种别具风格的锦砖壁画艺术。

四、陶瓷劈离砖

陶瓷劈离砖是以黏土为原料，经配料、真空挤压成型、烘干、焙烧、劈离（将一块双联砖分为两块砖）等工序制成。陶瓷劈离砖种类很多，色彩丰富，颜色自然柔和，表面质感变幻多样。它具有强度高、吸水率小、表面硬度大、耐磨防滑、耐腐抗冻、冷热稳定性好等特点，适用于墙面及地面装饰。

五、琉璃制品

琉璃制品是我国陶瓷宝库中的古老珍品，它以难熔黏土做原料，经配料、成型、干燥、素烧，表面涂以琉璃釉料后，再经烧制而成。

琉璃制品常见的颜色有金、黄、蓝和青等。琉璃制品耐久性好、不易褪色、不易剥釉、表面光滑、色彩绚丽、造型古朴、富有民族特色。其主要产品有琉璃瓦、琉璃砖、琉璃兽、琉璃花窗、栏杆等装饰制件，还有琉璃桌、绣墩、鱼缸、花盆、花瓶等陈设用的建筑工艺品。琉璃制品主要用于建筑屋面材料，如板瓦、筒瓦、滴水、勾头以及飞禽走兽等用作檐头和屋脊的装饰物，还可以用于建筑园林中的亭、台、楼阁，以增加园林的特色。

11.3 建筑涂料

涂敷于建筑物表面能干结成膜，具有防护、装饰、防锈、防腐、防水或其他特殊功能的物质称为涂料。由于早期的涂料大多以植物油为主要原料，故传统上又称为油漆。

建筑涂料由主要成膜物质（基料、黏结剂及固着剂）、次要成膜物质（颜料及填料）及辅助成膜物质（助剂）组成。

涂料种类繁多，按主要成膜物质可分为有机涂料、无机涂料和有机无机复合涂料三大类；按使用部位分为外墙涂料、内墙涂料和地面涂料等；按分散介质种类分为溶剂型涂料、水乳型涂料和水溶性涂料。

一、外墙涂料

外墙涂料的主要功能是美化建筑和保护建筑物的外墙面。要求其应有丰富的色彩和质感，使建筑物外墙的装饰效果好；耐水性、耐候性和耐久性要好，能经受日晒、风吹、雨淋、冰冻、化学腐蚀等侵蚀；耐沾污性要强，易于清洗。其主要类型有：水乳型涂料、溶剂型涂料、水溶性涂料。

国内常用的外墙涂料有如下几种：

1. 氟碳涂料

氟碳涂料是由氟碳树脂、颜料、助剂等组成的双组分涂料。氟碳涂料具有超常的耐候性，良好的防水性、抗污性、耐化学腐蚀性、阻烧性和装饰性，综合性能高，在国民生产的各领域中应用非常广泛。它可作为建筑外墙、内墙、屋顶及各种建材的理想装饰防护材料，可在旧墙砖、外墙、瓷砖、马赛克表面直接施工。

2. 苯乙烯-丙烯酸酯乳液涂料

苯乙烯-丙烯酸酯乳液涂料简称苯-丙乳液涂料，是以苯-丙乳液为基料，加颜料、填料、助剂等配制而成的水乳型涂料。苯-丙乳液涂料具有优良的耐水性、耐碱性和抗污染性，外观细腻、色彩艳丽、质感好，耐洗刷次数可达 2 000 次以上，与水泥混凝土等大多数建筑材料的附着力强，并具有丙烯酸类涂料的高耐光性、耐候性和不泛黄性，适用于办公室、宾馆、商业建筑以及其他公用建筑的外墙、内墙等，但主要用于外墙。

3. 丙烯酸系外墙涂料

丙烯酸系外墙涂料分为溶剂型和乳液型。溶剂型是以热塑性丙烯酸酯树脂为基料，加入填料、颜料、助剂和溶剂等，经研磨而制成；乳液型是以丙烯酸乳液为基料，加入填料、颜料、助剂等，经研磨而成。丙烯酸系外墙涂料具有优良的耐水性、耐高低温性、耐候性，良好的胶结性、抗污染性、耐碱性及耐洗刷性，耐洗刷次数可达 2 000 次以上，寿命可达 10 年。此外，丙烯酸系外墙涂料的装饰性也很好。丙烯酸系外墙涂料主要用于商店、办公楼等公用建筑的外墙作为复合涂层的罩面涂料，也可作为内墙复合涂层的罩面涂料。

4. 聚氨酯系外墙涂料

聚氨酯系外墙涂料是以聚氨酯树脂或聚氨酯树脂与其他树脂的混合物为基料，加入颜料、填料、助剂等配制而成的双组分溶剂型涂料。聚氨酯系外墙涂料具有优良的胶结性、耐水性、防水性、耐高低温性、耐候性、耐碱性及耐洗刷性，耐洗刷次数可达 2 000 次以上。聚氨酯系外墙涂料耐沾污性好，使用寿命可达 15 年以上。它主要用于商店、办公楼等公用建筑。

5. 合成树脂乳液砂壁状建筑涂料

合成树脂乳液砂壁状建筑涂料原称彩砂涂料，是以合成树脂乳液（一般为苯-丙乳液或丙烯酸乳液）为基料，加入彩色骨料或石粉及其他助剂，配制而成的粗面厚质涂料，简称砂壁状涂料。砂壁状涂料涂层具有丰富的色彩和质感，保色性、耐水性、耐候性良好，涂膜坚实，骨料不易脱落，使用寿命可达 10 年以上。砂壁状涂料主要用于商店、办公楼等公用建筑的外墙面，也可用于内墙面。

6. 复层建筑涂料

复层建筑涂料又称凹凸花纹涂料、立体花纹涂料、浮雕涂料、喷塑涂料，是由两种以上涂层组成的复合涂料。复层建筑涂料一般由基层封闭涂料（底涂层）、主涂层、面涂层组成。底涂层用于封闭基层和增强主涂层与基层的胶结力；主涂层用于形成凹凸花纹立体质感；面涂层用于装饰面层，保护主涂层，提高复层建筑涂料的耐候性、耐污染性等。复层建筑涂料适用于内外墙、顶棚装饰。

7. 外墙无机建筑涂料

无机建筑涂料是以碱金属硅酸盐或硅溶胶为基料，加入填料、颜料及其他助剂等配制而成的水溶性建筑涂料。外墙无机建筑涂料的颜色多样、渗透能力强、与基层的胶结力大、成膜温度低、无毒、无味、价格较低。它具有优良的耐水性、耐碱性、耐酸性、耐冻融性、耐老化性，并具有良好的耐洗刷性、耐沾污性，涂层不产生静电。外墙无机建筑涂料适用于办公楼、商店、宾馆、学校、住宅等的外墙装饰，也可用于内墙和顶棚等的装饰。

二、内墙涂料

内墙涂料的主要功能是装饰及保护内墙墙面、顶棚。

1. 水溶性内墙涂料

常用的水溶性内墙涂料有106内墙涂料和803内墙涂料。

106内墙涂料具有无毒、无味、不燃等特点，能涂饰于稍潮湿的墙面上（混凝土、水泥砂浆、纸筋石灰面、石棉水泥板、石膏石灰板等）。

803内墙涂料具有无毒、无味、干燥快、遮盖力强、涂刷方便、装饰效果好等优点。

2. 合成树脂乳液内墙涂料（乳胶漆）

常用的合成树脂乳液内墙涂料的品种有苯丙乳胶漆、乙丙乳胶漆、聚醋酸乙烯乳胶内墙涂料、氯-偏共聚乳液内墙涂料等。一般用于室内墙面装饰，不宜用于厨房、卫生间、浴室等潮湿墙面。

3. 溶剂型内墙涂料

溶剂型内墙涂料主要品种有过氯乙烯墙面涂料、氯化橡胶墙面涂料、丙烯酸酯墙面涂料、聚氨酯系墙面涂料等。溶剂型内墙涂料透气性较差，容易结露，较少用于住宅内墙。但其光洁度好，易于冲洗，耐久性好，可用于厅堂、走廊等处。

4. 多彩内墙涂料

多彩内墙涂料是一种经一次喷涂即可获得具有多种色彩的立体涂膜的涂料。多彩内墙涂料按其介质可分为水包油型、油包水型、油包油型和水包水型四种，其中常用的是水包油型。多彩内墙涂料色彩丰富，图案变化多样，立体感强，生动活泼，具有良好的耐水性、耐油性、耐碱性、耐化学药品性、耐洗刷性，并具有较好的透气性。

5. 幻彩涂料

幻彩涂料是用特种树脂乳液和专门的有机、无机颜料制成的高档水性内墙涂料。幻彩涂料以其变幻奇特的质感及艳丽多变的色彩为人们展现出一种全新感觉的装饰效果。幻彩涂料涂膜光彩夺目、色泽高雅、意境朦胧，并具有优良的耐水性、耐碱性和耐洗刷性，主要用于办公室、住宅、宾馆、商店、会议室等的内墙、顶棚装饰。

三、地面涂料

地面涂料的主要功能是装饰与保护室内地面，使地面清洁美观，与室内墙面及其他装饰相适应。它的特点是耐磨性、耐碱性、耐水性、抗冲击性好，施工方便，价格合理。

常用的地面涂料有过氯乙烯地面涂料、聚氨酯地面涂料、环氧树脂厚质地面涂料等。

11.4　建筑饰面石材

一、天然石材

天然石材表面经过加工可获得优良的装饰性，其装饰效果主要取决于石材的品种。用作装饰的石材主要有天然大理石、天然花岗岩和天然板岩等。

1. 天然大理石

“大理石”是由于其盛产在我国云南省大理白族自治州而得名的。大理石结构致密，抗压强度高；硬度不大，易雕琢和磨光；装饰性好，吸水率小，耐磨性、耐久性好，但抗风化性差。

天然大理石板材为高级饰面材料，适用于纪念性建筑、大型公共建筑（如宾馆、展览馆、商场、图书馆、机场、车站等）的室内墙面、柱面、地面、楼梯踏步等，有时也可作楼梯栏杆、服务台、门脸、墙裙、窗台板、踢脚板等。天然大理石板材的光泽易被酸雨侵蚀，故不宜用作室外装饰。只有少数质地纯正的汉白玉、艾叶青可用于外墙饰面。

2. 天然花岗岩

花岗岩为典型的深成岩。花岗岩装饰性好，坚硬密实，耐磨性、耐久性好；孔隙率小，吸水率小，耐风化；具有高抗酸腐蚀性，但耐火性差。

花岗岩板材按表面加工的方式分为以下四种：

（1）剁斧板　表面粗糙，具有规则的条状斧纹。

（2）机刨板　用刨石机刨成较为平整的表面，表面呈相互平行的刨纹。

（3）粗磨板　表面经过粗磨，光滑而无光泽。

（4）磨光板　经打磨后表面光亮，色泽鲜明，晶体裸露。磨光板再经刨光处理，可加工成镜面花岗岩板材。

花岗岩属高档建筑结构材料和装饰材料，在建筑历史上多用于室外地面、台阶、基座、纪念碑、墓碑、铭牌、踏步、檐口等处；在现代大城市建筑中，镜面花岗岩板多用于室内外墙面、地面、柱面、踏步等。

二、人造石材

人造石材属水泥混凝土或聚酯混凝土的范畴,它的花纹图案可以人为控制,且质量轻、强度高、耐腐蚀、施工方便,常用于室外立面、柱面装饰,室内铺地和墙面装饰以及卫生洁具等。

人造石材按其所用材料不同,通常有以下四类:

1. 树脂型人造石材

树脂型人造石材是以有机树脂为胶凝材料,与天然碎石、石粉、颜料等配制拌合成混合料,经浇捣成型、固化、脱模、烘干、抛光等工序制成。

2. 水泥型人造石材

水泥型人造石材是以白水泥、普通水泥为胶凝材料,与大理石碎石、石粉、颜料等配制拌合成混合料,经浇捣成型、养护制成。

3. 复合型人造石材

复合型人造石材以无机胶凝材料(如水泥)和有机高分子材料(如树脂)作为胶凝材料。制作时先用无机胶凝材料将碎石、石粉等骨料胶结成型并硬化后,再将硬化体浸渍于有机单体中,使其在一定条件下集合而成。

4. 烧结型人造石材

烧结型人造石材的生产方法与陶瓷工艺相似,它是将长石、石英、辉绿石、方解石等粉料和赤铁矿粉以及一定量的高岭土共同混合,然后用混浆法制备坯料,用半干压法成型,再在窑炉中以 1 000 ℃左右的高温焙烧而成。

上述四种人造石材中,最常用的是树脂型人造石材,其物理和化学性能最好,花纹容易设计,有重现性,适于多种用途,但价格相对较高;水泥型人造石材价格最低廉,但耐腐蚀性能较差,容易出现龟裂,适于作板材而不适于作卫生洁具;复合型人造石材则综合了前两者的优点,既有良好的物理和化学性能,成本也较低;烧结型人造石材虽然只用黏土作胶凝材料,但需经高温焙烧,因而能耗大、造价高,而且产品破损率高。

11.5 装饰壁纸与墙布

装饰壁纸与墙布是目前使用较为广泛的墙面装饰材料。它以多变的图案、丰富的色泽、仿制传统材料的外观,深受用户的欢迎,适用于宾馆、住宅、办公楼、舞厅、影剧院等有装饰要求的室内墙面、顶棚、柱面等。

一、塑料壁纸

塑料壁纸是以纸为基材，表面进行涂塑后，再经印花、压花或发泡处理等多种工艺而制成的一种墙面装饰材料。塑料壁纸有适合各种环境的花纹图案，装饰性好，具有难燃、隔热、吸声、防霉、耐水、耐酸碱等良好性能，施工方便，使用寿命长，在建筑中广泛用于室内墙面、顶棚、梁柱表面。

二、玻璃纤维印花贴墙布

玻璃纤维印花贴墙布是以中碱玻璃纤维布为基材，表面涂以耐磨树脂，再印上彩色图案而制成的一种卷材。这种墙布色彩鲜艳、花色繁多，室内使用不褪色、不老化、不变形，防潮，强度高，具有优越的自熄性能及优良的耐洗刷性，适用于室内卫生间、浴室等墙面的装饰。

三、无纺贴墙布

无纺贴墙布是采用棉、麻等天然纤维或绦、腈等合成纤维，经过无纺成型、上涂树脂、印制彩色花纹而成的一种内墙材料。它的特点是挺括，富有弹性，不易折断，纤维不老化、不散失，对皮肤无刺激作用，色彩鲜艳，图案雅致，具有一定的透气性和防潮性，可擦洗而不褪色，适用于宾馆、饭店、商店、会议室、餐厅、住宅等内墙面装饰。

四、装饰墙布

装饰墙布是以纯棉平布经过表面涂布耐磨树脂处理，经印花制作而成。其特点为强度高、静电弱、蠕变性小、无光、吸声、无毒、无味、花型色泽美观大方，可用于宾馆、饭店、公共建筑和较高级民用建筑中的装饰。

五、化纤装饰贴墙布

化纤装饰贴墙布种类很多，其中“多纶”贴墙布就是多种纤维与棉纱混纺的贴墙布，也有以单纯化纤布为基材，经一定处理后印花而成的化纤装饰贴墙布。它具有无毒、无味、通气、防潮、耐磨、无分层等优点，适用于各级宾馆、旅店、办公室、会议室、住宅等墙面装饰。

11.6 金属装饰材料及制品

一、铝合金

为了提高铝的实用价值，在铝中加入镁、锰、铜、锌、硅等元素组成的铝合金，既提高了铝的强度和硬度，又保持了铝的轻质、耐腐蚀、易加工等优良性能。在建筑工程中，铝合金材料可用于建筑结构、门窗、五金、吊顶、隔墙、屋面防水和室内外装饰等。目前，铝合金材料在装饰工程中的应用比较广泛，如玻璃幕墙的结构、铝合金门窗、铝合金板材等。

二、铝合金装饰板

铝合金装饰板有铝合金花纹板、铝合金波纹板、铝合金压型板、铝合金冲孔平板等。

1. 铝合金花纹板

铝合金花纹板是采用防锈铝合金坯料，用具有一定花纹的轧辊轧制而成的。花纹美观大方、筋高适中、不易磨损、防滑性好、防腐蚀性能强、便于冲洗。其表面可以处理成各种美丽的色彩，广泛应用于现代建筑的墙面装饰以及楼梯踏板等处。

2. 铝合金波纹板

铝合金波纹板是由防锈铝合金在波纹机上轧制而成的。它有银白色等多种颜色，有很强的反光能力，防火、防潮、防腐，在大气中能使用20年以上，主要用于建筑墙面、屋面装修。

3. 铝合金压型板

铝合金压型板是由防锈铝合金在压型机上压制而成的。它具有质量轻、外形美观、耐腐蚀、经久耐用、易安装、施工进度快等优点，经表面处理可得各种优美的色彩，主要用作墙面和屋面。

4. 铝合金冲孔平板

铝合金冲孔平板是用各种铝合金平板经机械冲孔而成的。其特点是具有良好的防腐蚀性能，光洁度高，有一定的强度，易于机械加工成各种规格，有良好的防震、防潮、防火性能和消声效果，经表面处理后，可获得各种色彩，主要用于有消声要求的各类建筑中。

三、装饰用钢板

装饰用钢板有不锈钢钢板、彩色不锈钢钢板、彩色涂层钢板、彩色压型钢板。

1. 不锈钢钢板

装饰用不锈钢钢板主要是厚度小于4 mm的薄板，用量最多的是厚度小于2 mm的板材。常用的有平面钢板和凹凸钢板两类，前者通常是经研磨、抛光等工序制成的，后者是在正常的研磨、抛光之后再经辊压、雕刻、特殊研磨等工序制成的。平面钢板分为镜面板、有光板、亚光板三类。凹凸钢板有浮雕板、浅浮雕花纹板和网纹板三类。不锈钢钢板耐腐蚀性强，可作内外墙饰面、幕墙、隔墙、屋面等面层。目前不锈钢镜面板包柱已被广泛应用于大型商场、宾馆等处，其装饰效果很好。

2. 彩色不锈钢钢板

彩色不锈钢钢板是在不锈钢钢板上再进行技术和艺术加工，使其成为各种色彩绚丽的装饰板。其颜色有蓝、灰、紫、红、青、绿、金黄、茶色等。彩色不锈钢钢板不仅具有良好的耐腐蚀性、耐磨、耐高温等特点，其彩色面层还经久不褪色，常用作厅堂墙板、顶棚、电梯厢板、外墙饰面等。

3. 彩色涂层钢板

彩色涂层钢板是以冷轧钢板、镀锌钢板或镀铝钢板为基板，经过表面脱脂、磷化、铬酸盐处理后，涂上有机涂层烘烤而成的。常用有机涂层为聚氯乙烯、聚丙烯酸酯、环氧树脂、醇酸树脂等。彩色涂层钢板具有绝缘、耐磨、耐酸碱、耐油及醇的侵蚀等特点，并有良好的加工性能，可用作外墙板、壁板、屋面板、瓦楞板等。

4. 彩色压型钢板

彩色压型钢板是以镀锌钢板为基材，经成型轧制，并敷以各种耐腐蚀涂层与彩色烤漆而成的装饰板材。其性能和用途与彩色涂层钢板相同。

11.7 木质装饰材料

木材具有轻质高强、易加工、有较高的弹性和韧性、热容量大、导热性能低、装饰性好等特点，广泛应用于建筑工程中。但是，木材也有缺陷，如构造不均匀、天然缺陷较多、干缩湿胀、易燃烧、易腐朽及受虫蛀等。目前，木材作为结构用材已日渐减少，主要作为装饰用材。另外，由于我国林木资源的贫乏，人造木材应用也较广。

一、人造木材

1. 胶合板

胶合板是用原木旋切成薄片，经干燥处理后，再用黏结剂按奇数层数，以各层纤维互相垂直的方向黏合热压而成的人造板材。一般为 3～13 层，工程中常用的是三合板和五合板。胶合板材质均匀、强度高、无明显纤维饱和点、吸湿性小、不翘曲开裂、无疵病、幅面大、使用方便、装饰性好，广泛用作建筑室内隔墙板、护墙板、天花板、门面板以及各种家具和装修。

2. 纤维板

纤维板是将树皮、刨花、树枝等原料经破碎浸泡、研磨成木浆，加入黏结剂或利用木材自身的黏结物质，再经过热压成型、干燥处理而成的人造板材。纤维板分为硬质、半硬质和软质三种。纤维板材质均匀，各向强度一致，弯曲强度大，不易胀缩和翘曲开裂，避免了木材的各种缺陷。硬质纤维板在建筑上应用很广，可代替木板用于室内壁板、门板、地板、家具和其他装修。软质纤维板表观密度小、孔隙率大，多用作绝热、吸声材料。

3. 刨花板、木丝板、木屑板

刨花板、木丝板、木屑板是以木材加工中产生的刨花、木丝、木屑为原料，经干燥后与黏结材料拌合，再经热压而成的板材。这类板材表观密度小、强度较低，主要用作绝热和吸声材料。经表面处理后，可用作吊顶板材和隔断板材等。

4. 细木工板

细木工板是综合利用木材的一种制品。芯板是用木板条拼接而成，两个表面为粘贴木质单板的实心板材。细木工板具有吸声、绝热、质坚、易加工等特点，主要适用于家具、车厢和室内装修等。

二、条木地板

条木地板具有木质感强、弹性好、脚感舒适、美观大方等特点，尤其经过表面涂饰处理，既显露木材纹理又保留木材本色，给人以清雅华贵之感。其板材可以选用松、杉等软质木材，也可选用水曲柳、柞木、枫木、柚木、榆木等硬质木材。板条宽度一般不大于 120 mm，板厚为 20~30 mm。条木地板适用于办公室、会议室、会客室、休息室、旅馆客房、住宅起居室、幼儿园及仪器室等室内地面。

三、拼花木地板

拼花木地板是用阔叶树种中的水曲柳、柞木、核桃木、榆木、柚木等质地优良、不易腐朽开裂的硬质木材，经干燥处理并加工成条状小板条，用于室内地面装饰的一种较高级的拼装地面材料。拼花小板条的尺寸一般为长 250~300 mm，宽 40~60 mm，厚 20~25 mm，木条一般均带有企口。拼花木地板通过小板条不同方向的组合，可拼造出多种图案花纹，常用的有正芦席纹、斜芦席纹、人字纹、清水砖墙纹等。拼花木地板坚硬而富有弹性，耐磨而又耐朽，不易变形且光泽好，纹理美观且质感好，具有温暖清雅的装饰效果。

拼花木地板分高、中、低三个档次。高档产品适用于三星级以上中、高级宾馆，大型会议室等室内地面装饰；中档产品适用于办公室、疗养院、托儿所、体育馆、舞厅、酒吧等室内地面装饰；低档产品适用于各类民用住宅的地面装饰。

四、木花格

木花格是用木板和枋木制作成的具有若干个分格的木架，这些分格的尺寸和形状一般都各不相同。木花格宜选用硬木或杉木树材制作，并要求材质木节少、木色好、无虫蛀和腐朽等缺陷。

木花格多用于建筑物室内的花窗、隔断、博古架等，能够调整室内设计的格调、改进空间效能和增强装饰的艺术效果等。

五、旋切微薄木

旋切微薄木是以色木、桦木或多瘤的树根为原料，经水煮软化后，旋切成厚 0.1 mm 左右的薄片，再用黏结剂粘贴在坚韧的纸上，制成卷材。或者采用柚木、水曲柳等木材，经过精密旋切，制得厚度为 0.2~0.5 mm 的微薄木，再采用先进的黏结工艺和黏结剂，粘贴在胶合板基材上，制成微薄木贴面板。采用树根瘤制作的微薄木具有鸟眼花纹的特色，其装饰效果甚佳。

旋切微薄木花纹美丽动人、真实感和立体感强、自然亲切。在采用微薄木装饰立面时，应根据其花纹的美观和特点区别上下端，还应考虑家具的色调、灯具灯光以及其他附件的陪衬颜色，合理地选用树种，以求获得更好的装饰效果。

六、木装饰线条（木线条）

木装饰线条种类繁多，主要有楼梯扶手、压边线、墙腰线、天花角线、弯线、挂镜线等。各类木线条立体造型各异，断面有多种形状，如平线条、半圆线条、麻花线条、鸠尾形线条、半圆饰、齿型饰、浮饰、弧饰、S 形饰、贴附饰、钳齿饰、十字花饰、梅花饰、叶形饰及雕饰等。

建筑室内采用的木线条是选用质硬、木质细、耐磨、耐腐蚀、不劈裂、切面光滑、加工性能好、油漆色性好、黏结力好、钉着力强的木材，经干燥处理后，用机械加工或手工加工而成的。木线条主要用作建筑物室内墙面的墙腰饰线、墙面洞口装饰线、护壁板和勒脚的压条饰线、门框装饰线、顶棚装饰角线、楼梯栏杆扶手、墙壁挂画条、镜框线以及高级建筑的门窗和家具等的镶边等。采用木线条装饰可增添室内古朴、高雅、亲切的美感。

复习思考题

1. 保温隔热玻璃有哪些品种？各有何特点？
2. 安全玻璃有哪些？各有何特点？
3. 釉面砖的特点和用途有哪些？
4. 丙烯酸系外墙涂料有何特点？
5. 氟碳涂料有何特点？
6. 天然大理石有何特点？其板材为何常用于室内？
7. 装饰墙布和化纤装饰贴墙布各有何特点？
8. 不锈钢钢板有哪些种类？应用于何处？
9. 人造木材有哪些？

单元12 新型建筑材料

学习目标

了解：新型建筑材料的发展方向和种类。

熟悉：纤维混凝土、绿色高性能混凝土在建筑中的应用，新型墙用板材的组成材料。

掌握：新型建筑材料的特点、评价方法和应用范围。

新型建筑材料一般包括在建筑工程实践中已有成功应用并且代表建筑材料发展方向的一些新型材料。

一般来说，有两种因素会激发人们开发新型材料。一是现有的材料存在着一些缺点，不能完全满足使用要求，需要改善这些基本材料的性能，弥补缺点，在原有基础上发展新型材料，例如提高混凝土的抗拉强度，提高钢材的耐腐蚀性。二是随着科学的进步和社会环境的变化出现了到目前为止不曾有过的新的要求，激发人们去开发新型材料，以满足要求，例如新型墙体材料、智能化建筑材料等。

所以，社会的发展、人们对美好生活环境的要求以及建筑结构的进步等都促进了新型建筑材料的开发和发展。

12.1 新型建筑材料的发展简介

一、轻质高强型材料

随着城市化进程加快，城市人口密度日趋加大，城市功能日益集中和强化，因此需要建造高层建筑，以解决众多人口的居住和行政、金融、商贸、文化等部门的办公空间问题。同时，社会、经济的发展、传统劳动习惯的改变，给人们带来了更多的闲暇时间，人们的观念也发生了变化，除了满足物质生活的需求之外，人们将更加追求精神上、情趣上的享受。大型公共建筑的需求量将增多，例如大型体育馆、音乐厅、综合性商场大厦、高级宾馆、饭店等。因此，未来的建筑物将向更高、更大跨度发展。目前世界上最高的建筑物哈利法塔高度已达到 828 m，未来社会建筑物的高度还会继续增高。日本已经提出高度超过 1 000 m 的超超高层建筑的设想，而要建造这样大型、超超高层的建筑物，就要求所使用的结构材料具有轻质、高强、耐久等优良特性。

二、高耐久性材料

到目前为止，普通建筑物和结构物的使用寿命一般设定在 50～100 年。现代社会基础设施的建设日趋大型化、综合化，例如超高层建筑、大型水利设施、海底隧道、人工岛等，耗资巨大、建设周期长、维修困难，因此人们对于结构物的耐久性要求越来越高。此外，人类对地下、海洋等苛刻环境的开发也要求高耐久性的材料。

材料的耐久性直接影响建筑物的安全性和经济性能。造成建筑物破坏的原因是多方面的，一般仅由于荷载作用而破坏的事例并不多，由于耐久性原因产生的破坏日益增多，尤其是处于特殊环境下的结构物，例如水工结构物、海洋工程结构物，其耐久性比强度更重要。同时，材料的耐久性直接影响建筑物的使用寿命和维修费用。长期以来，我国比较注重建筑物在建造时的初始投资，而忽略其在使用过程中的维修、运行费用以及使用年限缩短所造成的损失，在考虑建筑物的成本时，想方设法减少材料使用量，或者采用性能档次低的材料，在计算成本时也往往以此作为计算的依据。但是建筑物是使用时间较长的产品，其成本计算包括初始建设费用，使用过程中的光、热、水、清洁、换气等运行费用，保养、维修费用和最后解体处理等全部费用。如果材料的耐久性能好，不仅使用寿命长，而且维修量小，将大大减少建筑物的总成本，所以应注重开发高耐久性的材料，同时在规划设计时，应考虑建筑物的总成本，不要片面地追求节省一次性初始投资。

三、新型墙体材料

新型墙体材料的概念是相对于传统的墙体材料黏土实心砖而提出的，是我国在墙体材料改革初期出现的专门名称。与传统的墙体材料相比，新型墙体材料不仅具有符合建筑基本功能要求的技术性能，还可提高建筑围护结构的绝热性能，可避免室内潮湿或干燥等现象，做到冬暖夏凉、节约采暖和空调能耗。发展节能、节土、利废的各种新型墙体材料，不仅是建材工业节能和调整结构的重要措施，还对改善建筑功能、节约土地和保护环境具有重要意义。

新型墙体材料已成为建筑业的发展趋势，对国家经济、能源、社会、环境等的可持续发展将发挥重要作用。

四、装饰、装修材料

随着社会经济水平的提高，人们越来越追求舒适、美观、清洁的居住环境。在 20 世纪 80 年代以前，我国普通住宅基本不进行室内装修，地面大多为水泥净浆抹面，墙面和顶棚为白灰喷涂或抹面，木制门框、窗框涂抹油漆以防止腐蚀和虫蛀。20 世纪 80 年代，随着我国与国际交流日益增多，首先在公共建筑、宾馆、饭店和商业建筑开始了装饰与装修。进入20世纪90年代以来，家居装修在建筑业中已占有很大比重。随着住房制度的改革，商品房、出租公寓的增多，人们开始注重装扮自己的居室，营造一个温馨的居住环境。一个普通城市个人住宅，装修费用平均占房屋总造价的1/3左右。而装修材料的费用占装修工程成本的1/2以上。各种综合的家居建材商店、建材城等应运而生，各类装饰、装修材料，尤其是中、高档材料的使用量日益增大。

家庭生活在人们的全部生活中占1/2以上的时间，人们越来越重视家居空间的质量和舒适性、健康性，为了实现美好的居室环境，未来社会对房屋建筑的装饰、装修材料的需求仍将继续增大。

五、节能环保型建筑材料

现代社会经济发达，基础设施建设规模庞大，建筑材料的大量生产和使用一方面为人类建造了丰富多彩、便捷的生活设施，同时也给地球环境和生态平衡造成了不良的影响。为了实现可持续发展的目标，降低自然资源的消耗和生产能耗，使大量的工业废弃物得到合理的开发与利用，需要大力开发节能环保型建筑材料。例如利用工业废料（粉煤灰、矿渣、煤矸石等）可生产水泥、砌块等材料，利用废弃的泡沫塑料生产保温墙体板材，利用废弃的玻璃生产贴面材料等，既可以减少固体废渣的堆存量，减轻环境污染，又可节省自然界中的原材料，对环保和地球资源的保护具有积极的作用。免烧水泥可以节省生产所消耗的能量。高流动性自密实混凝土在施工过程中不需振捣，既可节省施工能耗，又能减轻施工噪声。

节能环保型建筑材料在建筑领域中的应用已成为当今世界建筑行业的发展趋势。据介绍，欧洲目前正在掀起一场“建筑革命”，人们期待新一代的房屋不仅能确保能源自给自足，还能将剩余的能源输入电网。这是人们对当今建筑行业提出的一个新的要求，也是环保意识增强的一个表现。节能环保型建筑材料的使用将会为整个建筑行业注入一股新鲜血液，它不仅能够解决人们异常关注的环境污染问题，还能够实现资源的合理、重复利用，使整个建筑在设计和构造上更加趋于完美化、合理化，符合我国“可持续发展”的战略要求。

六、景观材料

景观材料是指能够美化环境，协调人工环境与自然之间的关系，增加环境情趣的材料，例如绿化混凝土、自动变色涂料、楼顶草坪、各种园林造型材料等。现代社会由于工业生产活跃，道路及住宅建设量大，城市的绿地面积越来越少，一座座城市几乎成了钢筋混凝土的灰岛。而在郊外，由于修筑道路、水库大坝、公路、铁路等基础设施，破坏自然景观的情况也时有发生。为了保护自然环境，增加绿色植被面积，绿化混凝土、楼顶草坪、模拟自然石材或木材的混凝土材料以及各种园林造型材料将受到人们的青睐。

七、智能化材料

所谓智能化材料，即本身具有自我诊断和预告破坏、自我调节、自我修复功能的材料。这类材料当内部发生某种异常变化时，能将材料的内部状况，例如位移、变形、开裂等情况反映出来，以便在破坏前采取有效措施。同时，智能化材料能够根据内部的承载能力及外部作用情况进行自我调整。例如，吸湿放湿材料可根据环境的湿度自动吸收或放出水分，能保持环境湿度平衡；自动调光玻璃能根据外部光线的强弱调整进光量，满足室内的采光和健康性要求。智能化材料还具有类似于生物的自我生长、新陈代谢的功能，对破坏或受到伤害的部位进行自我修复。当建筑物解体的时候，材料本身还可重复使用，减少建筑垃圾。

智能化材料的研究开发距离实用阶段还有一定的距离，但是在很多方面已经有了它的运用。例如，在建筑方面，科学家正集中力量研制使桥梁、高大的建筑设施以及地下管道等能自诊其“健康”状况，并能自行“医治疾病”的材料。英国科学家已开发出了两种“自愈合”纤维。这两种纤维能分别感知混凝土中的裂纹和钢筋的腐蚀，并能自动黏合混凝土的裂纹或阻止钢筋的腐蚀。

总之，为了提高生活质量，改善居住环境、工作环境和出行环境，人类一直在开发、研究能够满足性能要求的建筑材料，使建筑材料的品种不断增多，功能不断完善，性能不断提高。随着社会的发展，科学技术的进步，人们对居住、工作、出行等环境质量的要求将越来越高，对建筑材料的性能也将提出更高的要求，这就要求人类不断地研究、开发具有更优良的性能、同时与环境协调的各类建筑材料，在满足人民对美好生活的向往和追求的同时，做到可持续发展。

12.2　几种新型建筑材料的性能及应用

一、高强混凝土

强度等级为 C60 及以上的混凝土称为高强混凝土。

高强混凝土的特点是强度高、耐久性好、变形小，能适应现代工程结构向大跨度、重荷载、高层、超高层的发展和承受恶劣环境条件的需要。使用高强混凝土可获得明显的工程效益和经济效益。

1. 原材料选择

(1) 水泥

应选用质量稳定、强度等级不低于 42.5 级的硅酸盐水泥、普通硅酸盐水泥。

（2）粗骨料

粗、细骨料的颗粒级配必须良好，这样可以提高混凝土的密实度，从而提高混凝土的和易性和硬化后的强度。

粗骨料（岩石）的抗压强度应比混凝土强度等级标准值高 30%，其最大公称粒径不宜大于 25 mm；针片状颗粒含量不宜大于 5.0%，且不应大于 8.0%；含泥量不应大于 0.5%，泥块含量不宜大于 0.2%。

（3）细骨料

细骨料的细度模数宜为 2.6~3.0，含泥量不应大于 2.0%，泥块含量不应大于 0.5%。

（4）外加剂和掺合料

掺用高效减水剂或缓凝高效减水剂及优质的矿物质掺合料。高效减水剂是降低高强混凝土水胶比的必需材料，掺量为胶凝材料质量的 0.8%~2.0%。超细矿物质掺合料可以调整水泥颗粒级配，起到增密、增塑、减水和火山灰效应，改善骨料界面效应，提高混凝土的强度。

2. 高强混凝土配合比设计与应用技术要点

除按普通混凝土配合比设计进行计算和试配外，还应符合以下规定：

（1）水泥用量不应大于 550 kg/m^3，水泥和矿物掺合料的总量不应大于 600 kg/m^3。

（2）必须通过试验确定其配合比。当采用三个不同的配合比进行混凝土强度试验时，其中一个应为基准配合比，另外两个配合比的水胶比，宜较基准配合比分别增加和减少 0.02~0.03。

（3）设计配合比确定后，应用该配合比进行不少于六次的重复试验进行验证，其强度平均值不应低于配制强度。

（4）不同的高效减水剂与水泥和超细矿物质掺合料的兼容性相差很大，因此需要通过试验来选择高效减水剂。

（5）混凝土的搅拌时间不能少于 60 s。外加剂的投放要由专人负责。

（6）混凝土用水量应根据砂石含水率变化及坍落度检验结果及时调整。

（7）要加强养护，特别是夏季更应及时用塑料薄膜覆盖或喷涂养护液。

二、绿色高性能混凝土

1. “绿色建材”的含义

在原材料选取、生产制造、使用、废料处理等过程中，对地球环境的影响小，对人类的生存和健康有利的材料，称为“绿色材料”。“绿色建材”包括在“绿色材料”之中。从广义角度来看，“绿色”是对某些产品本身“健康、环保、安全”等属性的评价。

绿色建材与传统建材相比，应具备以下几个特点：

（1）节约能源与资源，少用或不用天然资源及能源，大量使用工业废弃物或城市生活废弃物生产的无毒害、无污染的材料。

(2) 生产过程中不形成新的污染源。

(3) 使用过程中以提高生活质量、改善生态环境为目标,充分保证其“健康、环保、安全”的属性。

(4) 可持续发展,有利于子孙后代。

混凝土是大宗的、普遍应用的建筑材料,今后能否成为可持续发展的材料,关键在于能否成为绿色材料,唯有“绿色”才是发展方向。

2. 高性能混凝土(HPC)

高性能混凝土是 20 世纪 90 年代才提出来的一种全新概念的混凝土。高性能混凝土应同时具备以下特点:

(1) 高工作性

高性能混凝土在拌合、运输、浇筑时具有良好的流变特性和高流动性(一般坍落度在 20 cm 以上),不泌水、不离析,施工时能达到自流平,坍落度经时损失小,具有良好的可泵性。

这种优良的工作性能可以保证施工时混凝土的质量均匀,避免了一些原始缺陷,同时可提高施工速度,节省人力。

(2) 体积稳定性好

高性能混凝土在硬化过程中,混凝土体积稳定、水化放热低、混凝土温升小、不开裂、干燥收缩小。硬化后具有致密结构,不易产生裂缝。

(3) 高强度

高性能混凝土具有高的早期强度及后期强度。高强度是高性能混凝土的一个特点,但不等于强度较低的混凝土不具备高性能。高性能混凝土应达到多高强度各国无统一规定,我国基本上认为应在 C50 级以上。

(4) 高耐久性

高性能混凝土应具备高抗渗性、抗冻性及耐腐蚀性。高性能混凝土的渗透性很小,能有效地抵抗硫酸盐、氯离子等有害介质的侵蚀,对碱-骨料反应有抑制作用,使混凝土即使在严酷的自然环境下也具有较长的使用寿命。不少国家设计的混凝土使用寿命要求在 100 年,甚至 200 年。我国目前提出混凝土寿命至少应在 50 年以上。

由于高性能混凝土具有众多的优越性能,它一出现就表现出强大的生命力,在大型和高层工业及民用建筑中得到广泛应用。

3. 绿色高性能混凝土(GHPC)

目前,混凝土行业又进一步提出了“绿色高性能混凝土”概念,作为混凝土今后发展的方向,以提高人们的绿色意识,节约更多的能源、资源,减少对环境的破坏,提高混凝土质量,促进建筑工程技术的健康发展。

绿色高性能混凝土应具有下列特点:

(1)尽量少用水泥熟料,代之以工业废渣为主的矿物外加剂,以减少大量产生的温室气体二氧化碳对大气的污染,降低资源与能源消耗。最新科学技术表明,超细活性矿物掺合料已可以取代60%~80%的水泥熟料,最终使水泥熟料变成胶凝材料中的"外加剂"。

(2)尽量多用工业废料,以减少污染,保持混凝土工业的可持续发展。除了粉煤灰、矿渣、硅灰外,目前可利用的废渣还有已拆除的旧混凝土渣和砖、瓦等经过煅烧的黏土渣。实践证明上述废料经磨细后都具有一定的活性。

(3)最大限度发挥高性能混凝土的优势,减少建筑物的混凝土用量,以减小构件尺寸,减轻自重,提高耐久性,保证或延长建筑的安全使用期,使材料和工程充分发挥其功能。

(4)扩大绿色高性能混凝土的使用范围,用其代替其他对环境造成不良影响的材料,尤其是大型承重结构以及腐蚀环境下的构筑物。

绿色高性能混凝土越来越受到工程界的青睐,并且已经在工程实践中成功应用。科学技术发展至今,人们的观念已从"最大限度向自然索取财富"改变为"合理利用资源,让人类活动与生态环境协调起来"。这个观念的转变,人类付出了很高的代价,"绿色高性能混凝土"将是今后奋斗的目标。

三、纤维混凝土

纤维混凝土是以混凝土为基体,外掺各种纤维材料而成的。掺入纤维后,混凝土的抗拉强度、抗弯强度、冲击韧性得到提高,脆性也可得到改善。

常用的纤维材料有钢纤维、玻璃纤维、石棉纤维、碳纤维和合成纤维等。国内外研究和应用钢纤维混凝土较多,钢纤维对抑制混凝土裂缝的形成,提高混凝土抗拉和抗弯强度,增加韧性具有较好效果。

在纤维混凝土中,纤维的含量、几何形状以及分布情况,对混凝土性能有重要影响。钢纤维混凝土一般可提高抗拉强度2倍左右,提高抗冲击强度5倍以上。

纤维混凝土目前主要用于非承重结构、对抗裂和抗冲击性要求高的工程,如机场跑道、高速公路、桥面面层、管道等。

四、新型墙用板材

新型墙用板材是近几十年发展起来的一种很有前途的墙体材料。对墙用板材的基本要求是:便于大规模工业化生产,力求现场施工简便、迅速,具有较好的物理、力学、耐久等综合性能。

1. 预应力混凝土空心墙板

预应力混凝土空心墙板是以高强度低松弛预应力钢绞线、52.5等级早强水泥及砂、石为原料,经过张拉、搅拌、挤压、养护、放张、切割而制成的混凝土制品。其规格为:板长 1 000~1 900 mm,板宽 600~1 200 mm,板厚 200~480 mm。

预应力混凝土空心墙板可用于承重、非承重外墙板和内墙板,并可根据需要增加保温吸声层(如 20~50 mm 厚的聚苯乙烯泡沫层)、防水层和多种饰面层(如釉面砖、喷砂、水刷石等),如图 12-1 所示。预应力混凝土空心板除作为墙板外,也可制成各种规格的楼板、屋面板、雨罩和阳台板等。

2. 玻璃纤维增强水泥复合外墙板(简称 GRC 复合外墙板)

GRC 复合外墙板是以低碱水泥或硫酸盐早强水泥为胶凝材料,耐碱(或抗碱)玻璃纤维作增强材料,填充保温芯材(如水泥珍珠岩、岩棉等),经成型、养护而成的一种轻质复合外墙板。

GRC 复合外墙板按墙板型号分为单开间大板和双开间大板;按保温层分为水泥珍珠岩芯层、岩棉芯层和其他保温材料芯层墙板。

GRC 复合外墙板的主要特点是轻质、高强、韧性好,具有良好的保温、防水、耐久、抗裂等性能,并且加工简易、造型丰富、施工方便。

GRC 复合外墙板可用于砖、混凝土、砌块的外墙,也可用于各种复合墙体,既可用于承重外墙,也可用于非承重外墙。通常是通过墙体预埋件焊接或螺栓连接,将其固定在外墙上。

3. 钢网泡沫塑料墙板(泰柏板)

钢网泡沫塑料墙板是以钢丝桁条竖向排列,桁条之间装有断面为 50 mm×57 mm 的泡沫塑料条作保温隔声材料,然后将钢丝桁条和条状轻质材料压至所要求的墙板宽度,再在墙体两个表面上将横向钢丝焊接于钢丝桁条上,使墙体构成一个牢固的钢丝网笼,并用水泥砂浆抹面或喷涂,其构造如图 12-2 所示。

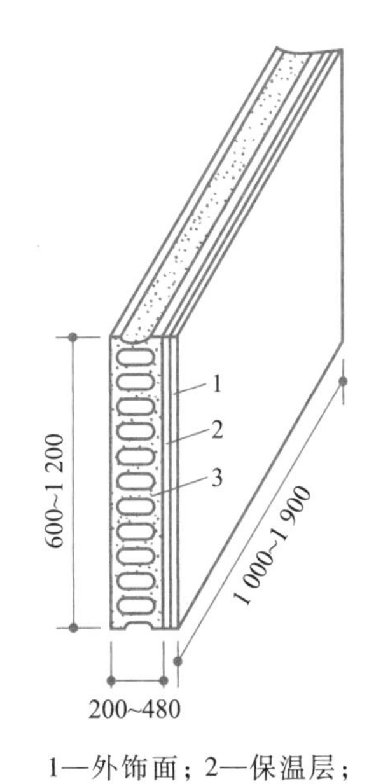

1—外饰面;2—保温层;
3—预应力空心板。

图 12-1 预应力混凝土空心墙板

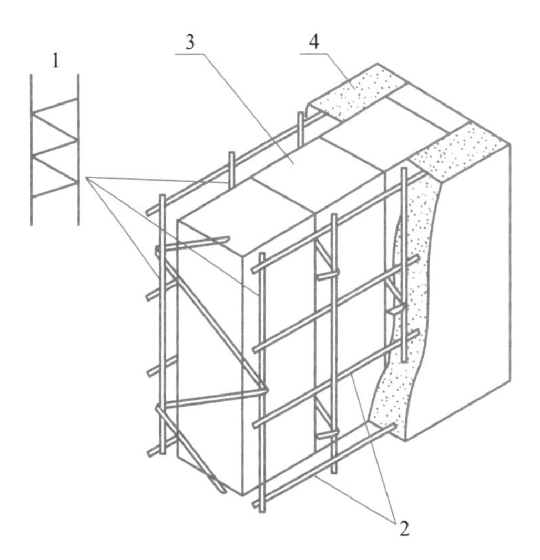

1—钢丝桁条;2—横向钢丝;
3—泡沫塑料条;4—水泥砂浆。

图 12-2 钢网泡沫塑料墙板

钢网泡沫塑料墙板桁条间距分为两种，普通型间距为 50.8 mm，轻型间距为 203 mm。墙板的标准规格为 1 220 mm×2 440 mm，未抹砂浆厚度为 76 mm，抹砂浆后厚度为 102 mm。

钢网泡沫塑料墙板质量轻（两面抹水泥砂浆质量约 90 kg/m^2）、绝热隔声性能好、加工方便、施工速度快，主要用于宾馆、办公楼等的内隔墙，在一定条件下，也可以用于承重的内墙和外墙。

4. 轻质隔热夹心板

轻质隔热夹心板外层采用高强度材料（如镀锌彩色钢板、铝板、不锈钢钢板或装饰板等），内层采用轻质绝热材料（如阻燃型发泡聚苯乙烯、矿棉等），通过自动成型机，用高强度黏结剂将两者黏合，再经加工、修边、开槽、落料制成板材。一般板宽为 1 200 mm，厚度在 40～250 mm 之间，长度按用户需要而定。

轻质隔热夹心板的最大特点是质轻（每平方米质量 10～14 kg）、隔热[导热系数为 0.031 W/(m·K)]，具有良好的防潮性能和较高的抗弯、抗剪强度，并且安装灵活快捷，可多次拆装重复使用，故广泛用于厂房、仓库和净化车间、办公楼、商场等，还可用于夹层、组合式活动房、室内隔断、天棚、冷库等。

5. 外墙保温阻燃板

近年来，随着我国住宅建设节能工作的不断深入以及节能标准的不断提高，建设行业引进开发了许多新型的节能技术和材料，在住宅建筑中大力推广使用。公安部、住房和城乡建设部 2009 年颁布的《民用建筑外保温系统及外墙装饰防火暂行规定》要求：“民用建筑外保温材料的燃烧性能宜为 A 级，且不应低于 B2 级”。建筑材料及其制品燃烧性能分级见表 12-1。使用具备节能、环保、阻燃优点的新型外墙保温材料，可提高建筑物的防火性能，减少火灾隐患，具有十分重大的意义。

表 12-1 建筑材料及其制品燃烧性能分级

等级	性能	举例
A	不燃性建筑材料。几乎不发生燃烧的材料	天然石材、混凝土制品、陶瓷、岩棉、石膏板、玻璃、金属制品等
B1	难燃性建筑材料。难燃类材料有较好的阻燃作用。其在空气中遇明火或在高温作用下难起火，不易很快发生蔓延，且当火源移开后燃烧立即停止	纸面石膏板、珍珠岩板、玻璃棉板、酚醛塑料、硬 PVC 塑料地板、水泥刨花板、铝箔玻璃钢等
B2	可燃性建筑材料。可燃类材料有一定的阻燃作用。其在空气中遇明火或在高温作用下会立即起火燃烧，易导致火灾的蔓延	各类天然材料、木制人造板、竹材、纸制装饰板、人造革、胶合板、纯毛装饰布、纯麻装饰布、复合壁纸、塑纤板、挤塑聚苯板等
B3	易燃性建筑材料。无任何阻燃效果，极易燃烧，火灾危险性很大	木材、油漆、普通墙纸等

聚苯乙烯泡沫板又名泡沫板、EPS 板，防火等级 B2 级，是由聚苯乙烯珠粒经加热预发后在模具中加热成型的白色板材，其有微细闭孔的结构特点。泡沫板主要用于建筑墙体、屋面保温、复合板保温、地板采暖等保温工程。

挤塑聚苯乙烯泡沫板简称挤塑板，又名 XPS 板，防火等级 B2 级，经过特殊处理（经特殊工艺连续挤出发泡成型的硬质泡沫塑料板）的 XPS 板属于 B1 级。挤塑板具有高抗压、吸水率低、质轻、环保、耐腐蚀、导热系数低等优异性能。挤塑板广泛应用于墙体保温、混凝土屋顶及钢结构屋顶的保温等多个领域的防潮保温。

聚氨酯板由上、下层彩钢板中间加发泡聚氨酯组成，防火等级 B2 级，经过特殊处理的聚氨酯板属于 B1 级。聚氨酯板具有轻质、美观、保温隔热好、不助燃、可直接加工等优良性能。聚氨酯板广泛应用于大型工业厂房、体育馆、办公楼等工业与民用建筑的屋面和墙面保温工程中。

酚醛板由酚醛泡沫材料制成，防火等级 A 级。酚醛泡沫素有“保温材料之王”的美称，是新一代保温防火隔声材料。它具有轻质、防火、遇明火不燃烧、无烟、无毒、无滴落等性能，使用温度范围广等优点，解决了其他有机材料防火性能不理想，而无机材料吸水率大、容易“结露”、施工时皮肤刺痒等问题。作为一种安全、绿色的新型节能防火保温材料，其优点已经得到建设部门和公安消防部门的认可。

岩棉板是以玄武岩及其他天然矿石等为主要原料，经高温熔融成纤，加入适量黏结剂，固化加工而制成的，防火等级 A 级，具有导热系数小、密度范围广（70~200 kg/m^3）、规格范围广、施工及安装便利、节能效果显著等优点。建筑用岩棉板具有优良的防火、保温和吸声性能，主要用于建筑墙体、屋顶的保温隔声，建筑隔墙、防火墙、防火门和电梯井的防火和降噪。

复习思考题

1. 我国为什么要进行墙体改革？
2. 新型墙体材料与传统黏土砖相比有何特点？
3. 什么是高强混凝土和高性能混凝土？各有何特性？
4. 什么是纤维混凝土？混凝土中加纤维的目的是什么？一般用在什么工程上？

单元13 建筑材料性能检测

13.1 水泥技术性能检测

一、采用标准

《通用硅酸盐水泥》(GB 175—2007);

《水泥细度检验方法　筛析法》(GB/T 1345—2005);

《水泥标准稠度用水量、凝结时间、安定性检验方法》(GB/T 1346—2011);

《水泥胶砂流动度测定方法》(GB/T 2419—2005);

《水泥胶砂强度检验方法(ISO 法)》(GB/T 17671—2021)。

二、取样方法与数量

1. 检验批的确定

《混凝土结构工程施工质量验收规范》(GB 50204—2015)规定,水泥进场时按同一生产厂家、同一强度等级、同一品种、同一代号、同一批号且连续进场的水泥,袋装不超过 200 t 为一检验批,散装不超过 500 t 为一检验批,每批抽样不应少于一次。

2. 取样

按《水泥取样方法》(GB/T 12573—2008)规定进行。对于建筑工程原材料进场检验,取样应有代表性。袋装水泥取样时,应在袋装水泥堆场进行取样,随机从不少于 20 个水泥袋中取等量样品,将所取样品充分混合均匀后,至少称取 12 kg 作为送检样品;散袋水泥取样时,随机从不少于 3 个车罐中,取等量水泥并混合均匀后,至少称取 12 kg 作为送检样品。

3. 水泥复试

用于承重结构和使用部位有强度等级要求的混凝土用水泥,或水泥出厂超过三个月(快硬硅酸盐水泥为一个月)和进口水泥,在使用前必须进行复试,并提供检测报告。通常,水泥复试只做安定性、凝结时间和胶砂强度三个项目。

4. 水泥检测环境

要求检测室温度为 20 ℃±2 ℃,相对湿度≥50%;湿气养护箱的温度为 20 ℃±1 ℃,相对湿度≥90%；试样（试件）养护池水温度应为 20 ℃±1 ℃。

三、水泥细度检测

水泥细度检测分比表面积法和筛分析法。硅酸盐水泥、普通硅酸盐水泥用比表面积法测定，其他四种通用硅酸盐水泥均采用筛分析法测定。筛分析法又分为负压筛析法、水筛法和手工筛析法。如对以上方法的检测结果有争议，以负压筛析法为准。

下面介绍负压筛析法。

1. 目的

为判定水泥质量提供依据。

2. 仪器设备

试验筛、负压筛析仪、天平等。

3. 检测步骤

试验前，水泥样品应通过 0.9 mm 方孔筛后充分混匀，并记录筛余百分率及筛余物情况。

（1）把负压筛放在筛座上，盖上筛盖，接通电源，检查控制系统，调节负压至 4 000～6 000 Pa 范围内。

（2）称量试样 25 g（精确至 0.01 g），置于洁净的负压筛中，放在筛座上，盖上筛盖。

（3）开动筛析仪并连续筛析 2 min，在此期间如有试样附着在筛盖上，可轻轻地敲击筛盖，使试样落下。

（4）筛毕，用天平称量筛余物质量，精确至 0.1 g。当工作负压小于 4 000 Pa 时，应清理吸尘器内水泥，使负压恢复正常。

4. 结果计算与评定

（1）水泥试样筛余百分数按下式计算（精确至 0.1%）：

$$F=\frac{R_s}{W}\times 100\% \qquad (13-1)$$

式中　F——水泥试样的筛余百分数，%；

R_s——水泥筛余物的质量，g；

W——水泥试样的质量，g。

（2）筛余结果和国家标准《通用硅酸盐水泥》（GB 175—2007）对照进行评定。

四、水泥标准稠度用水量测定

水泥标准稠度用水量的测定方法有标准法和代用法两种，发生矛盾时以标准法为准。标准法和代用法适用于通用硅酸盐水泥及指定采用该方法的其他品种水泥。

1. 目的

测定水泥净浆达到标准稠度时的用水量，为检测水泥的凝结时间和安定性做好准备。

2. 仪器设备

水泥净浆搅拌机、标准法维卡仪（图 13-1）、代用法维卡仪、量水器、天平等。

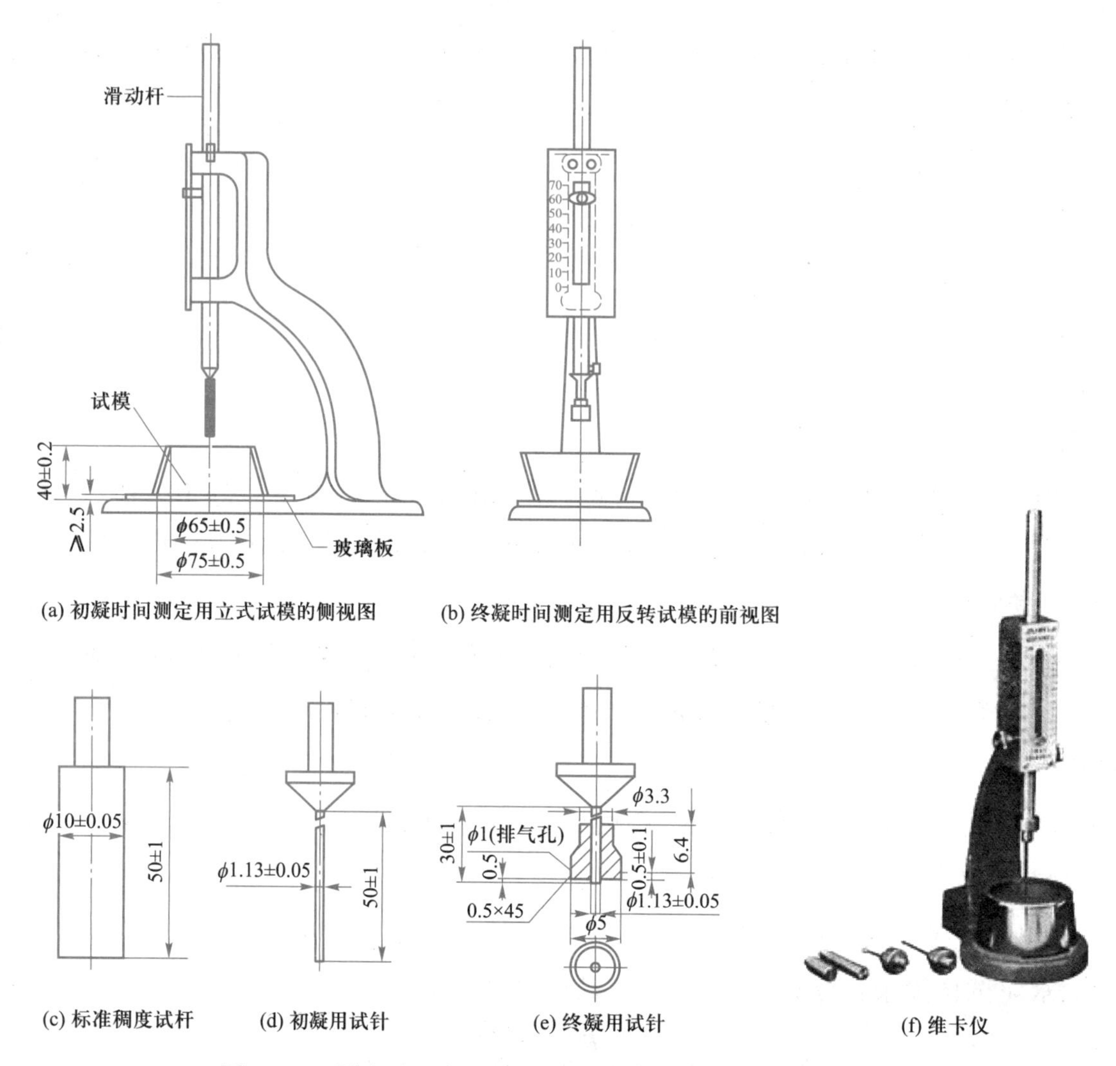

图 13-1 测定水泥标准稠度用水量和凝结时间用的维卡仪

3. 测试步骤（标准法）

（1）准备工作：将维卡仪调整至试杆接触玻璃板时，指针对准零点，其滑动杆能自由滑动，同时搅拌机正常运转。

（2）取水泥试样 500 g，拌合水量按经验找水。

（3）用湿布将搅拌锅和搅拌叶片擦干净，将拌合水倒入搅拌锅内，然后在 5～10 s 内小心地将 500 g 水泥加入水中，防止水和水泥溅出。

（4）将锅放在搅拌机的锅座上，升至搅拌位置，启动搅拌机，低速搅拌 120 s，停机 15 s，同时将叶片和锅壁上的水泥浆刮入锅中，接着高速搅拌 120 s 停机。

(5) 将拌制好的水泥净浆装入已置于玻璃底板上的试模中,用小刀插捣,轻轻振动数次,使气泡排出并刮平,然后迅速将试模和底板放到维卡仪试杆下面固定的位置上。

(6) 试杆降至净浆表面,指针对准零点,拧紧螺钉 1~2 s 后,突然放松,使试杆垂直自由地沉入水泥净浆中。在试杆停止沉入或释放试杆 30 s 时,记录试杆距底板的距离,升起试杆后,立即擦净。整个操作应在搅拌后 1.5 min 内完成。

4. 结果评定

以试杆沉入净浆并距底板 6 mm±1 mm 的水泥净浆为标准稠度净浆。其拌合水量为该水泥的标准稠度用水量(P),按水泥质量的百分比计。如果试杆下沉深度不在上述范围,应增减用水量,重复上述操作,直到达到 6 mm±1 mm 时为止,即达到标准稠度为止。

五、水泥凝结时间检测

下述方法适用于通用硅酸盐水泥及指定采用本方法的其他品种水泥。

1. 目的

检测水泥的初凝和终凝时间,评定该水泥是否为合格品。

2. 仪器设备

凝结时间测定仪(标准法维卡仪、试针)、水泥净浆搅拌机、试模(圆模)、湿气养护箱(温度为 20 ℃±1 ℃、相对湿度≥90%)、量水器、天平等。

3. 检测步骤

(1) 将圆模放在玻璃板上,在内侧涂一层机油。将凝结时间测定仪调整至试针接触玻璃板时,指针对准零点。

(2) 用标准稠度用水量制成标准稠度净浆一次装满试模,振动数次刮平,立即放入湿气养护箱中。记录水泥全部加入水中的时间作为凝结时间的起始时间。

(3) 初凝时间的测定。

试件在湿气养护箱中养护至加水后 30 min 时,进行第一次测定。

测定时,从湿气养护箱中取出试模放到试针下,降低试针使其与水泥净浆表面接触。拧紧螺钉 1~2 s 后,突然放松,试针垂直自由地沉入水泥净浆,观察试针停止下沉或释放试针 30 s 时指针的读数。当试针沉至距底板 4 mm±1 mm 时,为水泥达到初凝状态,即水泥全部加入水中至初凝状态的时间为水泥的初凝时间,用“min”表示。

(4) 终凝时间的测定。

为准确观测试针沉入的状况,在终凝针上安装了一个环形附件(图 13-1e),在完成初凝时间测定后,立即将试模连同浆体以平移的方式从玻璃板取下,翻转 180°,直径大端向上、小端向下放在玻璃板上,再放入湿气养护箱中继续养护,临近终凝时间时,每隔 15 min(或更短时间)检测一次,当试针沉入试件 0.5 mm 时,即环形附件开始不能在试件上留下痕迹时,为水泥达到终凝状态，即水泥全部加入水中至终凝状态的时间为水泥的终凝时间，用“min”表示。

4. 结果评定

凡初凝时间、终凝时间有一项不合格者为不合格品。

5. 注意事项

（1）最初检测时，应轻扶金属柱，使其慢慢下落，以防试针撞弯，但结果以自由下落为准。

（2）在整个检测过程中，试针沉入的位置至少要距试模内壁 10 mm。

（3）临近初凝时，每隔 5 min 检测一次，临近终凝时，每隔 15 min 检测一次，到达初凝或终凝时，应立即重复多测一次，当两次结论相同时，才能定为达到初凝或终凝状态。

（4）每次检测不能让试针落入原针孔。

（5）每次检测完毕须将试针擦净，并将试模放回湿气养护箱，整个检测过程要防止试模受振。

六、水泥安定性检测

下述方法适用于通用硅酸盐水泥及指定采用本方法的其他品种水泥。检测方法有标准法（雷氏法）和代用法（试饼法）两种。有争议时以标准法为准。

1. 目的

检测水泥浆在硬化时体积变化的均匀性，评定该水泥是否为合格品。

2. 仪器设备

沸煮箱：有效容积为 410 mm（±3 mm）×240 mm（±3 mm）×310 mm（±3 mm），能在 30 min±5 min 内将箱内试验用水从 20 ℃±2 ℃加热至沸腾状态并保持 180 min±5 min 后自动停止，整个过程不需要补充水量。

雷氏夹：由铜质材料制成（图 13-2），当用 300 g 砝码校正时，两根指针的针尖距离增加应在 17.5 mm±2.5 mm 范围内，即 $2x=17.5$ mm±2.5 mm（图 13-3），去掉砝码后针尖距离应恢复原状。

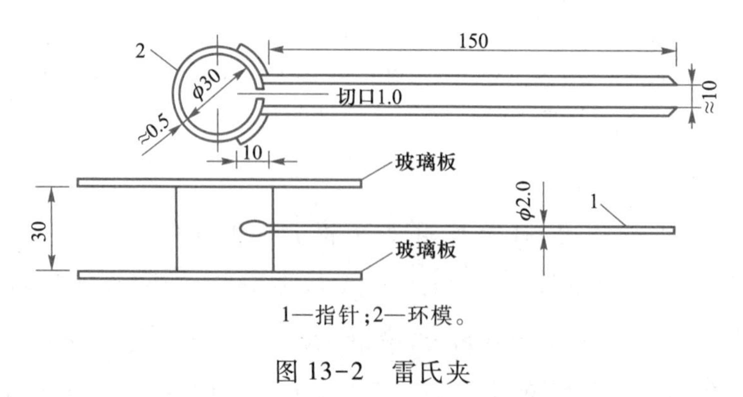

1—指针；2—环模。

图 13-2 雷氏夹

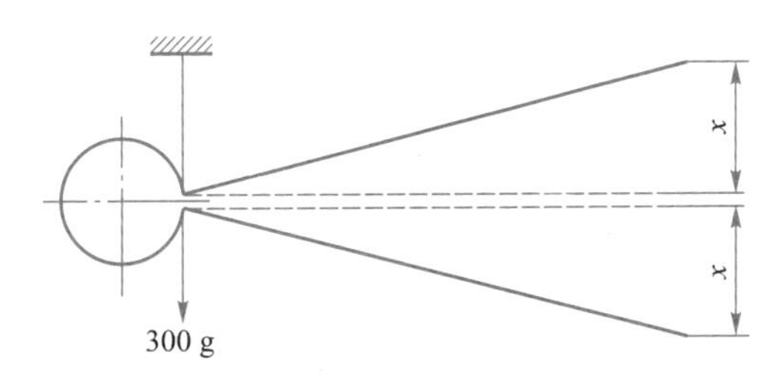

图 13-3 雷氏夹受力示意图

雷氏夹膨胀值测定仪（标尺最小刻度为 0.5 mm，如图 13-4 所示）、水泥净浆搅拌机、量水器、湿气养护箱、天平等。

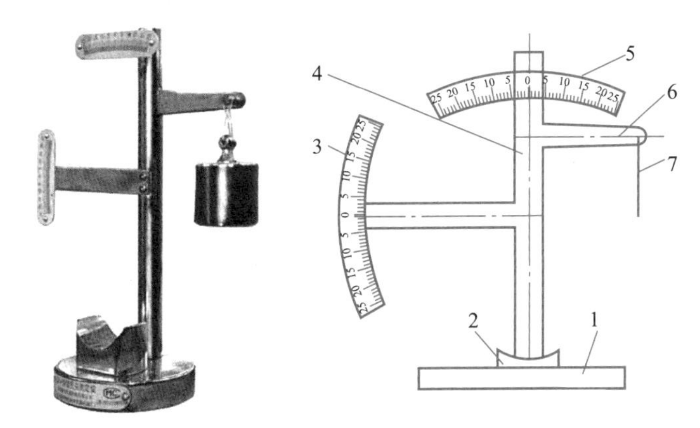

1—底座；2—模子座；3—测弹性标尺；4—立柱；5—测膨胀值标尺；6—悬臂；7—悬丝。

图 13-4 雷氏夹膨胀值测定仪（单位：mm）

3. 检测步骤

（1）称取水泥试样 500 g（精确至 1 g），以标准稠度用水量搅拌成标准稠度的水泥净浆。在与水泥净浆接触的玻璃板和雷氏夹内侧涂一薄层机油。

（2）成型方法

① 试饼法：将制好的标准稠度净浆取出约 150 g，分成两等份，使之成球形，放在涂过油的玻璃板上，轻轻振动玻璃板并用湿布擦过的小刀由边缘向中央抹，做成直径 70～80 mm，中心厚约 10 mm，边缘渐薄、表面光滑的试饼。

② 雷氏法：将预先准备好的雷氏夹放在擦过油的玻璃板上，立即将已制好的标准稠度净浆一次装满雷氏夹，装浆时一只手轻轻扶持雷氏夹，另一只手用宽约 25 mm 的直边刀在浆体表面轻轻插捣 3 次，然后抹平，盖上稍涂油的玻璃板。

（3）养护　成型后立即放入湿气养护箱内养护 24 h±2 h。

（4）沸煮　调整好沸煮箱内的水位，既能保证在整个沸煮过程中都高于试件，不需中途加水，同时又能保证在 30 min±5 min 内升至沸腾。

① 试饼法：脱去玻璃板，取下试饼，先检查试饼是否完整，在试饼无缺陷的情况下，将试饼

放在沸煮箱水中的箅板上，然后在 30 min±5 min 内加热至沸腾，并恒沸 180 min±5 min。

② 雷氏法：脱去玻璃板，取下试件，先测量雷氏夹指针尖端间的距离（A），精确到0.5 mm，接着将试件放入沸煮箱水中的试件架上，指针朝上，试件之间互不交叉，然后在30 min±5 min内加热至沸腾，并恒沸 180 min±5 min。

（5）沸煮结束后，立即放掉沸煮箱中的热水，打开箱盖，将箱体冷却至室温，取出试件进行判别。

4. 结果评定

（1）试饼法：目测试饼未发现裂缝，用钢直尺检查也没有弯曲（使钢直尺和试饼底部紧靠，以两者间不透光为不弯曲）的试饼为安定性合格，反之为不合格。当两个试饼判别结果有矛盾时，该水泥的安定性为不合格。

（2）雷氏法：测量雷氏夹指针尖端的距离（C），精确至 0.5 mm，当两个试件煮后增加距离（$C-A$）的平均值≤5.0 mm 时，即认为该水泥安定性合格，反之为不合格。当两个试件煮后增加距离（$C-A$）的平均值相差>5 mm 时，应用同一样品立即重做一次检测。再如此，则认为该水泥为安定性不合格。

（3）评定：安定性不合格的水泥属不合格品，严禁用于工程中。

七、水泥胶砂强度检测

下述方法适用于通用硅酸盐水泥。但对火山灰水泥、粉煤灰水泥、复合水泥和掺火山灰混合材料的普通水泥在进行胶砂强度检测时，其用水量按 0.50 水胶比和胶砂流动度不小于 180 mm 来确定。当流动度小于 180 mm 时，应以 0.01 的整倍数递增的方法将水胶比调整至胶砂流动度不小于 180 mm。

1. 目的

测定水泥胶砂的强度，评定水泥的强度等级。

2. 仪器设备

行星式水泥胶砂搅拌机、胶砂振实台、试模（三联模的三个内腔尺寸均为 40 mm×40 mm×160 mm，如图 13-5 所示）、模套、抗折强度试验机、抗压强度试验机、夹具、刮平直尺、下料漏斗、天平、标准养护箱等。

3. 检测步骤

（1）成型

① 将试模擦净，四周的模板与底座的接触面上应涂黄油，紧密装配，防止漏浆，内壁均匀刷一层薄机油。

② 水泥与 ISO 标准砂的质量比为 1 : 3，水胶比为 0.5。一锅胶砂成三条试件，每锅材料需要量：水泥（450±2）g、中国 ISO 标准砂（1 350±5）g、水（225±1）g。

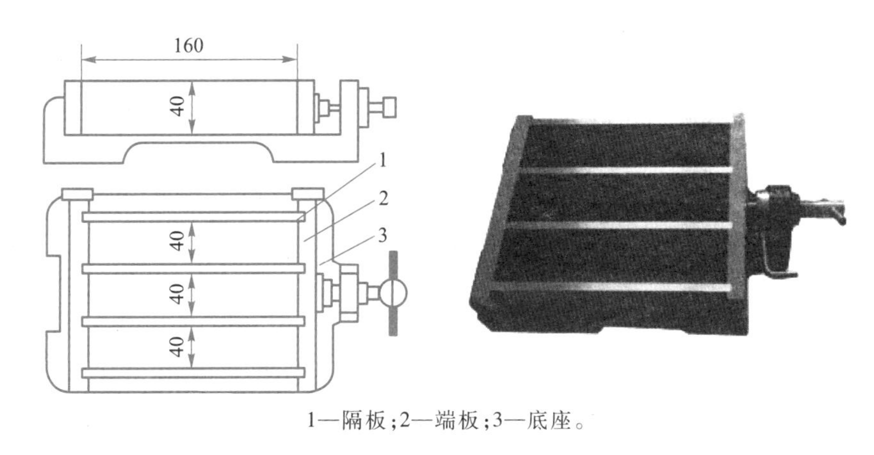

1—隔板；2—端板；3—底座。

图 13-5　试模

③ 胶砂搅拌：把水加入锅里，再加入水泥（试验前混合均匀），把锅放在固定架上，上升至固定位置。立即启动搅拌机，低速搅拌 30 s 后，在第二个 30 s 开始的同时均匀地将砂加入。高速搅拌 30 s，停拌 90 s，在第一个 15 s 内用一胶皮刮具将叶片和锅壁上的胶砂刮入锅中间。在高速下继续搅拌 60 s。各个搅拌阶段时间误差应在±1 s 以内。

④ 成型：将空试模和模套固定在振实台上，用料勺直接从搅拌锅里将胶砂分两层装入试模，装第一层时，每个槽里约放 300 g 胶砂，用大播料器垂直架在模套顶部沿每个模槽来回一次将料层播平，振实 60 次。接着装入第二层胶砂，用小播料器播平，振实 60 次。移走模套，从振实台上取下试模，用直尺以近似垂直的角度架在试模模顶的一端，然后沿试模长度方向以横向锯割动作慢慢向另一端移动，一次将超过试模部分的胶砂刮去，同时水平地将试件表面抹平。

成型后在试模上做标记或用字条标明试件编号和试件相对于振实台的位置。

（2）养护

① 带模养护：成型后立即将做好标记的试模放入雾室或湿气养护箱的水平架上，在温度为 20℃±1℃、相对湿度≥90% 的条件下养护，养护时不应将试模放在其他试模上，到规定的脱模时间时取出脱模。脱模前，用防水墨汁或颜料笔对试件进行编号和做标记。两个龄期以上的试件，在编号时应将同一试模中的三条试件分在两个以上龄期内。

② 脱模：对于 24 h 龄期的，应在破型检测前 20 min 内脱模；对于 24 h 以上龄期的，应在成型后 20~24 h 之间脱模。脱模时应防止试件受到损伤。硬化较慢的水泥允许延长脱模时间，但需记录脱模时间。

③ 水中养护：试件脱模后立即水平或竖直放在 20℃±1℃ 水中养护，水平放置时刮平面应朝上。试件之间的间隔或试件上表面的水深不得小于 5 mm。

每个养护池只能养护同类型水泥试件。随时加水保持适当恒定水位，不允许在养护期间全部换水。除 24 h 龄期或延迟至 48 h 脱模的试件外，任何到龄期的试件应在检测（破型）前

15 min 从水中取出。擦去试件表面沉积物，并用湿布覆盖至检测为止。

（3）强度测定

① 龄期：强度检测试件的龄期是从水泥加水搅拌开始检测时算起，不同龄期强度检测在下列时间里进行：24 h±15 min、48 h±30 min、72 h±45 min、7 d±2 h、>28 d±8 h。

② 抗折强度检测：每龄期取出三条试件先做抗折强度检测，检测前擦拭试件表面，把试件放入抗折夹具内，应使侧面与圆柱接触，试件放入前应使杠杆成平衡状态，试件放入后，调整夹具，使杠杆在试件折断时尽可能地接近平衡状态。以 50 N/s±10 N/s 的速率均匀地将荷载垂直地加在棱柱体相对侧面上，直至折断（保持两个半截棱柱体处于潮湿状态直至抗压检测）。记录折断时的荷载 F_f。

③ 抗压强度检测：抗折强度检测后的六个断块应立即进行抗压强度检测。抗压强度检测需用抗压夹具进行，以试件的侧面作为受压面，并使夹具对准压力机压板中心。以 2 400 N/s±200 N/s 的速率均匀地加荷至破坏。记录破坏荷载 F_c。

4. 结果计算与评定

（1）抗折强度按下式计算（精确至 0.1 MPa）：

$$R_f=\frac{1.5F_fL}{b^3}\approx 0.002\,34F_f \tag{13-2}$$

式中 R_f——抗折强度，MPa（N/mm²）；

F_f——折断时的荷载，N；

L——支撑圆柱之间的距离，取 $L=100$ mm；

b——棱柱体正方形截面的边长，取 $b=40$ mm。

抗折强度以一组三个棱柱体抗折强度测定值的算术平均值作为检测结果，当三个强度值中有超出平均值±10%时的，应剔除后再取平均值作为抗折强度检测结果。

（2）抗压强度按下式计算（精确至 0.1 MPa）：

$$R_c=\frac{F_c}{A}=0.000\,625F_c \tag{13-3}$$

式中 R_c——抗压强度，MPa（N/mm²）；

F_c——破坏时的最大荷载，N；

A——受压面积，取 1 600 mm²。

抗压强度以一组三个棱柱体上得到的六个抗压强度测定值的算术平均值为检测结果。如六个测定值中有一个超出平均值的±10%，就应剔除这个结果，而以剩下五个值的算术平均值为检测结果。如果五个测定值中再有超出它们平均值的±10%的，则此组结果作废。

（3）评定　根据该组水泥的抗折、抗压强度检测结果，评定该水泥的强度等级。

八、水泥胶砂流动度检测

1. 目的

通过测量一定配合比的水泥胶砂在规定振动状态下的扩展范围来衡量其流动性。

2. 仪器设备

水泥胶砂流动度测定仪(简称跳桌)、水泥胶砂搅拌机、试模(由截锥圆模和模套组成,金属材料制成,内表面加工光滑)、捣棒(由金属材料制成,直径为 20 mm±0.5 mm,长度约 200 mm)、卡尺(量程≥300 mm,分度值≤0.5 mm)、小刀、天平等。

3. 检测步骤

(1) 如跳桌在 24 h 内未被使用,先空跳一个周期 25 次。

(2) 胶砂制备按“七、水泥胶砂强度检测”的规定进行。在制备胶砂的同时,用潮湿棉布擦拭跳桌台面、试模内壁、捣棒以及与胶砂接触的用具,将试模放在跳桌台面中央并用潮湿棉布覆盖。

(3) 将拌好的胶砂分两层迅速装入试模,第一层装至截锥圆模高度约 2/3 处,用小刀在相互垂直两个方向各划 5 次,用捣棒由边缘至中心均匀捣压 15 次,随后装第二层胶砂,装至高出截锥圆模约 20 mm,用小刀在相互垂直两个方向各划 5 次,再用捣棒由边缘至中心均匀捣压 10 次。捣压后胶砂应略高于试模。捣压深度,第一层捣至胶砂高度的 1/2,第二层捣实不超过已捣实底层表面。装胶砂和捣压时,用手扶稳试模,不要使其移动。

(4) 捣压完毕,取下模套,将小刀倾斜,从中间向边缘分两次以近水平的角度抹去高出截锥圆模的胶砂,并擦去落在桌面上的胶砂。将截锥圆模垂直向上轻轻提起。立刻开动跳桌,以每秒钟一次的频率,在 25 s±1 s 内完成 25 次跳动。

(5) 流动度检测,从胶砂加水开始到测量扩散直径结束,应在 6 min 内完成。

4. 结果计算与评定

跳动完毕,用卡尺测量胶砂底面互相垂直的两个方向直径,计算平均值,取整数,单位为 mm。该平均值即为该水量的水泥胶砂流动度。

13.2 混凝土用骨料检测

一、采用标准

《建设用砂》(GB/T 14684—2011);

《建设用卵石、碎石》(GB/T 14685—2011)。

二、取样与缩分

1. 细骨料

(1) 检验批的确定　同一产地、同一规格、同一进厂(场)时间,每 400 m^3 或 600 t 为一检验批;不足 400 m^3 或 600 t 也为一检验批。

每一检验批取样一组,天然砂每组 22 kg,机制砂每组 52 kg。

(2) 取样方法　在料堆上取样时,取样部位应均匀分布。取样前先将取样部位表层铲除,然后从不同部位抽取大致等量的砂 8 份(天然砂每份 11 kg 以上,机制砂每份 26 kg 以上),组成一组试样;从皮带运输机上取样时,应用接料器在皮带运输机机头的出料处全断面定时抽取大致等量的砂 4 份(天然砂每份 22 kg 以上,机制砂每份 52 kg 以上),组成一组试样。从火车、汽车、轮船上取样时,从不同部位和深度抽取大致等量的砂 8 份,组成一组试样。

(3) 取样数量　取样时,单项检测所需骨料的最少取样数量应符合表 13-1 的规定。

表 13-1　单项检测所需骨料的最少取样数量

检测项目	细骨料最少取样数量/kg	粗骨料不同最大粒径下的最少取样量/kg							
		9.5 mm	16.0 mm	19.0 mm	26.5 mm	31.5 mm	37.5 mm	63.0 mm	75.0 mm
颗粒级配	4.4	9.5	16.0	19.0	25.0	31.5	37.5	63.0	80.0
含泥量	4.4	8.0	8.0	24.0	24.0	40.0	40.0	80.0	80.0
泥块含量	20.0	8.0	8.0	24.0	24.0	40.0	40.0	80.0	80.0
针片状颗粒含量	—	1.2	4.0	8.0	12.0	20.0	40.0	40.0	40.0
表观密度	2.6	8.0	8.0	8.0	8.0	12.0	16.0	24.0	24.0
松散堆积密度与空隙率	5.0	40.0	40.0	40.0	40.0	80.0	80.0	120.0	120.0

(4) 试样缩分　除堆积密度、机制砂坚固性检测所用试样不经缩分,在拌匀后直接进行检测外,其他检测用试样均应进行缩分。人工四分法缩分是将所取样品置于平板上,在潮湿状态下拌合均匀,并堆成厚度约 20 mm 的圆饼,然后沿互相垂直的两条直径把圆饼分成大致相等的四份,取其中对角线的两份重新拌匀,再堆成圆饼。重复上述过程,直到把样品缩分到检测所需量为止。

(5) 砂的必检项目　天然砂:筛分析、含泥量、泥块含量。机制砂:筛分析、石粉含量(含亚甲蓝试验)、泥块含量、压碎指标。

若检测不合格,应重新取样。对不合格项进行加倍复检,若仍不能满足标准要求,应按不合格品处理。

2. 粗骨料

(1) 检验批的确定 按同品种、同规格、同适用等级及日产量每 600 t 为一检验批，不足 600 t 也为一检验批；日产量超过 2 000 t，按 1 000 t 为一检验批，不足 1 000 t 亦为一检验批；日产量超过 5 000 t，按 2 000 t 为一检验批，不足 2 000 t 亦为一检验批。

(2) 取样方法 在料堆上取样时，取样部位应均匀分布。取样前先将取样部位表层铲除，然后从不同部位抽取大致等量的石子 15 份，组成一组试样；从皮带运输机上取样时，应用接料器在皮带运输机机头的出料处全断面定时抽取大致等量的石子 8 份，组成一组试样；从火车、汽车、轮船上取样时，从不同部位和深度抽取大致等量的石子 16 份，组成一组试样。

(3) 取样数量 单项检测的最少取样数量应符合表 13-1 的规定。

(4) 试样缩分 除堆积密度检测所用试样不经缩分，在拌匀后直接进行检测外，其他检测用试样均应进行缩分。先将所取样品置于平板上，在自然状态下拌合均匀，并堆成锥体，然后沿互相垂直的两条直径把锥体分成大致相等的四份，取其中对角线的两份重新拌匀，再堆成锥体。重复上述过程，直至把样品缩分到检测所需量为止。

(5) 石子必检项目 筛分析、含泥量、泥块含量、针片状颗粒含量、压碎指标。若检验不合格，应重新取样，对不合格项进行加倍复检，若仍不能满足标准要求，应按不合格品处理。下面主要介绍筛分析、含泥量、泥块含量、密度、压碎指标等检测。

三、砂筛分析检测

1. 目的

评定砂的颗粒级配和粗细程度。

2. 仪器设备

标准筛（孔径为 150 μm、300 μm、600 μm、1. 18 mm、2. 36 mm、4. 75 mm、9. 50 mm 的方孔筛）、鼓风干燥箱（能使温度控制在 105 ℃±5 ℃）、天平、摇筛机、搪瓷盘、毛刷等。

3. 检测步骤

(1) 按规定方法取样，筛除大于 9. 50 mm 的颗粒（并算出其筛余百分率）并缩分至约 1 100 g。放在 105 ℃±5 ℃的干燥箱中烘干至恒重（指试样在烘干 3 h 以上的情况下，其前、后质量之差不大于该项检测所要求的称量精度时的重量），冷却至室温后，分大致相等的两份备用。

(2) 称取试样 500 g（精确至 1 g）。将试样倒入按孔径大小从上到下组合的套筛（附筛底）上，然后进行筛分。

(3) 先在摇筛机上筛分 10 min，再按筛孔大小顺序逐个手筛，筛至每分钟通过量小于试样总量 0. 1% 为止。通过的试样并入下一号筛中，并和下一号筛中的试样一起过筛，按这样顺序进行，直至各号筛全部筛完为止。

(4) 称出各号筛的筛余量（精确至 1 g）。如每号筛的筛余量与筛底的剩余量之和同原试样质量之差超过 1% 时，须重做。

4. 结果计算与评定

（1）计算分计筛余百分率：各号筛的筛余量与试样总量之比（精确至 0.1%）。

（2）计算累计筛余百分率：该号筛的分计筛余百分率加上该号筛以上各筛的分计筛余百分率之和（精确至 0.1%）。

（3）按下式计算细度模数（精确至 0.01）：

$$M_x=\frac{(A_2+A_3+A_4+A_5+A_6)-5A_1}{100-A_1} \tag{13-4}$$

（4）累计筛余百分率取两次检测结果的算术平均值（精确至 1%）。

（5）细度模数取两次检测结果的算术平均值（精确至 0.1）；如两次检测的细度模数之差超过 0.20，须重做检测。根据细度模数评定该试样的粗细程度。

（6）根据各号筛的累计筛余百分率，查表 5-3，评定该试样的颗粒级配。

四、砂的含泥量、泥块含量检测

1. 砂的含泥量检测

（1）目的

评定砂是否达到技术要求，能否用于指定工程中。

（2）仪器设备

鼓风干燥箱（能使温度控制在 105 ℃±5 ℃）、天平、方孔筛（孔径为 75 μm 及 1.18 mm 的筛各一只）、容器（深度大于 250 mm）、搪瓷盘、毛刷等。

（3）检测步骤

① 按规定方法取样，最少取样数量为 4 400 g 并缩分至约 1 100 g，放在干燥箱中于 105 ℃±5 ℃下烘干至恒重，待冷却至室温后，分为大致相等的两份备用。

② 称取试样 500 g（精确至 0.1g）。将试样倒入淘洗容器中，注入清水，使水面高于试样面约 150 mm，充分搅拌均匀后，浸泡 2 h，然后用手在水中淘洗试样，使尘屑、淤泥和黏土与砂粒分离，把浑水缓缓倒入 1.18 mm 及 75 μm 的套筛上（1.18 mm 筛放在 75 μm 筛上面），滤去小于 75 μm 的颗粒。试验前筛子的两面应先用水润湿，在整个过程中应小心防止砂粒流失。

③ 再向容器中注入清水，重复上述操作，直至容器内的水目测清澈为止。

④ 用水淋洗剩余在筛上的细粒，并将 75 μm 筛放在水中（使水面略高出筛中砂粒的上表面）来回摇动，以充分洗掉小于 75 μm 的颗粒，然后将两只筛的筛余颗粒和清洗容器中已经洗净的试样一并倒入搪瓷盘，放在干燥箱中于 105 ℃±5 ℃下烘干至恒重，待冷却至室温后，称出其质量（精确至 0.1 g）。

（4）结果计算与评定

按下式计算含泥量（精确至 0.1%）：

$$Q_a = \frac{G_0 - G_1}{G_0} \times 100\% \tag{13-5}$$

式中 Q_a——含泥量,%;

G_0——检测前烘干试样的质量,g;

G_1——检测后烘干试样的质量,g。

含泥量取两个试样检测结果的算术平均值。根据计算结果查表 5-4 进行评定。

2. 砂的泥块含量检测

(1) 目的

评定砂是否达到技术要求,能否用于指定工程中。

(2) 仪器设备

鼓风干燥箱(能使温度控制在 105 ℃±5 ℃)、天平、方孔筛(孔径为 600 μm 及 1.18 mm 的筛各一只)、容器(深度大于 250 mm)、搪瓷盘、毛刷等。

(3) 检测步骤

① 按规定方法取样,最少取样数量为 20.0 kg 并缩分至约 5 kg,放在干燥箱中于 105 ℃±5 ℃下烘干至恒重,待冷却至室温后,筛除小于 1.18 mm 的颗粒,分为大致相等的两份备用。

② 称取试样 200 g(精确至 0.1 g)。将试样倒入淘洗容器中,注入清水,使水面高于试样面约 150 mm,充分搅拌均匀后,浸泡 24 h,然后用手在水中碾碎泥块,再把试样放在 600 μm 筛上,淘洗试样,直至容器内的水目测清澈为止。

③ 保留下来的试样小心地从筛中取出,装入搪瓷盘,放在干燥箱中于 105 ℃±5 ℃下烘干至恒重,待冷却至室温后,称出其质量(精确至 0.1 g)。

(4) 结果计算与评定

按下式计算泥块含量(精确至 0.1%):

$$Q_b = \frac{G_1 - G_2}{G_1} \times 100\% \tag{13-6}$$

式中 Q_b——泥块含量,%;

G_1——1.18 mm 筛筛余试样的质量,g;

G_2——试验后烘干试样的质量,g。

泥块含量取两个试样检测结果的算术平均值。根据计算结果查表 5-4~表 5-6 进行评定。

五、砂的密度检测

1. 表观密度检测

(1) 目的

为计算砂的空隙率和进行混凝土配合比设计提供数据。

(2) 仪器设备

鼓风干燥箱(能使温度控制在 105 ℃±5 ℃)、天平、容量瓶、干燥器、搪瓷盘、滴管、毛刷、温度计等。

(3) 检测步骤

① 按规定方法取样,最少取样数量为 2 600 g 并缩分至约 660 g,在干燥箱中于 105 ℃±5 ℃下烘干至恒重,待冷却至室温后,分成大致相等的两份备用。

② 称取试样 300 g(精确至 0.1 g)。将试样装入容量瓶,注入冷开水至接近 500 mL 的刻度处,用手旋转摇动容量瓶,使砂样充分摇动,排除气泡,塞紧瓶盖,静置 24 h。然后用滴管小心加水至容量瓶 500 mL 刻度处,塞紧瓶盖,擦干瓶外水分,称出其质量(精确至 1 g)。

③ 倒出瓶内水和试样,洗净容量瓶,再向容量瓶内注入与上述水温相差不超过 2 ℃的冷开水(15~25 ℃)至 500 mL 刻度处,塞紧瓶盖,擦干瓶外水分,称出其质量(精确至 1 g)。

(4) 结果计算与评定

① 砂的表观密度按下式计算(精确至 10 kg/m³):

$$\rho_0=\left(\frac{G_0}{G_0+G_2-G_1}-\alpha_t\right)\rho_{水}\times 100\% \quad (13-7)$$

式中 ρ_0——表观密度,kg/m³;

$\rho_{水}$——水的密度,1 000 kg/m³;

G_0——烘干试样的质量,g;

G_1——试样、水及容量瓶的总质量,g;

G_2——水及容量瓶的总质量,g;

α_t——水温对砂的表观密度影响的修正系数,见表 13-2。

表 13-2 水温对砂(碎石和卵石)的表观密度影响的修正系数

水温/℃	15	16	17	18	19	20	21	22	23	24	25
α_t	0.002	0.003	0.003	0.004	0.004	0.005	0.005	0.006	0.006	0.007	0.008

② 表观密度取两次检测结果的算术平均值(精确至 10 kg/m³);如两次检测结果之差大于 20 kg/m³,须重做检测。

③ 表观密度的计算结果应不小于 2 500 kg/m³。

2. 堆积密度与空隙率检测

(1) 目的

为计算砂的空隙率和进行混凝土配合比设计提供数据。

(2) 仪器设备

鼓风干燥箱(能使温度控制在 105 ℃±5 ℃)、天平、容量筒(圆柱形金属筒,内径 108 mm,

净高 109 mm，壁厚 2 mm，筒底厚约 5 mm，容积为 1 L）、方孔筛（孔径为 4.75 mm）、垫棒（直径 10 mm，长 500 mm 的圆钢）、直尺、漏斗（图 13-6）或料勺、搪瓷盘、毛刷等。

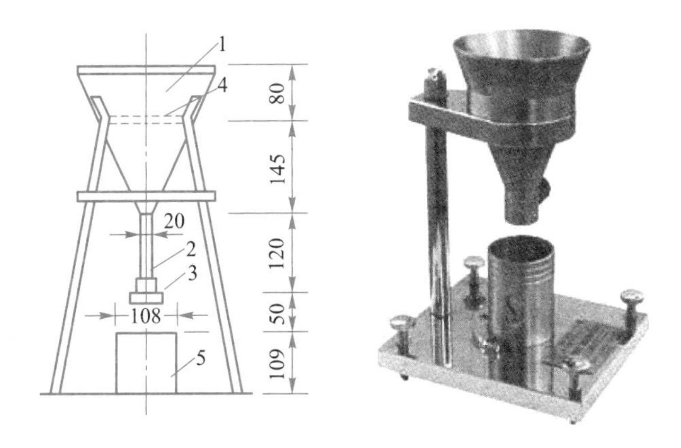

1—漏斗；2—ϕ20 管子；3—活动门；4—筛子；5—容量筒。

图 13-6 砂堆积密度漏斗

（3）检测步骤

按规定方法取样，最少取样数量为 5 000 g，用搪瓷盘装取试样约 3 L，在干燥箱中于 105 ℃±5 ℃下烘干至恒重，待冷却至室温后，筛除大于 4.75 mm 的颗粒，分为大致相等的两份备用。

① 松散堆积密度 取试样一份，用漏斗或料勺将试样从容量筒中心上方 50 mm 处徐徐倒入，让试样以自由落体落下，当容量筒上部试样呈锥体，且容量筒四周溢满时，即停止加料。然后用直尺沿筒口中心线向两边刮平（检测过程应防止触动容量筒），称出试样和容量筒总质量（精确至 1 g）。

② 紧密堆积密度 取试样一份分两次装入容量筒。装完第一层后（稍高于 1/2），在筒底垫放一根直径为 10 mm 的圆钢，将筒按住，左右交替颠击地面各 25 次。然后装入第二层，第二层装满后用同样方法颠实（但筒底所垫圆钢的方向与第一层时的方向垂直）后，再加试样直至超过筒口，然后用直尺沿筒口中心线向两边刮平，称出试样和容量筒总质量（精确至 1 g）。

（4）结果计算与评定

① 松散或紧密堆积密度按下式计算（精确至 10 kg/m^3）：

$$\rho_1=\frac{G_1-G_2}{V} \tag{13-8}$$

式中 ρ_1——松散堆积密度或紧密堆积密度，kg/m^3；

G_1——容量筒和试样总质量，g；

G_2——容量筒质量，g；

V——容量筒的容积，L。

② 空隙率按下式计算（精确至 1%）：

$$V_0=\left(1-\frac{\rho_1}{\rho_0}\right)\times100\% \qquad (13-9)$$

式中 V_0——空隙率,%;

ρ_1——试样的松散(或紧密)堆积密度,kg/m^3;

ρ_0——试样的表观密度,kg/m^3。

③ 堆积密度取两次检测结果的算术平均值(精确至 10 kg/m^3);空隙率取两次检测结果的算术平均值(精确至 1%)。

④ 松散堆积密度计算结果应不小于 1 400 kg/m^3;空隙率不大于 44%。

六、石子筛分析检测

1. 目的

评定石子的颗粒级配。

2. 仪器设备

方孔筛(孔径为 2.36 mm、4.75 mm、9.5 mm、16.0 mm、19.0 mm、26.5 mm、31.5 mm、37.5 mm、53.0 mm、63.0 mm、75.0 mm 及 90 mm 筛各一只,并附有筛底和筛盖)、鼓风干燥箱(能使温度控制在 105 ℃±5 ℃)、天平、摇筛机、搪瓷盘、毛刷等。

3. 试验步骤

(1) 按规定方法取样,将试样缩分至略大于表 13-1 规定的数量,烘干或风干后备用。

(2) 称取按表 13-3 规定数量的试样一份(精确至 1 g)。将试样倒入按孔径大小从上到下组合的套筛(附筛底)上,然后进行筛分。

表 13-3 颗粒级配试验所需试样数量

最大粒径/mm	9.5	16.0	19	26.5	31.5	37.5	63.0	75.0
最少试样质量/kg	1.9	3.2	3.8	5.0	6.3	7.5	12.6	16.0

(3) 将套筛置于摇筛机上,摇 10 min,取下套筛,按筛孔大小顺序再逐个用手筛,筛至每分钟通过量小于试样总量 0.1% 为止。通过的试样并入下一号筛中,并和下一号筛中的试样一起过筛,按这样顺序进行,直至各号筛全部筛完为止。

(4) 称出各号筛的筛余量(精确至 1 g)。如每号筛的筛余量与筛底的筛余量之和同原试样质量之差超过 1% 时,应重做。

4. 结果计算与评定

(1) 计算分计筛余百分率:各号筛的筛余量与试样总质量之比(精确至 0.1%)。

(2) 计算累计筛余百分率:该号筛的分计筛余百分率加上该号筛以上各筛的分计筛余百

分率之和(精确至 1%)。

(3) 根据各号筛的累计筛余百分率,查表 5-8,评定该试样的颗粒级配。

七、石子含泥量检测

1. 目的

评定石子是否达到技术要求,能否用于指定工程中。

2. 仪器设备

鼓风干燥箱(能使温度控制在 105 ℃±5 ℃)、天平、方孔筛(孔径为 75 μm 及 1.18 mm 的筛各一只)、容器、搪瓷盘、毛刷等。

3. 检测步骤

(1) 按规定方法取样,将试样缩分至略大于表 13-4 规定的 2 倍数量,在干燥箱中于 105 ℃±5 ℃下烘干至恒重,待冷却至室温后,分为大致相等的两份备用。

(2) 称取按表 13-4 规定数量的试样一份(精确至 1 g),将试样放入淘洗容器中,注入清水,使水面高于试样上表面 150 mm,充分搅拌均匀后,浸泡 2 h,然后用手在水中淘洗试样,使尘屑、淤泥和黏土与石子颗粒分离,把浑水缓缓倒入 1.18 mm 及 75 μm 的套筛上(1.18 mm 筛放在 75 μm 筛上面),滤去小于 75 μm 的颗粒。试验前筛子的两面应先用水润湿。

表 13-4 含泥量检测所需试样数量

最大粒径/mm	9.5	16.0	19.0	26.5	31.5	37.5	63.0	75.0
最少试样质量/kg	2.0	2.0	6.0	6.0	10.0	10.0	20.0	20.0

在整个试验过程中应防止大于 75 μm 的颗粒流失。

(3) 再向容器中注入清水,重复上述操作,直至容器内的水目测清澈为止。

(4) 用水淋洗剩余在筛上的细粒,并将 75 μm 筛放在水中(使水面略高出筛中石子颗粒的上表面)来回摇动,以充分洗掉小于 75 μm 的颗粒,然后将两只筛上的筛余颗粒和清洗容器中已经洗净的试样一并倒入搪瓷盘中,置于干燥箱中于 105 ℃±5 ℃下烘干至恒重,待冷却至室温后,称出其质量(精确至 1 g)。

4. 结果计算与评定

(1) 含泥量按下式计算(精确至 0.1%):

$$Q_a=\frac{G_0-G_1}{G_0}\times 100\% \tag{13-10}$$

式中 Q_a——含泥量,%;

G_0——检测前烘干试样的质量,g;

G_1——检测后烘干试样的质量,g。

（2）含泥量取两个试样检测结果的算术平均值（精确至1%）。根据计算结果查表5-9进行评定。

八、石子密度检测

1. 表观密度检测

表观密度的检测方法有液体比重天平法与广口瓶法两种。这里介绍广口瓶法，此法不宜用于测定最大粒径大于37.5 mm的碎石或卵石的表观密度。

（1）目的

为计算石子的空隙率和进行混凝土配合比设计提供数据。

（2）仪器设备

鼓风干燥箱（能使温度控制在105 ℃±5 ℃）、天平、广口瓶、方孔筛（孔径为4.75 mm的筛一只）、温度计、玻璃片（尺寸约100 mm×100 mm）、搪瓷盘、毛巾等。

（3）检测步骤

① 按规定方法取样，最少取样数量见表13-1，并将试样缩分至略大于表13-5规定的数量，风干后筛除小于4.75 mm的颗粒，然后洗刷干净，分为大致相等的两份备用。

表13-5　表观密度检测所需试样数量

最大粒径/mm	<26.5	31.5	37.5	63.0	75.0
最少试样质量/kg	2.0	3.0	4.0	6.0	6.0

② 将试样浸水饱和，然后装入广口瓶中。装试样时，广口瓶应倾斜放置，注入饮用水，用玻璃片覆盖瓶口，上下左右摇晃排除气泡。

③ 气泡排尽后，向瓶中添加饮用水至水面凸出瓶口边缘。然后用玻璃片沿瓶口迅速滑行，使其紧贴瓶口水面。擦干瓶外水分后，称出试样、水、瓶和玻璃片总质量（精确至1 g）。

④ 将瓶中试样倒入搪瓷盘，放在干燥箱中于105 ℃±5 ℃烘干至恒重，待冷却至室温后，称出其质量（精确至1 g）。

⑤ 将瓶洗净，重新注入饮用水，用玻璃片紧贴瓶口水面，擦干瓶外水分后，称出水、瓶和玻璃片总质量（精确至1 g）。

注意：检测时各项称量可以在15～25 ℃范围内进行，但从试样加水静止的2 h起至检测结束，其温度变化不应超过2 ℃。

（4）结果计算与评定

① 表观密度按下式计算（精确至10 kg/m³）：

$$\rho_0=\left(\frac{G_0}{G_0+G_2-G_1}-\alpha_t\right)\rho_{水}\times100\% \tag{13-11}$$

式中 ρ_0——表观密度，kg/m³；

$\rho_{水}$——水的密度，1 000 kg/m³；

G_0——烘干试样的质量，g；

G_1——试样、水及广口瓶和玻璃片的总质量，g；

G_2——水及广口瓶和玻璃片的总质量，g；

α_t——水温对表观密度影响的修正系数，见表 13-2。

② 表观密度取两次检测结果的算术平均值。如两次检测结果之差大于 20 kg/m³，须重做检测。对颗粒材质不均匀的试样，可取 4 次检测结果的算术平均值。

③ 表观密度计算结果应不小于 2 600 kg/m³。

2. 堆积密度与空隙率检测

(1) 目的

为计算石子的空隙率和进行混凝土配合比设计提供数据。

(2) 仪器设备

天平（称量 10 kg，感量 10 g；称量 50 kg 或 100 kg，感量 50 g 各一台）、容量筒、垫棒（直径 16 mm，长 60 mm 的圆钢）、直尺、小铲等。

(3) 检测步骤

按规定方法取样后，烘干或风干试样，拌匀并把试样分为大致相等的两份备用。

① 松散堆积密度　取试样一份，用小铲将试样从容量筒口中心上方 50 mm 处徐徐倒入（自由落体落下），当容量筒上部试样呈锥体，且容量筒四周溢满时，停止加料。除去凸出容量筒口表面的颗粒，并以合适的颗粒填入凹陷部分，使表面稍凸起部分和凹陷部分的体积大致相等（检测过程应防止触动容量筒），称出试样和容量筒总质量。

② 紧密堆积密度　取试样一份分三次装入容量筒。装完第一层后，在筒底垫放一根直径为 16 mm 的圆钢，将筒按住，左右交替颠击地面各 25 次，再装入第二层，第二层装满后用同样方法颠实（但筒底所垫圆钢的方向与第一层时的方向垂直），然后装入第三层，按上述方法颠实（筒底所垫圆钢的方向与第一层时的方向平行）。称出试样和容量筒总质量（精确至 10 g）。

(4) 结果计算与评定

① 松散或紧密堆积密度按下式计算（精确至 10 kg/m³）：

$$\rho_1=\frac{G_1-G_2}{V} \tag{13-12}$$

式中 ρ_1——松散堆积密度或紧密堆积密度，kg/m³；

G_1——容量筒和试样总质量，g；

G_2——容量筒质量，g；

V——容量筒的容积，L。

② 空隙率按下式计算(精确至 1%):

$$V_0=\left(1-\frac{\rho_1}{\rho_0}\right)\times100\% \tag{13-13}$$

式中 V_0——空隙率,%;

ρ_1——试样的松散(或紧密)堆积密度,kg/m^3;

ρ_0——试样的表观密度,kg/m^3。

③ 堆积密度取两次检测结果的算术平均值(精确至 10 kg/m^3);空隙率取两次检测结果的算术平均值(精确至 1%)。

④ 连续级配松散堆积空隙率应符合表 5-11 的规定。

九、石子压碎指标检测

1. 目的

测定石子抵抗压碎的能力,推测石子的强度。

2. 仪器设备

压力试验机、台秤、天平、方孔筛(孔径为 2.36 mm、9.50 mm 及 19.00 mm 的筛各一只)、垫棒(直径 10 mm,长 500 mm 的圆钢)、压碎指标测定仪(图 13-7)。

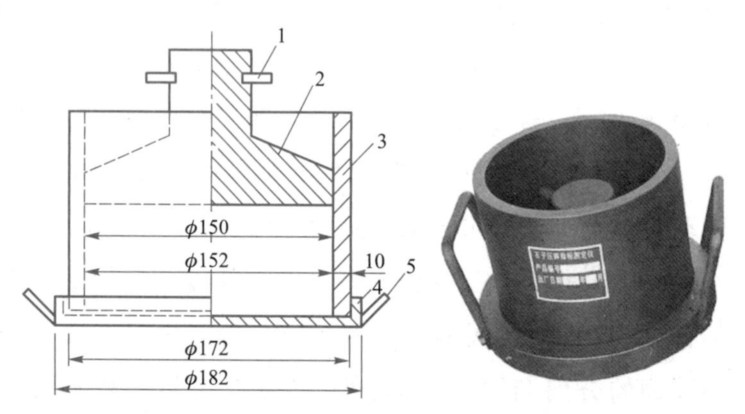

1—把手;2—加压头;3—圆模;4—底盘;5—手把。

图 13-7 压碎指标测定仪示意图 单位:mm

3. 检测步骤

(1) 按规定方法取样,最少取样数量见表 13-1,风干后筛除大于 19.00 mm 及小于 9.50 mm 的颗粒,并除去针片状颗粒,分成大致相等的三份备用。

(2) 称取试样 3 000 g(精确至 1 g)。

(3) 将试样分两层装入圆模(置于底盘上)内,每装完一层试样后,在底盘下面垫放入 ϕ10 mm 的垫棒,将筒按住,左右交替颠击地面各 25 次,两层颠实后,平整模内试样表面,盖上压头。当圆模装不下 3 000 g 试样时,以装至距圆模上口 10 mm 为准。

（4）将装有石子的压碎指标测定仪放在压力试验机上，开动压力试验机，按 1 kN/s 速度均匀加荷至 200 kN 并稳荷 5 s，然后卸荷。

（5）取下加压头，倒出试样，用孔径 2.36 mm 的筛筛除被压碎的细粒，称出留在筛上的试样质量（精确至 1 g）。

4. 结果计算与评定

（1）压碎指标按下式计算（精确至 0.1%）：

$$Q_e=\frac{G_1-G_2}{G_1}\times100\% \tag{13-14}$$

式中 Q_e——压碎指标，%；

G_1——试样的质量，g；

G_2——压碎检测后筛余的试样质量，g。

（2）压碎指标取三次检测结果的算术平均值（精确至 1%）。

（3）压碎指标计算结果查表 5-10 进行评定。

13.3 普通混凝土性能检测

一、采用标准

《普通混凝土配合比设计规程》（JGJ 55—2011）；

《普通混凝土拌合物性能试验方法标准》（GB/T 50080—2016）；

《混凝土物理力学性能试验方法标准》（GB/T 50081—2019）；

《混凝土结构工程施工质量验收规范》（GB 50204—2015）；

《混凝土强度检验评定标准》（GB/T 50107—2010）。

二、取样

（1）同一组混凝土拌合物应从同一盘混凝土或同一车混凝土中取样。取样量应多于检测所需量的 1.5 倍，且不宜小于 20 L。

（2）取样应具有代表性，一般在同一盘混凝土或同一车混凝土中的约 1/4 处、1/2 处和 3/4 处分别取样，从第一次取样到最后一次取样不宜超过 15 min，然后人工搅拌均匀。

三、试样制备

（1）检测用原材料和检测室温度应保持在 20 ℃±5 ℃，或与施工现场保持一致。

(2) 拌合混凝土时,材料用量以质量计。称量精度:水、水泥、掺合料、外加剂均为±0.2%;骨料为±0.5%。

(3) 从试样制备完毕到开始做各项性能检测不宜超过 5 min。

(4) 主要仪器设备

混凝土搅拌机、磅秤、天平、量筒、拌板、拌铲等。

(5) 拌合方法

试验室制备混凝土拌合物应采用搅拌机搅拌。

① 按所定配合比称取各材料用量,以干燥状态为准。

② 用按配合比称量的水泥、砂、水及少量石子或水胶比相同的砂浆预拌一次,使水泥砂浆先黏附满搅拌机的筒壁,倒出多余的砂浆,以免影响正式搅拌时的配合比。

③ 依次将称好的石子、砂和水泥倒入搅拌机内,干拌均匀,再将水徐徐加入,全部加料时间不得超过 2 min,加完水后,继续搅拌 2 min。

④ 卸出拌合物,倒在拌板上,再经人工拌合 2 或 3 次。

⑤ 拌好后,应立即做和易性检测或试件成型。从开始加水时起,全部操作须在 30 min 内完成。

四、混凝土拌合物和易性检测

坍落度与坍落扩展度检测:下述方法适用于坍落度≥10 mm、骨料最大公称粒径≤40 mm 的混凝土拌合物坍落度测定。

1. 目的

确定混凝土拌合物和易性是否满足施工要求。

2. 仪器设备

坍落度筒(图 13-8)、捣棒(图 13-8)、搅拌机、台秤、量筒、天平、拌铲、拌板、钢尺、装料漏斗、抹刀等。

3. 检测步骤

① 润湿坍落度筒及其他用具,在筒顶部加上漏斗,放在拌板上,双脚踩住脚踏板,使坍落度筒在装料时保持固定。

② 把混凝土拌合物试样用小铲分三层均匀地装入筒内,使捣实后每层高度为筒高的 1/3 左右。每层插捣 25 次,插捣应沿螺旋方向由外向中心进行,均匀分布。插捣筒边混凝土时,捣棒可以稍稍倾斜。插捣底层时,捣棒应贯穿整个深度,插捣第二层和顶层时,捣棒应插透本层至下一层的表面。浇灌顶层时,混凝土拌合物应灌到高出筒口。插捣过程中,如混凝土拌合物沉落到低于筒口,则应随时添加。顶层插捣完后,刮去多余的混凝土拌合物,并用抹刀抹平。

③ 清除筒边底板上的混凝土拌合物后，垂直平稳地提起坍落度筒。坍落度筒的提离过程应在 3~7 s 内完成；从开始装料到提坍落度筒的整个过程应不间断地进行，并应在 150 s 内完成。

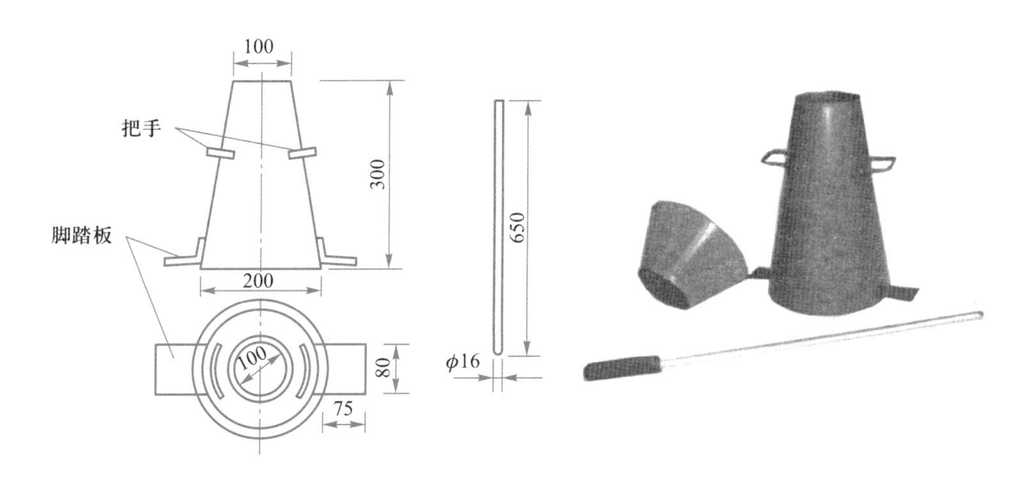

图 13-8　坍落度筒和捣棒示意图

4. 结果评定

① 提起坍落度筒后，测量筒高与坍落后混凝土试样最高点之间的高度差，即为该混凝土拌合物的坍落度值；坍落度筒提离后，如混凝土拌合物发生一边崩坍或剪坏现象，则应重新取样另行测定；如第二次检测仍出现上述现象，则表示该混凝土拌合物和易性不好，应予记录备查。

② 观察坍落后混凝土拌合物试样的黏聚性及保水性。黏聚性的检查方法是用捣棒在已坍落的混凝土拌合物锥体侧面轻轻敲打，如果锥体逐渐下沉，则表示黏聚性良好，如果锥体倒塌、部分崩裂或出现离析现象，则表示黏聚性不好。保水性的检查方法是坍落度筒提起后，如有较多的稀浆从底部析出，锥体部分的混凝土也因失浆而骨料外露，则表示保水性不好，如无稀浆或仅有少量稀浆自底部析出，则表示保水性良好。

③ 当混凝土拌合物的坍落度不小于 160 mm 时，用钢尺测量混凝土拌合物展开扩展面的最大直径以及与最大直径呈垂直方向的直径，在两直径之差小于 50 mm 的条件下，用其算术平均值作为坍落扩展度值；否则，此次检测无效。混凝土拌合物坍落度和坍落扩展度以 mm 为单位，测量精确至 1 mm，结果表达修约至 5 mm。

如果发现粗骨料在中央集堆或边缘有水泥浆析出，表示此混凝土拌合物抗离析性不好，应予记录。

五、混凝土抗压强度检测

1. 目的

测定混凝土立方体抗压强度，作为评定混凝土质量的主要依据。

2. 仪器设备

压力试验机、振动台、搅拌机、试模、捣棒、抹刀等。

3. 检测步骤

(1) 基本要求

混凝土立方体抗压试件以三个为一组，每组试件所用的拌合物应从同一盘混凝土或同一车混凝土中取样。试件最小横截面尺寸按粗骨料的最大粒径来确定，试件最小横截面尺寸、插捣次数及抗压强度换算系数见表 13-6。

表 13-6 试件最小横截面尺寸、插捣次数及抗压强度换算系数

试件最小横截面面积/(mm×mm)	骨料最大粒径/mm		每层插捣次数	抗压强度换算系数(<C60)
	劈裂抗拉强度试验	其他试验		
100×100	19	31.5	≥12	0.95
150×150	37.5	37.5	≥27	1.0
200×200	—	63	≥48	1.05

注：当混凝土强度等级≥C60 时，宜采用标准试件；使用非标准试件时，尺寸换算系数由试验确定。

(2) 试件的制作

成型前，应检查试模，并在其内表面涂一薄层矿物油或隔离剂。宜根据混凝土拌合物的稠度或试验目的确定适宜的成型方法，混凝土应充分密实，避免分层离析。取样或拌制好的混凝土拌合物应至少用铁锨再来回拌合三次。

① 振动台振实　将混凝土拌合物一次性装入试模，装料时应用抹刀沿各试模内壁插捣，并使混凝土拌合物高出试模，然后将试模放到振动台上并固定，开动振动台，至混凝土表面出浆且无明显大气泡溢出为止，不得过振。振动时应防止试模在振动台上自由跳动。最后沿试模边缘刮去多余的混凝土拌合物，待混凝土拌合物临近初凝时用抹刀沿着试模口抹平。试件表面与试模边缘的高度差不得超过 0.5 mm。

② 人工捣实　将混凝土拌合物分两层装入试模，每层的装料厚度大致相等，插捣应按螺旋方向从边缘向中心均匀进行。在插捣底层混凝土拌合物时，捣棒应达到试模底部；插捣上层时，捣棒应贯穿上层后插入下层 20~30 mm；插捣时捣棒应保持垂直，不得倾斜。然后用抹刀沿试模内壁插拔数次，每层插捣次数按在 10 000 mm^2 截面积内不得少于 12 次，插捣后应用橡胶锤或木槌轻轻敲击试模四周，直至插捣棒留下的空洞消失。最后刮去多余的混凝土拌合物，待混凝土拌合物临近初凝时，用抹刀沿着试模口抹平。试件表面与试模边缘的高度差不得超过 0.5 mm。

(3) 试件的养护

试件的养护方法有标准养护、与构件同条件养护两种方法。

① 标准养护 试件成型后应立即用塑料薄膜覆盖表面,或采取其他保持试件表面湿度的方法,在温度为 20 ℃±5 ℃、相对湿度大于 50% 的室内静置 1~2 d,然后编号、拆模。拆模后立即放入温度为 20 ℃±2 ℃、相对湿度为 95% 以上的标准养护室中养护。试件应放在支架上,间隔 10~20 mm,表面应保持潮湿,不得用水直接冲淋。试件也可在温度为 20 ℃±2 ℃的不流动的 $Ca(OH)_2$ 饱和溶液中养护。试件的养护龄期可分为 1 d、3 d、7 d、28 d、56 d 或 60 d、84 d 或 90 d、180 d 等,也可根据设计龄期或需要进行确定。

② 与构件同条件养护 试件拆模时间可与实际构件的拆模时间相同。拆模后,试件仍需保持与构件同条件养护。

(4) 抗压强度检测

试件从养护地点取出后,应及时进行检测,并将试件表面与上、下承压板面擦干净。将试件安放在试验机的下压板或垫板上,试件的承压面应与成型时的顶面垂直。试件的中心应与试验机下压板中心对准,启动试验机,试件表面与上、下承压板或钢垫板应均匀接触。在检测过程中应连续均匀地加荷,混凝土强度等级<C30 时,加荷速度取 0.3~0.5 MPa/s;混凝土强度等级≥C30 且<C60 时,取 0.5~0.8 MPa/s;混凝土强度等级≥C60 时,取 0.8~1.0 MPa/s。

当试件接近破坏开始急剧变形时,应停止调整试验机油门,直至破坏,记录破坏荷载。

4. 结果计算与评定

(1) 混凝土立方体试件抗压强度按下式计算(精确至 0.1 MPa):

$$f_{cc}=\frac{F}{A} \tag{13-15}$$

式中 f_{cc}——混凝土立方体试件抗压强度,MPa;

F——试件破坏荷载,N;

A——试件承压面积,mm^2。

(2) 评定

① 以三个试件测定值的算术平均值作为该组试件的强度值(精确至 0.1 MPa)。

② 当三个测定值的最大值或最小值中有一个与中间值的差值超过中间值的 15% 时,应把最大值及最小值一并舍去,取中间值作为该组试件的抗压强度值。

③ 当最大值和最小值与中间值的差值均超过中间值的 15% 时,该组检测结果应为无效。

13.4 建筑砂浆性能检测

一、采用标准

《砌筑砂浆配合比设计规程》(JGJ/T 98—2010);

《建筑砂浆基本性能试验方法标准》(JGJ/T 70—2009)。

二、取样

(1) 建筑砂浆检测用料应从同一盘砂浆或同一车砂浆中取样。取样量不应少于检测所需量的 4 倍。

(2) 当施工过程中进行砂浆检测时,砂浆取样方法应按相应的施工验收规范执行,并宜在现场搅拌点或预拌砂浆卸料点的至少 3 个不同部位及时取样。对于现场取得的试样,检测前应人工搅拌均匀。

(3) 从取样完毕到开始进行各项性能检测,不宜超过 15 min。

三、试样的制备

(1) 在检测室制备砂浆试样时,所用材料应提前 24 h 运入室内。拌合时,检测温度应保持在 20 ℃±5 ℃。当需要模拟施工条件下所用的砂浆时,所用原材料和温度应与现场使用材料和环境保持一致。砂应通过 4.75 mm 筛。

(2) 拌制砂浆时,材料用量以质量计,水泥、外加剂、掺合料等的称量精度应为±0.5%,细骨料的称量精度应为±1%。

(3) 搅拌砂浆时应采用机械搅拌,搅拌的用量宜为搅拌机容量的 30%~70%,搅拌时间不应少于 120 s,掺有掺合料和外加剂的砂浆,其搅拌时间不应少于 180 s。

四、砂浆稠度检测

1. 目的

确定建筑砂浆配合比或施工过程中砂浆的稠度,以达到控制用水量的目的。

2. 仪器设备

砂浆稠度测定仪(图 13-9)、台秤、秒表、钢捣棒(直径 10 mm、长 350 mm)等。

3. 检测步骤

(1) 按配合比设计要求称量各材料用量,将材料均匀拌合逐渐加水,观察和易性符合要求时停止加水,继续搅拌至均匀,时间为 5 min。

(2) 应先用湿布擦净试锥表面及盛浆容器,用少量润滑油轻擦滑杆使其滑动自如。

(3) 将砂浆拌合物一次性装入盛浆容器,装入

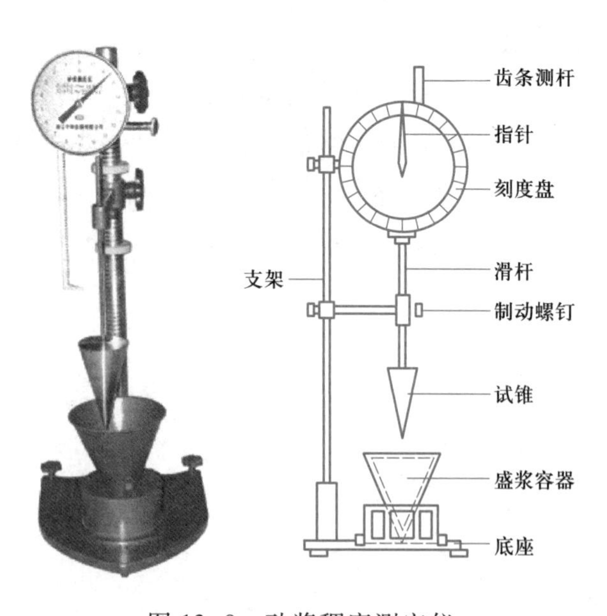

图 13-9 砂浆稠度测定仪

的拌合物应低于容器口 10 mm 左右，用捣棒自容器中心向边缘均匀插捣 25 次，然后轻轻摇动容器或敲击 5 或 6 下，使砂浆表面平整，然后将盛浆容器放入仪器底座上。

(4) 放松试锥滑杆制动螺钉，当试锥尖端与砂浆表面刚接触时，拧紧滑杆上的制动螺钉，使齿条测杆下端刚接触滑杆上端，将指针对准零点。

(5) 放松制动螺钉，使试锥自由落下，并计时，待 10 s 立即拧紧螺钉，将齿条测杆下端接触滑杆上端，读出刻度盘下沉深度(精确至 1 mm)，即为砂浆稠度值。

(6) 盛浆容器内的砂浆只允许测定一次稠度，重复测定时，应重新取样测定。

4. 结果评定

(1) 同盘砂浆应取两次检测结果的算术平均值作为测定值(精确至 1 mm)。

(2) 当两次检测值之差大于 10 mm 时，应重新取样测定。在工地上也可采用形式相同、试锥重量相等的简易试验方法：将单个试锥的尖端与砂浆表面相接触，然后放手让其自由地落入砂浆中，取出试锥，用直尺直接量测沉入的垂直深度(精确至 1 mm)即为砂浆稠度值。

五、砂浆分层度检测

1. 目的

用于测定砂浆拌合物在运输及停放时内部组成的稳定性。

2. 仪器设备

砂浆分层度筒(图 13-10)、水泥胶砂振动台(振幅 0.5 mm±0.05 mm，频率 50 Hz±3 Hz)、砂浆稠度仪、木锤等。

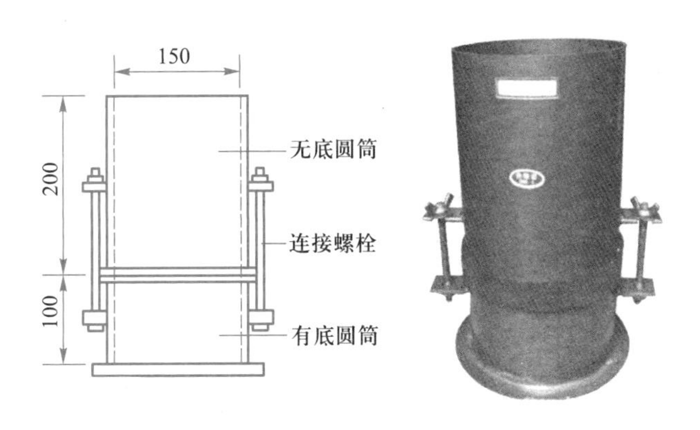

图 13-10 砂浆分层度筒

3. 检测步骤

分层度的测定可采用标准法和快速法。发生争议时，应以标准法的测定结果为准。

(1) 标准法

① 按“砂浆稠度检测”的步骤测定砂浆拌合物的稠度。

② 将砂浆拌合物一次性装入分层度筒内，待装满后，用木锤轻击容器周围距离大致相等

的四个不同部位 1 或 2 下，当砂浆沉落到低于筒口时，应随时添加，然后刮去多余的砂浆并用抹刀抹平。

③ 静置 30 min 后，去掉上节 200 mm 砂浆，剩余的 100 mm 砂浆倒在拌合锅内拌 2 min，再按稠度检测方法测其稠度。前后测得的稠度之差即为该砂浆的分层度值。

（2）快速法

① 按“砂浆稠度检测”的步骤测定砂浆拌合物的稠度。

② 将分层度筒预先固定在振动台上，砂浆一次性装入分层度筒内，振动 20 s。

③ 去掉上节 200 mm 砂浆，剩余的 100 mm 砂浆倒在拌合锅内拌 2 min，再按稠度检测方法测其稠度。前后测得的稠度之差即为该砂浆的分层度值。

4. 结果评定

（1）应取两次检测结果的算术平均值作为该砂浆的分层度值（精确至 1 mm）。

（2）当两次分层度检测值之差大于 10 mm 时，应重新取样测定。

六、砂浆立方体抗压强度检测

1. 目的

测定砂浆立方体的抗压强度，评定砂浆的质量。

2. 仪器设备

（1）压力试验机　精度（示值的相对误差）应为 1%，其量程应能使试验预期的破坏荷载值不小于全量程的 20%，且不大于全量程的 80%。

（2）试模　70.7 mm×70.7 mm×70.7 mm 的带底试模，应有足够的刚度并拆装方便，试模内表面应机械加工，其不平度为每 100 mm 不超过 0.05 mm，组装后各相邻面的不垂直度不应超过±0.5°。

（3）钢制捣棒　直径为 10 mm、长为 350 mm，端部磨圆。

（4）垫板　试验机上、下压板及试件之间可垫以钢板垫板，垫板的尺寸应大于试件的承压面，其不平度应为每 100 mm 不超过 0.02 mm。

（5）振动台　空载台面的垂直振幅应为 0.5 mm±0.05 mm，空载频率应为 50 Hz±3 Hz，空载台面振幅均匀度不应大于 10%，一次试验应至少能固定 3 个试模。

3. 检测步骤

（1）试件的制作及养护

① 采用立方体试件，每组试件应为 3 个；试模内涂刷薄层机油或隔离剂。

② 将拌制好的砂浆一次性装满砂浆试模，成型方法应根据稠度确定。当稠度大于 50 mm 时，宜采用人工捣实成型；当稠度不大于 50 mm 时，宜采用振动台振实成型。

人工捣实：应采用捣棒均匀地由边缘向中心按螺旋方式插捣 25 次，插捣过程中当砂浆沉落低于试模口时,应随时添加砂浆,可用油灰刀插捣数次,并用手将试模一边抬高 5~10 mm 各振动 5 次,砂浆应高出试模顶面 6~8 mm。

振动台振实:将砂浆一次装满试模,放置到振动台上,振动时试模不得跳动,振动 5~10 s 或持续到表面泛浆为止,不得过振。

应待表面水分稍干后,再将高出试模部分的砂浆沿试模顶面刮去并抹平。

③ 试件制作后应在温度为 20 ℃±5 ℃下静置 24 h±2 h,对试件编号、拆模。当气温较低或凝结时间大于 24 h 的砂浆,可适当延长时间,但不应超过 2 d。试件拆模后应立即放入温度为 20 ℃±2 ℃、相对湿度为 90% 以上的标准养护室中养护。养护期间,试件彼此间隔不小于 10 mm,混合砂浆、湿拌砂浆试件上面应覆盖,防止有水滴在试件上。从搅拌加水开始计时,标准养护龄期应为 28 d,也可根据相关标准要求增加 7 d 或 14 d。

(2) 砂浆立方体抗压检测

① 试件从养护地点取出后应及时进行破型。破型前应将试件擦拭干净,测量尺寸,并检查其外观,并据此计算试件的承压面积。如实测尺寸与公称尺寸之差不超过 1 mm,可按公称尺寸进行计算。

② 将试件安放在试验机的下压板或下垫板上,试件的承压面应与成型时的顶面垂直,试件中心应与试验机下压板或下垫板中心对准。启动试验机,当上压板与试件或上垫板接近时,调整球座,使接触面均衡受压。连续而均匀地加荷,加荷速度 0.25~1.5 kN/s。砂浆强度≤2.5 MPa 时,宜取下限。当试件接近破坏而开始迅速变形时,停止调整试验机油门,直至试件破坏,然后记录破坏荷载。

4. 结果计算与评定

(1) 砂浆立方体抗压强度应按下式计算(精确至 0.1 MPa):

$$f_{m,cu}=K\frac{N_u}{A} \tag{13-16}$$

式中 $f_{m,cu}$——砂浆立方体抗压强度,MPa;

K——换算系数,取 1.35;

N_u——立方体破坏压力,N;

A——试件承压面积,mm^2。

(2) 检测结果与评定

① 以三个试件测定值的算术平均值作为该组试件的强度值(精确至 0.1 MPa)。

② 当三个测定值的最大值或最小值中有一个与中间值的差值超过中间值的 15% 时,应把最大值及最小值一并舍去,取中间值作为该组试件的抗压强度值。

③ 当最大值和最小值与中间值的差值均超过中间值的 15% 时,该组检测结果应为无效。

13.5 砌墙砖检测

本节讲述了砌墙砖尺寸测量、抗折强度和抗压强度的检测方法。适用于烧结砖和非烧结砖。烧结砖包括烧结普通砖、烧结多孔砖以及烧结空心砖;非烧结砖包括蒸压灰砂实心砖、蒸压粉煤灰砖、炉渣砖等。

一、采用标准

《烧结普通砖》(GB/T 5101—2017);

《烧结多孔砖和多孔砌块》(GB/T 13544—2011);

《蒸压灰砂实心砖和实心砌块》(GB/T 11945—2019);

《蒸压粉煤灰砖》(JC/T 239—2014);

《砌墙砖试验方法》(GB/T 2542—2012)。

二、取样方法与数量

砌墙砖取样方法与数量见表 13-7。

表 13-7 砌墙砖取样方法与数量

<table>
<tr><th>序号</th><th>材料</th><th>取样批量</th><th>取样方法</th><th>取样数量</th></tr>
<tr><td>1</td><td>烧结普通砖、烧结多孔砖</td><td rowspan="4">检验批的构成原则和批量大小按 JC/T 466 的规定。通常 3.5 万~15 万块为一批,不足 3.5 万块按一批计</td><td rowspan="4">尺寸偏差在每一检验批的产品堆垛中随机抽样;强度从外观质量检验合格的样品中随机抽取</td><td>尺寸偏差从外观合格的砖样中随机抽取 20 块</td></tr>
<tr><td rowspan="3">2</td><td rowspan="3">烧结空心砖</td><td>强度等级 10 块</td></tr>
<tr><td>随机抽取 100 块砖进行尺寸偏差检验</td></tr>
<tr><td>强度等级 10 块</td></tr>
<tr><td>3</td><td>蒸压灰砂实心砖、蒸压粉煤灰砖</td><td>以 10 万块为一批,不足 10 万块按一批计</td><td>随机抽取 50 块砖进行尺寸偏差、外观检验,并从中随机选 5 块进行抗折、抗压试验</td><td>从尺寸偏差、外观合格的砖样中随机抽取 5 块</td></tr>
</table>

三、尺寸测量

1. 目的

检测砖试样的几何尺寸是否符合标准的要求。

2. 仪器设备

砖用卡尺(分度值为 0.5 mm),如图 13-11 所示。

3. 检测方法

《砌墙砖试验方法》(GB/T 2542—2012)规定:长度和宽度应在砖的两个大面的中间处分别测量两个尺寸;高度应在砖的两个条面的中间处分别测量两个尺寸,如图 13-12 所示。当被测处缺损或凸出时,可在其旁边测量,但应选择不利的一侧。尺寸测量精确至 0.5 mm。

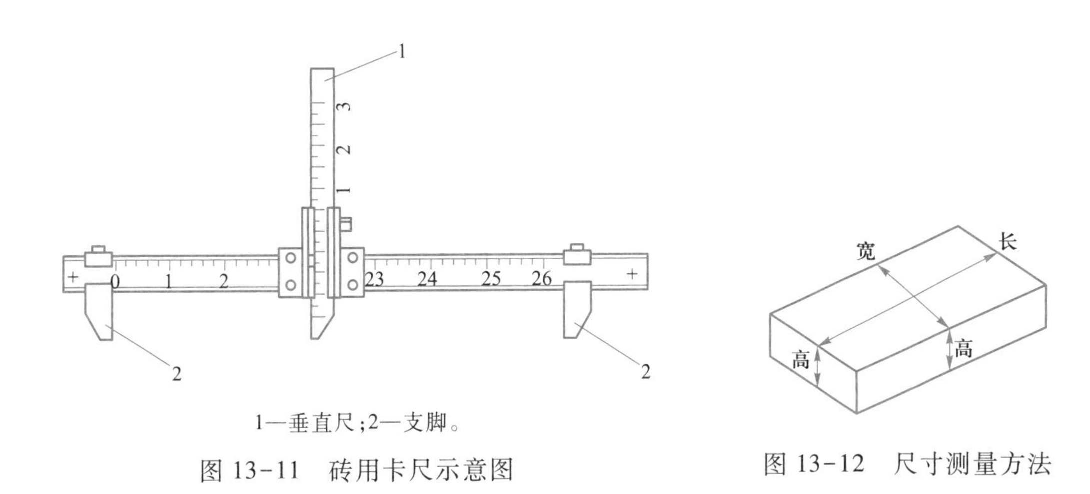

1—垂直尺;2—支脚。

图 13-11 砖用卡尺示意图

图 13-12 尺寸测量方法

4. 结果计算与数据处理

结果分别以长度、宽度和高度的平均偏差及极差值表示,不足 1 mm 者按 1 mm 计。

四、抗折强度检测

1. 目的

测定砌墙砖抗折强度,为确定砖的强度等级提供依据。

2. 仪器设备

(1) 压力试验机(300~600 kN) 试验机的示值相对误差不大于±1%,其下加压板应为球铰支座,预期最大破坏荷载应在最大量程的 20%~80%之间。

(2) 抗折夹具 抗折强度检测的加荷形式为三点加荷,其上、下压辊的曲率半径为 15 mm,下支辊应有一个为铰接固定。

(3) 钢直尺 分度值不应大于 1 mm。

3. 试样数量及处理

试样数量为 10 块。试样应放在温度为 20 ℃±5 ℃的水中浸泡 24 h 后取出,用湿布拭去其表面水分进行抗折强度检测。

4. 检测步骤

(1) 测量试样中间的宽度和高度尺寸各 2 个,分别取其算术平均值(精确至 1 mm)。

（2）调整抗折夹具下支辊的跨距（砖规格长度减去 40 mm），但规格长度为 190 mm 的砖样的跨距为 160 mm。

（3）将试样大面平放在下支辊上，试样两端面与下支辊的距离应相同。当试样有裂纹或凹陷时，应使有裂纹或凹陷的大面朝下放置，以 50～150 N/s 的速度均匀加荷，直至试样断裂，记录最大破坏荷载 P。

5. 结果计算与评定

（1）每块试样的抗折强度 R_c 按下式计算。

$$R_c=\frac{3PL}{2bh^2} \tag{13-17}$$

式中 R_c——试样的抗折强度，MPa；

P——最大破坏荷载，N；

L——跨距，mm；

b——试样宽度，mm；

h——试样高度，mm。

（2）抗折强度取其算术平均值和单块最小值表示。

五、抗压强度检测

1. 目的

测定砌墙砖抗压强度，为确定砖的强度等级提供依据。

2. 仪器设备

（1）压力试验机（300～600 kN） 试验机的示值相对误差不大于±1%，其上、下加压板至少应有一个球铰支座，预期最大破坏荷载应在最大量程的 20%～80% 之间。

（2）钢直尺 分度值不应大于 1 mm。

（3）振动台、制样模具、搅拌机 应符合 GB/T 25044 的要求。

（4）切割设备。

（5）抗压强度试验用净浆材料 应符合 GB/T 25183 的要求。

3. 试样数量

试样数量为 10 块。

4. 试样制备

（1）一次成型制样 一次成型制样适用于采用样品中间部位切割，交错叠加灌浆制成强度检测试样的方式。具体制备方法如下所述。

① 将试样锯成两个半截砖，两个半截砖用于叠合部分的长度不得小于 100 mm，如图 13-13 所示。如果不足 100 mm，应另取备用试样补足。

② 将已切割开的半截砖放入室温的净水中浸 20~30 min 后取出,在铁丝网架上滴水 20~30 min,以断口相反方向装入制样模具中。用插板控制两个半砖间距不应大于 5 mm,砖大面与模具间距不应大于 3 mm,砖断面、顶面与模具间垫以橡胶垫或其他密封材料,模具内表面涂油或脱膜剂。一次成型制样模具及插板如图 13-14 所示。

③ 将净浆材料按照配制要求置于搅拌机中搅拌均匀。

④ 将装好试样的模具置于振动台上,加入适量搅拌均匀的净浆材料,振动时间为 0.5~1 min,停止振动,静置至净浆材料达到初凝时间(15~19 min)后拆模。

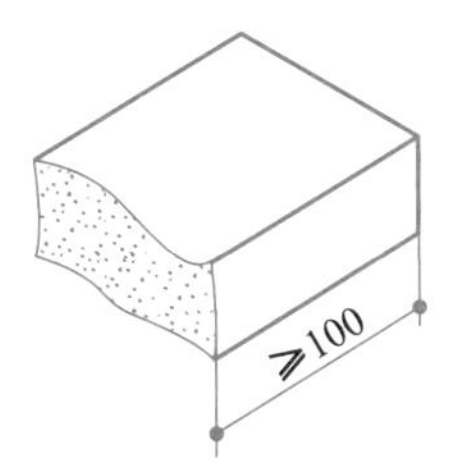
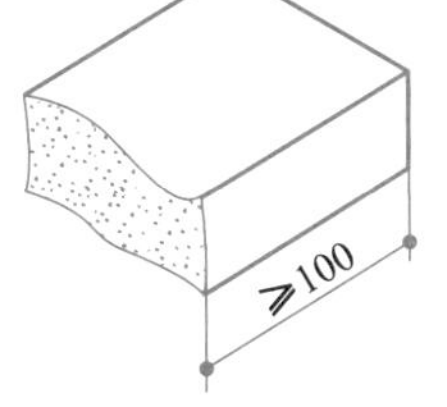

图 13-13 半截砖长度示意图

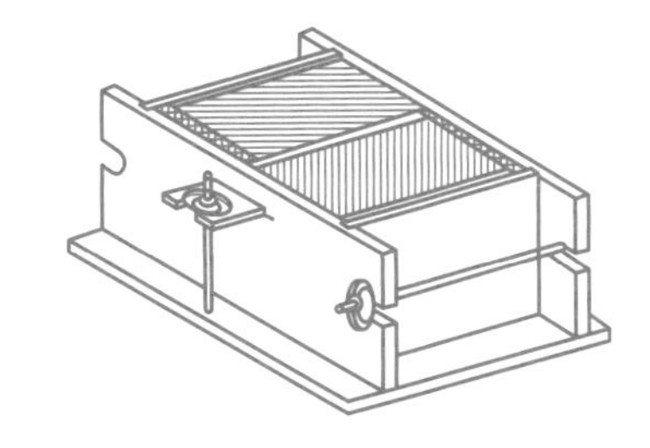
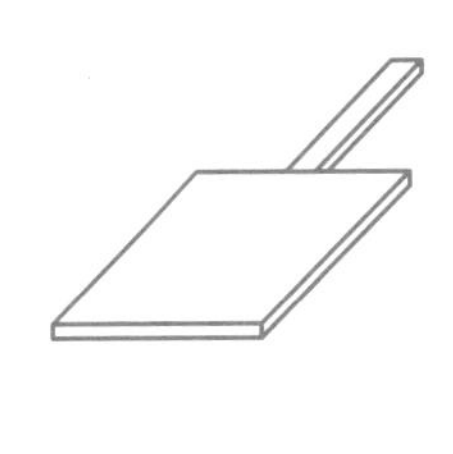

图 13-14 一次成型制样模具及插板

(2) 二次成型制样 二次成型制样适用于采用整块样品上下表面灌浆制成强度检测试样的方式。

① 将整块试样放入室温的净水中浸 20~30 min 后取出,在铁丝网架上滴水 20~30 min。

② 将净浆材料按照配制要求置于搅拌机中搅拌均匀。

③ 模具内表面涂油或脱膜剂,加入适量搅拌均匀的净浆材料,将整块试样一个承压面与净浆接触,装入制样模具中,承压面找平层厚度不应大于 3 mm。接通振动台电源,振动 0.5~1 min,停止振动,静置至净浆材料初凝(15~19 min)后拆模。按同样方法完成整块试样另一承压面的找平。二次成型制样模具如图 13-15 所示。

(3) 非成型制样 非成型制样适用于试样无需进行表面找平处理制样的方式。

① 将试样锯成两个半截砖,两个半截砖用于叠合部分的长度不得小于 100 mm。如果不足 100 mm,应另取备用试样补足。

② 两个半截砖切断口相反叠放,叠合部分不得小于 100 mm,如图 13-16 所示,即为抗压强度试样。

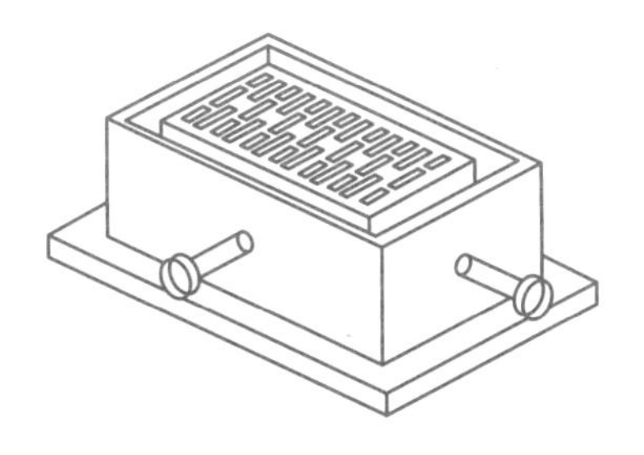

图 13-15 二次成型制样模具

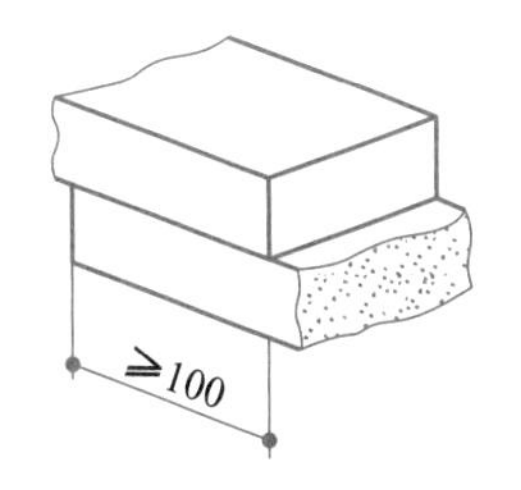

图 13-16 半砖叠合示意图

5. 试样养护

(1) 一次成型制样、二次成型制样在不低于 10 ℃的不通风室内养护 4 h,进行强度检测。

(2) 非成型制样不需养护,试样气干状态直接进行检测。

6. 检测步骤

测量每个试样连接面或受压面的长、宽尺寸各两个,分别取其平均值(精确至 1 mm)。将试样平放在加压板的中央,垂直于受压面加荷,加荷过程应均匀平稳,不得发生冲击或振动,加荷速度以 2~6 kN/s 为宜。直至试样破坏为止,记录最大破坏荷载 P。

7. 结果计算与评定

(1) 每块试样的抗压强度 R_p 按下式计算。

$$R_p = \frac{P}{LB} \tag{13-18}$$

式中 R_p——试样的抗压强度,MPa;

P——最大破坏荷载,N;

L——试样受压面(连接面)的长度,mm;

B——试样受压面(连接面)的宽度,mm。

(2) 计算 10 块试样的抗压强度平均值($\overline{R}$)、标准差(s)、变异系数(δ)和标准值(R_k)。

抗压强度平均值:
$$\overline{R} = \frac{1}{10}(R_1 + R_2 + \cdots + R_{10}) = \frac{1}{10}\sum R_i \tag{13-19}$$

抗压强度标准差:
$$s = \sqrt{\frac{1}{9}\sum_{i=1}^{10}(R_i - \overline{R})^2} \tag{13-20}$$

强度标准值:
$$R_k = \overline{R} - 1.8s \tag{13-21}$$

砖强度变异系数:
$$\delta = \frac{s}{\overline{R}} \tag{13-22}$$

式中 $\overline{R}$——10 块试样的抗压强度平均值,MPa,精确至 0.1 MPa;

R_i——10 块试样的抗压强度值(i 为 1~10),MPa,精确至 0.1 MPa;

s——10 块试样的抗压强度标准差,MPa,精确至 0.01 MPa;

R_k——10 块试样的抗压强度标准值,MPa,精确至 0.1 MPa;

δ——砖强度变异系数,精确至 0.01。

(3) 结果评定

按抗压强度平均值 $\overline{R}$、强度标准值 R_k 评定砖的强度等级。

13.6　钢筋性能检测

一、采用标准

《金属材料　拉伸试验　第 1 部分:室温试验方法》(GB/T 228. 1—2021);

《金属材料　弯曲试验方法》(GB/T 232—2010);

《钢筋混凝土用钢　第 2 部分:热轧带肋钢筋》(GB/T 1499. 2—2018);

《钢筋混凝土用钢　第 1 部分:热轧光圆钢筋》(GB/T 1499. 1—2017);

《低碳钢热轧圆盘条》(GB/T 701—2008)。

二、取样方法

1. 检验批的确定

钢筋应成批验收,每批钢筋由同一牌号、同一炉罐号(批号)、同一规格(直径)、同一交货状态、同一进场(厂)时间为一验收批的钢筋组成,每批通常不大于 60 t,即按进场(厂)时钢筋批号及直径分批检验。超过 60 t 的部分,每增加 40 t(或不足 40 t 的余数),增加一个拉伸检测试样和一个弯曲检测试样。

2. 取样方法

在切取试样时,应将钢筋端头的 500 mm 截去后再取样,盘圆钢筋应将同盘两端截去,然后截取 200 mm+5 d 和 200 mm+10 d 长的钢筋各 1 根(d 为钢筋直径)。重复同样方法取另一根钢筋截取相同的数量,组成一组试样。其中两根短的做冷弯检测,两根长的做拉伸检测。

3. 每批钢筋的检测项目和取样方法

钢筋的检测项目和取样方法应符合表 13-8 的规定。

表 13-8　钢筋的检测项目和取样方法

<table>
<tr><th>序号</th><th>钢筋种类</th><th>取样数量和检验项目</th><th>取样方法</th><th>试验方法</th></tr>
<tr><td>1</td><td>直条钢筋</td><td>2 根拉伸,2 根弯曲</td><td>任选两根钢筋截取</td><td rowspan="4">GB/T 228. 1—2021
GB/T 232—2010</td></tr>
<tr><td>2</td><td>盘圆钢筋</td><td>1 根拉伸,2 根弯曲</td><td>同盘两端截取</td></tr>
<tr><td rowspan="2">3</td><td>冷轧带肋钢筋CRB550</td><td>1 根拉伸,2 根弯曲</td><td>逐盘或逐捆两端截取</td></tr>
<tr><td>冷轧带肋钢筋 CRB650 及以上</td><td>1 根拉伸,2 根反复弯曲</td><td>逐盘或逐捆两端截取</td></tr>
</table>

4. 检测结果判定

在拉伸检测的试样中,若有一根试样的屈服强度、抗拉强度和伸长率三个指标中有一个达不到标准中的规定值,或冷弯检测中有一根试样不符合标准要求,则在同一批钢筋中再抽取双倍数量的试样进行该不合格项目的复检,复检结果中只要有一个指标不合格,则该检测项目判定不合格,整批钢筋不得交货。

三、钢筋拉伸检测

1. 目的

测定低碳钢的下屈服强度、抗拉强度与断后伸长率,对钢筋强度等级进行评定。

2. 仪器设备

万能材料试验机(试验达到最大负荷时,最好使指针停留在度盘的第三象限内或者数显破坏荷载在量程的 50% ~75% 之间)、钢筋打点机或划线机、游标卡尺(精度为 0.1 mm)、引伸计(精确度级别应符合 GB/T 12160—2019 的要求)。测定下屈服强度应使用不低于 1 级准确度的引伸计;测定抗拉强度、断后伸长率应使用不低于 2 级准确度的引伸计。

3. 环境条件

应在室温 10~35 ℃下进行(对温度要求严格的检测,检测温度应为 23 ℃±5 ℃)。

4. 检测步骤

(1) 钢筋检测不允许进行车削加工。在试样中测原始标距 $L_0=5\,a$ 或 $10\,a$(a 为钢筋直径,精确至 0.1 mm),按 10 等份(或 5 等份)划线、分格、定标距,如图 13-17 所示。计算钢筋强度所用横截面面积采用表 13-9 所列公称横截面积。

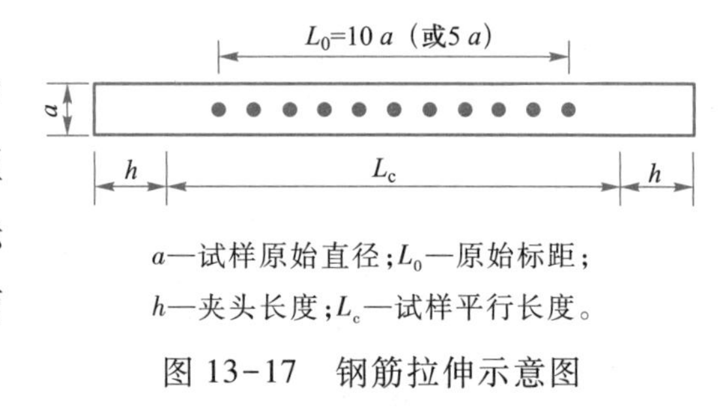

a—试样原始直径;L_0—原始标距;h—夹头长度;L_c—试样平行长度。

图 13-17 钢筋拉伸示意图

表 13-9 计算钢筋强度所用横截面面积

公称直径/mm	公称横截面面积/mm^2	公称直径/mm	公称横截面面积/mm^2
6	28.27	22	380.1
8	50.27	25	490.9
10	78.54	28	615.8
12	113.1	32	804.2
14	153.9	36	1 018
16	201.1	40	1 257
18	254.5	50	1 964
20	314.2		

（2）试样上端固定在试验机上夹具内，调整试验机零点，装好描绘器等，再用下夹具固定试样下端。

（3）开动试验机，拉伸屈服前应力增加速度为 6～60 MPa/s。屈服后试验机活动夹头在荷载下的移动速度每分钟不大于 $0.5L_c$，其中 $L_c=L_0+(1\sim2)a$，直至试样拉断。

（4）拉伸过程中，测力度盘指针停止转动时的恒定荷载或第一次回转时的最小荷载即为屈服荷载 F_s(N)。继续加荷至试样拉断，读出最大荷载 F_m(N)。

（5）将已拉断试样的两端在断裂处对齐，尽量使其轴线位于一条直线上。如拉断处由于各种原因形成缝隙，则此缝隙应计入试样断后标距中。待确保试样断裂部分适当接触后测量试样断后标距 L_u(mm)，要求精确到 0.1 mm。L_u 的测定方法有以下两种。

① 直接法　如拉断处到邻近的标距点的距离大于 $L_0/3$，可用卡尺直接量出已被拉长的标距长度 L_u。

② 移位法　如拉断处到邻近的标距端点的距离小，可按下述移位法确定 L_u。在长段上，从拉断处点 O 取基本等于短段格数，得点 B，接着取等于长段所余格数（偶数，图 13-18a）之半，得点 C，或者取所余格数（奇数，图 13-18b）减 1 与加 1 之半，得点 C 与 C_1。移位后的 L_u 分别为 $AO+OB+2BC$ 或者 $AO+OB+BC+BC_1$。

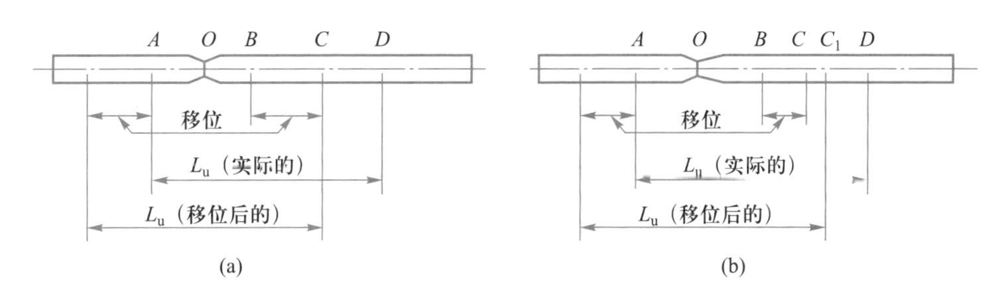

图 13-18　用移位法计算标距示意图

如果直接测量所求得的伸长率能达到技术条件要求的规定值，则可不采用移位法测量。如果试样在标距点上或标距外断裂，则测试结果无效，应重做。将测量出的被拉长的标距长度 L_u 记录在报告中。

5. 结果计算与评定

屈服强度 R_{eL} 与抗拉强度 R_m 计算结果的数值修约：

当 R_{eL}、R_m 计算结果 ≤200 N/mm² 时，修约间隔为 1 N/mm²；

当 R_{eL}、R_m 计算结果介于 200～1 000 N/mm²，修约间隔为 5 N/mm²；

当 R_{eL}、R_m 计算结果 >1 000 N/mm²，修约间隔为 10 N/mm²。

（1）试样的屈服强度 R_{eL} 按下式计算：

$$R_{eL}=\frac{F_s}{S_u} \tag{13-23}$$

式中 R_{eL}——屈服点强度,MPa;

F_s——屈服点荷载,N;

S_u——试样断后最小横截面面积,mm^2。

(2) 试样的抗拉强度 R_m 按下式计算:

$$R_m=\frac{F_m}{S_u} \tag{13-24}$$

式中 R_m——抗拉强度,MPa;

F_m——试样拉断后最大荷载,N;

S_u——试样断后最小横截面面积,mm^2。

(3) 断后伸长率 A 按下式计算(精确至 1%):

$$A=\frac{L_u-L_0}{L_0}\times 100\% \tag{13-25}$$

式中 A——标距长度为 $10a(5a)$ 的钢筋的断后伸长率,%;

L_u——试样断后标距,mm;

L_0——试样原始标距,mm。

(4) 结果评定　屈服强度、抗拉强度和断后伸长率应分别对照相应标准进行评定。

四、冷弯检测

1. 目的

检验钢筋的塑性,间接地检验钢筋内部的缺陷及可焊性。

2. 仪器设备

万能试验机(附有两支辊,支辊间距离可以调节;还应附有不同直径的弯心,弯曲压头直径按有关标准规定)。支辊式弯曲装置示意图如图 13-19 所示。

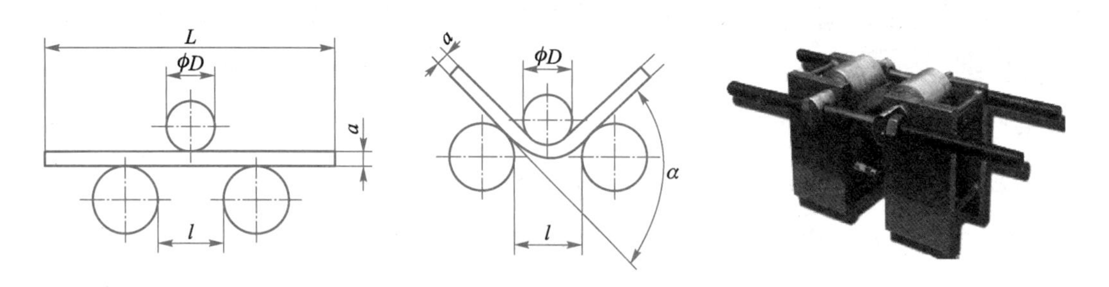

a—钢筋直径;D—弯曲压头直径;l—两支辊间距;L—试样平行长度。

图 13-19　支辊式弯曲装置示意图

3. 试样制备

(1) 试样表面不得有划痕和损伤。

（2）试样加工时，应去除剪切或火焰切割等形成的影响区域。

（3）当钢筋直径小于 30 mm 时，不需加工，直接检测；若试验机能量允许，直径不大于 50 mm 的试样亦可用全截面的试样进行试验。

（4）当钢筋直径大于 30 mm 但不大于 50 mm 时，可加工成直径不小于 25 mm 的试样。当钢筋直径大于 50 mm 时，应加工成直径不小于 25 mm 的试样。加工时应保留一侧原表面，弯曲时，原表面应位于弯曲的外侧。

4. 检测步骤

（1）按要求调整试验机两支辊间的距离。

（2）将试样按图 13-20 安放好后，平稳地加荷，钢筋绕冷弯冲头弯曲至规定角度后停止冷弯。

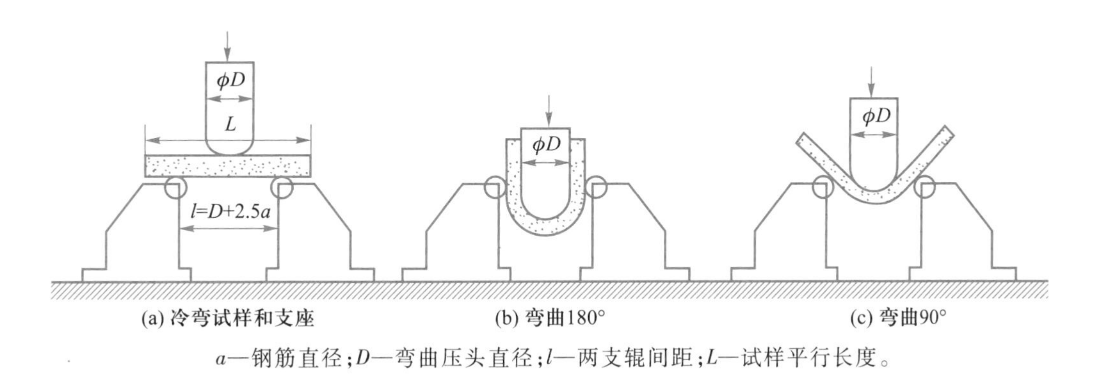

a—钢筋直径；D—弯曲压头直径；l—两支辊间距；L—试样平行长度。

图 13-20　钢筋冷弯装置示意图

5. 结果评定

试样弯曲后，检查弯曲外表面，如无可见裂纹，即判定冷弯检测合格，否则为不合格。

五、重量偏差的检测

1. 目的

测定钢筋重量偏差，为评估钢筋质量提供依据。

2. 取样方法

测量钢筋重量偏差时，试样应随机从不同根钢筋上截取，数量不少于 5 支，每支试样长度不小于 500 mm。长度应逐支测量，应精确到 1 mm。测量试样总重量时，应精确到不大于总重量的 1%。

3. 结果计算

钢筋实际重量与理论重量的偏差（%）按下式计算：

$$\text{重量偏差}=\frac{\text{试样实际总重量}-(\text{试样总长度}\times\text{理论重量})}{\text{试样总长度}\times\text{理论重量}}\times 100\% \qquad (13-26)$$

钢筋实际重量与理论重量的允许偏差应符合表 13-10 的规定。

表 13-10 钢筋实际重量与理论重量的允许偏差

公称直径/mm	实际重量与理论重量的偏差/%
6～12	±6.0
14～20	±5.0
22～50	±4.0

13.7 建筑防水材料检测

一、采用标准

《沥青针入度测定法》(GB/T 4509—2010);

《沥青延度测定法》(GB/T 4508—2010);

《沥青软化点测定法 环球法》(GB/T 4507—2014);

《建筑防水卷材试验方法 第1部分:沥青和高分子防水卷材 抽样规则》(GB/T 328.1—2007);

《建筑防水卷材试验方法 第8部分:沥青防水卷材 拉伸性能》(GB/T 328.8—2007);

《建筑防水卷材试验方法 第10部分:沥青和高分子防水卷材 不透水性》(GB/T 328.10—2007);

《建筑防水卷材试验方法 第11部分:沥青防水卷材 耐热性》(GB/T 328.11—2007);

《建筑防水卷材试验方法 第14部分:沥青防水卷材 低温柔性》(GB/T 328.14—2007);

《弹性体改性沥青防水卷材》(GB 18242—2008)。

二、沥青的针入度检测

1. 目的

测定沥青的针入度,评定其黏滞性并依针入度值确定沥青的牌号。

2. 仪器设备

(1) 针入度仪 其构造如图 13-21 所示。

(2) 标准针、恒温水浴、试样皿、平底玻璃皿、温度计、计时器、石棉筛、可控制温度的砂浴等。

3. 试样制备

(1) 将预先除去水分的试样在砂浴或密闭电炉上加热,并不断搅拌(以防局部过热),加热到使样品能够流动。加热时焦油沥青的加热温度不超过软化点的60 ℃,石油沥青不超过软

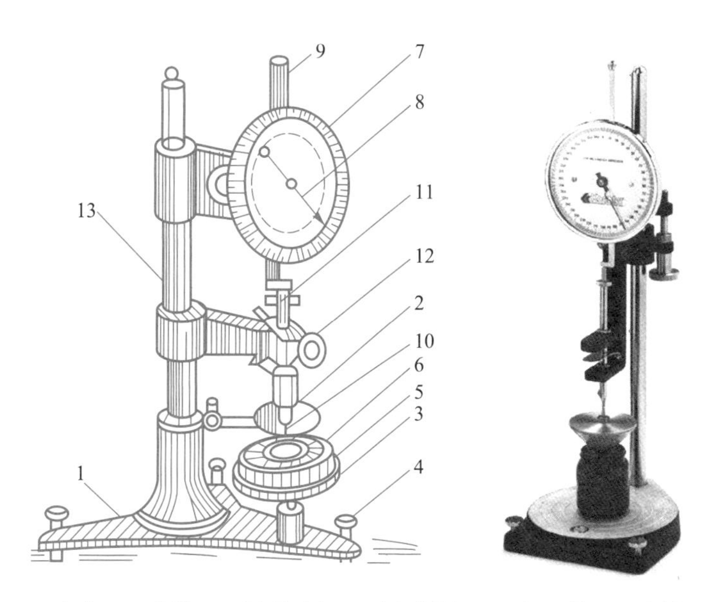

1—底盘；2—小镜；3—圆形平台；4—调平螺钉；5—保温槽；6—试样；
7—刻度盘；8—指针；9—活杆；10—标准针；11—针连杆；12—按钮；13—砝码。

图 13-21　针入度仪

化点的 90 ℃，加热时间在保证样品充分流动的基础上尽量少。加热和搅拌过程中避免试样中进入气泡。

(2) 将试样倒入预先选好的试样皿内，试样深度应至少是预计锥入深度的 120%。

(3) 将试样皿在 15~30 ℃的空气中冷却 45 min~1.5 h(小试样皿)或 1~1.5 h(中试样皿)或 1.5~2 h(较大试样皿)，在冷却中应遮盖试样皿，以防落入灰尘。然后将试样皿移入保持试验温度(25 ℃±0.1 ℃)的恒温水浴中，水面应高于试样表面 10 mm 以上，恒温 45 min~1.5 h(小试样皿)或 1~1.5 h(中试样皿)或 1.5~2 h(大试样皿)。

4. 检测步骤

(1) 调整针入度仪的水平度，检查针连杆和导轨，以确认无水和其他外来物，无明显摩擦。用合适的溶剂清洗标准针，用干净的布将其擦干，把标准针插入针连杆中固紧。

(2) 将已恒温到试验温度的试样皿从水槽中取出，放在平底玻璃皿中的三脚架上，用与水浴相同温度的水完全覆盖试样。

(3) 将盛有试样的平底玻璃皿放在针入度仪的平台上。慢慢放下针连杆，使针尖刚好与试样表面接触，必要时用放置在合适位置的光源反射来观察。拉下活杆，使其与针连杆顶端轻轻接触，调节刻度盘的指针为零。

(4) 用手紧压按钮，同时开动计时器，使标准针自由下落穿入沥青试样，到规定时间(5 s)停压按钮使标准针停止移动。

(5) 拉下活杆，再使其与针连杆顶端接触，此时刻度盘指针的读数即为试样的针入度，用 1/10 mm 表示。

(6) 同一试样至少平行检测三次,各测点间及测点与试样皿边缘的距离不应小于 10 mm。每次检测后都应将放有试样皿的平底玻璃皿放入恒温水浴中,使平底玻璃皿中的水温保持检测温度。每次检测都应采用干净的针。

5. 结果评定

以三次检测结果的算术平均值作为该沥青的针入度。三次所测针入度的最大值与最小值之差不应大于表 13-11 中的数值。如差值超过表中数值,则检测须重做。

表 13-11 针入度测定最大允许差值 1/10 mm

针入度	0~49	50~149	150~249	250~350	350~500
最大允许差值	2	4	6	8	20

三、沥青的延度检测

1. 目的

测定沥青的延度,评定其塑性并依延度值确定沥青的牌号。

2. 仪器设备

(1) 延度仪 其构造如图 13-22 所示。

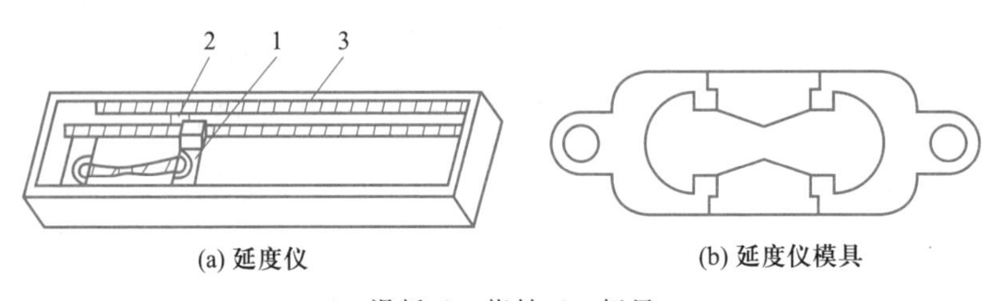

(a) 延度仪 (b) 延度仪模具

1—滑板;2—指针;3—标尺。

图 13-22 沥青延度仪

(2) 试模 恒温水浴、温度计、金属筛网、隔离剂、支撑板等。

3. 试样制备

(1) 将隔离剂拌合均匀,涂于支撑板表面及侧模的内表面,以防沥青粘在试模上。

(2) 用与针入度相同的方法准备沥青试样,待试样呈细流状,自模具的一端至另一端往返注入模中,并使试样略高于试模。

(3) 试样在 15~30 ℃的空气中冷却 30~40 min,然后置于规定试验温度(非经特殊说明,试验温度为 25 ℃)±0.5 ℃的恒温水浴中,保持 30 min 后取出,用热刀将高出试模的沥青刮走,使沥青面与试模面齐平。沥青的刮法应自中间向两端,表面应刮得十分平滑。

(4) 恒温 将支撑板、试模和试样一起放入水浴中,并在试验温度下保持 85~95 min。

4. 检测步骤

(1) 检查延度仪拉伸速度是否满足要求(非经特殊说明,拉伸速度为 5 cm/min±0.25 cm/min),

然后移动滑板使其指针对准标尺的零点。将延度仪水槽注水，并使水温保持在规定温度的±0.5 ℃范围内。

(2) 将试样移至延度仪水槽中，然后从金属板上取下试样，将试模两端的孔分别套在滑板及槽端的金属柱上，水面距试样表面应不小于25 mm，然后去掉侧模。

(3) 测得水槽中水温为试验温度±0.5 ℃时，开动延度仪（此时仪器不得有振动），观察沥青的拉伸情况。在测定时，如发现沥青细丝浮于水面或沉入槽底，应在水中加入乙醇或氯化钠调整水的密度至与试样的密度相近后，再重新试验。

(4) 试样拉断时指针所指标尺上的读数即为试样的延度，以cm表示。在正常情况下，试样应拉伸成锥形或线形或柱形，在断裂时实际横断面面积接近于零或一均匀断面。如三次检测不能得到上述结果，应在报告中说明。

5. 结果评定

取3个平行测定值的算术平均值作为测定结果。若3次测定值不在其平均值的5%以内，但其中两个较高值在平均值的5%以内，则可弃掉最低值，取两个较高值的平均值作为测定结果，否则重新测定。

四、沥青的软化点检测

1. 目的

测定沥青的软化点，评定其温度感应性并依软化点值确定沥青的牌号。

2. 仪器设备

(1) 沥青环与软化点测定仪　如图13-23所示。

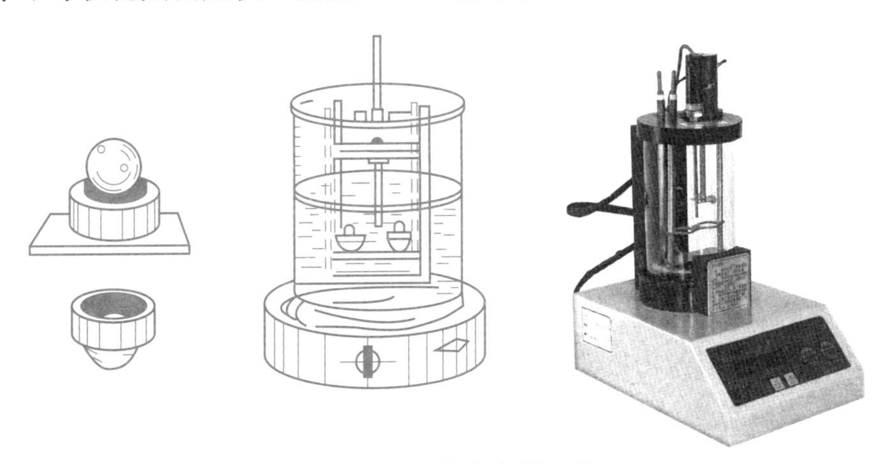

图13-23　软化点测定仪

(2) 其他　电炉或其他加热器、支撑板、钢球、钢球定位器、温度计、金属筛网、隔离剂等。

3. 试样制备

(1) 将试样环置于涂有隔离剂的支撑板上，将沥青试样（准备方法同针入度检测）注入试样环内至略高于环面为止。

(2) 将试样在室温冷却 30 min 后,用热刀刮去高出环面的试样,务必使之与环面齐平。

(3) 估计软化点不高于 80 ℃的试样,将盛有试样的试样环及支撑板置于盛满水的保温槽内,水温保持在 5 ℃±1 ℃范围内,恒温 15 min;预估软化点高于 80 ℃的试样(如估计软化点在 120~157 ℃之间,应将试样环及支撑板预热至 80~100 ℃),将盛有试样的试样环及支撑板置于盛满甘油的保温槽内,水温保持在 30 ℃±1 ℃范围内,恒温 15 min,或将盛有试样的试样环水平地安放在试验架中层板的圆孔上,然后放在烧杯中,恒温 15 min,温度要求同保温槽。

(4) 烧杯内注入新煮沸并冷却至 5 ℃的蒸馏水(预估软化点不高于 80 ℃的试样),或注入预先加热至 30 ℃的甘油(预估软化点高于 80 ℃的试样),使水面、甘油液面略低于连接杆上的深度标记。

4. 检测步骤

(1) 从水中或甘油保温槽中取出盛有试样的试样环放置在环架中层板的圆孔中,为了使钢球位置居中,应套上钢球定位器,然后把整个环架放入烧杯中,调整水面或甘油液面至连接杆上的深度标记,环架上任何部分不得有气泡。再将温度计由上层板中心孔垂直插入,使钢球底部与试样环下部齐平。

(2) 将烧杯移放至有石棉网的电炉或三脚架煤气灯上,然后将钢球放在试样上(务必使各环的平面在全部加热时间内处于水平状态),立即加热,使烧杯内水或甘油温度的上升速度在 3 min 内达到 5 ℃/min±0.5 ℃/min。在整个测定过程中如温度的上升速度超过此范围时,则试验应重做。

(3) 试样受热软化,包裹沥青试样的钢球在重力作用下,下降至与下层底板表面接触时的温度即为试样的软化点。

5. 结果评定

取平行测定的两个结果的算术平均值作为测定结果。平行测定的两个结果的偏差不得大于下列规定:当软化点为 30~157 ℃时,允许差值为 1 ℃,否则试验重做。

五、防水卷材技术性能检测

防水卷材技术性能检测的内容为弹性体改性沥青防水卷材的拉伸性能、不透水性、低温柔性、耐热性四项重要指标。

(一) 抽样方法与数量

抽样根据相关方协议的要求,若没有这种协议,抽样方法可按图 13-24 所示进行,抽样数量可按表 13-12 选取。不要抽取损坏的卷材。

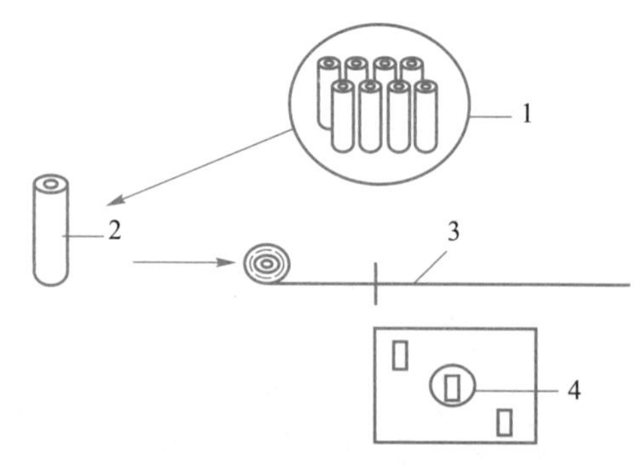

1—交付批;2—样品;3—试样;4—试件。

图 13-24 抽样方法

表 13-12　抽 样 数 量

批量/m^2		样品数量/卷	批量/m^2		样品数量/卷
以上	直至		以上	直至	
—	1 000	1	2 500	5 000	3
1 000	2 500	2	5 000	—	4

（二）仪器设备

（1）拉伸试验机　有足够的量程（至少 2 000 N）和夹具的移动速度（100 mm/min ± 10 mm/min），夹具夹持宽度不小于 50 mm。

（2）鼓风烘箱　温度范围为 0～300 ℃，精度为±2 ℃。

（3）热电偶　连接到外面的电子温度计，在规定范围内能测量到±1 ℃。

（4）悬挂装置　至少 100 mm 宽，能夹住试件的整个宽度在一条线，并被悬挂在检测区域。

（5）光学测量装置（如读数放大镜）　刻度至少精确到 0.1 mm。

（6）金属圆插销的插入装置　内径约 4 mm。

（7）画线装置　画直的标记线。

（8）墨水记号笔　线的宽度不超过 0.5 mm，白色耐水墨水。

（9）硅纸。

（10）油毡不透水仪　主要由液压系统、测试管路系统、夹紧装置和三个透水盘等部分组成，透水盘底座直径为 92 mm，透水盘金属压盖上有 7 个均匀分布的直径为 25 mm 的透水孔。压力表测量范围为 0～0.6 MPa，精度 2.5 级。其测试原理如图 13-25 所示。

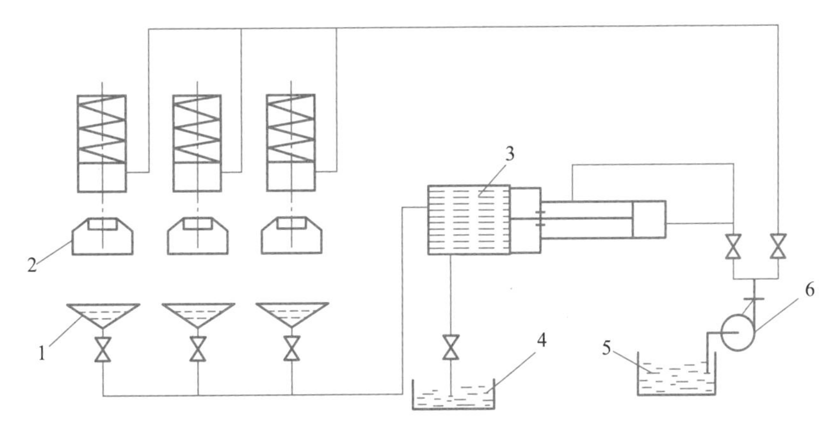

1—试座；2—夹脚；3—水缸；4—水箱；5—油箱；6—油泵。

图 13-25　不透水仪测试原理

（11）低温柔性检测装置　如图 13-26 所示。该装置由两个直径为 20 mm±0.1 mm 不旋转的圆筒、一个直径为 30 mm±0.1 mm 的圆筒或半圆筒弯曲轴组成（可以根据产品规定采用其他直径的弯曲轴,如 20 mm、50 mm),该轴在两个圆筒中间,能向上移动。两个圆筒间的距离可以调节,即圆筒和弯曲轴间的距离能调节为卷材的厚度。整个装置浸入能控制温度在-40~20 ℃、精度为 0.5 ℃温度条件的冷冻液中,冷冻液用低至-25 ℃的丙烯乙二醇/水溶液(体积比 1∶1)或低于-20 ℃的乙醇/水混合物(体积比 2∶1)。试件在液体中的位置应平放且完全浸入,用可移动的装置支撑,该支撑装置应至少能放一组五个试件。

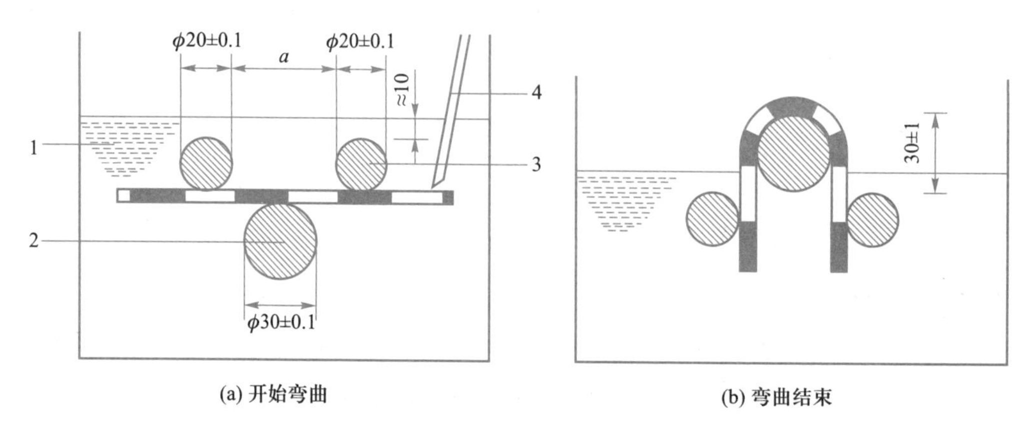

1—冷冻液;2—弯曲轴;3—固定圆筒;4—半导体温度计(热敏探头)。

图 13-26 低温柔性检测装置和弯曲过程(单位:mm)

检测时,弯曲轴从下面顶着试件以 360 mm/min 的速度升起,这样试件能弯曲 180°,电动控制系统能保证在每个检测过程和检测温度的移动速度保持在 360 mm/min±40 mm/min。裂缝通过目测检查,在检测过程中不应有任何人为的影响。

(三)检测方法

1. 拉伸性能及延伸率的检测

(1)试件制备

① 整个拉伸检测应制备两组试件,一组纵向 5 个试件,一组横向 5 个试件。试件在试样上距边缘 100 mm 以上用模板或裁刀任意截取,矩形试件宽为 50 mm±0.5 mm,长为 200 mm+2×夹持长度,长度方向为检测方向。表面非持久层应去除。

② 试件检测前在 23 ℃±2 ℃和相对湿度 30%~70%的条件下至少放置 20 h。

(2)检测步骤

将试件紧紧地夹在拉伸试验机的夹具中,注意试件长度方向的中线与拉伸试验机夹具中心在一条线上。夹具间距离为 200 mm±2 mm,为防止试件从夹具中滑移,应做标记。当用引伸计时,检测前应设置标距间距离为 180 mm±2 mm。为防止试件产生任何松弛,推荐加载不超过 5 N 的力。检测在 23 ℃±2 ℃进行,夹具移动的恒定速度为 100 mm/min±10 mm/min,连续记录拉力和对应的夹具间距离。

(3)结果计算及评定

① 记录得到的拉力和距离,或用数据记录最大的拉力和对应的由夹具间距离与起始距离

的百分率计算延伸率。

② 去除任何在夹具 10 mm 以内断裂或拉伸试验机夹具中滑移超过极限值的试件的检测结果,用备用件重测。

③ 最大拉力单位为 N/50 mm,对应的延伸率用百分率表示,作为试件同一方向结果。

④ 分别记录每个方向 5 个试件的拉力值和延伸率,计算平均值。

⑤ 拉力的平均值修约到 5 N,延伸率的平均值修约到 1%。

2. 不透水性检测(方法 B——适用于卷材高压力的使用场合)

(1) 试件制备

① 试件在卷材宽度方向均匀截取,最外一个距卷材边缘 100 mm。试件的纵向与产品的纵向平行并标记。

② 试件直径不小于盘外径(约 130 mm)。

③ 检测前试件在 23 ℃±5 ℃放置至少 6 h。

(2) 检测步骤

① 用洁净水注满水箱,将仪器压母松开,三个截止阀逆时针方向开启,启动油泵或用气筒加压,将管路中空气排净,当三个试座充满水并处于连接溢出状态时,关闭三个截止阀。

② 安装试件:注满水后依次把 O 形密封圈、制备好的试件、透水盖板、压圈对放在透水盘上,然后把 U 形卡插入透水盘上的槽内,并旋紧 U 形卡上的方头螺栓,各压板压力要均匀。如产生压力影响结果,可通过排水阀泄水,达到减压日的。

③ 压力保持:打开试座进水阀门,按照标准规定压力值加压到规定压力,保持压力值在规定压力范围,并开始记录时间。在测试时间内出现一块试件有渗透时,记录渗水时间,关闭相应的进水阀。当测试达到规定时间即可卸压取出试件。

④ 检测完毕后,打开放水阀将水放出,而后将透水盘、密封圈、透水盖板及压圈擦拭干净,关闭机器。

(3) 结果评定　当三个试件均无透水现象时评定为不透水性合格。

3. 低温柔性检测

(1) 试件制备

① 用于低温柔性、冷弯温度测定的试件尺寸为(150±1)mm×(25±1)mm,试件从试样宽度方向均匀地截取,长边在卷材的纵向,试件截取时应距卷材边缘不少于 150 mm,试件应从卷材的一边开始做连续的记号,同时标记卷材的上表面和下表面。

② 去除表面的任何保护膜,适宜的方法是常温下用胶带粘在上面,冷却到接近假设的冷弯温度,然后从试件上撕去胶带,另一方法是用压缩空气(压力约 0.5 MPa,喷嘴直径约 0.5 mm)吹,假若上述的方法不能除去保护膜,用火焰烤,用最少的时间破坏膜而不损伤试件。

③ 试件检测前应在 23 ℃±2 ℃的平板上放置至少 4 h,并且相互之间不能接触,也不能粘

在板上。

(2) 检测步骤

① 在开始检测前,两个圆筒间的距离(图13-26)应按试件厚度调节,即弯曲轴直径+2 mm+两倍试件的厚度。然后装置放入已冷却的液体中,并且圆筒的上端在冷冻液面下约10 mm,弯曲轴在下面的位置(弯曲轴直径根据产品不同可以为20 mm、30 mm、50 mm)。

② 冷冻液达到规定的温度,误差不超过0.5 ℃,试件放于支撑装置上,且在圆筒的上端,保持冷冻液完全浸没试件。试件放入冷冻液达到规定温度后,开始保持在该温度1 h±5 min。半导体温度计的位置靠近试件,检查冷冻液温度,然后进行检测。

③ 两组各5个试件,全部试件按②的规定处理后,一组是上表面检测,另一组是下表面检测。检测时,将试件放置在圆筒和弯曲轴之间,检测面朝上,然后设置弯曲轴以360 mm/min±40 mm/min速度顶着试件向上移动,试件同时绕轴弯曲。轴移动的终点在圆筒上面30 mm±1 mm处(图13-26)。试件的表面明显露出冷冻液,同时液面也因此下降。

④ 在完成弯曲过程10 s内,在适宜的光源下用肉眼检查试件有无裂缝,必要时,用辅助光学装置帮助检查。假若有一条或更多的裂纹从涂盖层深入到胎体层,或完全贯穿无增强卷材,即存在裂缝。一组五个试件应分别检测。假若装置的尺寸满足,可以同时检测几组试件。

⑤ 假若沥青卷材的冷弯温度要测定,应按照上述和下面的步骤进行检测。

⑥ 冷弯温度的范围(未知)最初测定,从期望的冷弯温度开始,每隔6 ℃检测每个试件,因此每个检测温度都是6 ℃的倍数(如-12 ℃、-18 ℃、-24 ℃等)。从开始导致破坏的最低温度开始,每隔2 ℃分别检测每组五个试件的上表面和下表面,连续地每次2 ℃地改变温度,直到每组5个试件分别检测后至少有4个无裂缝,这个温度记录为试件的冷弯温度。

(3) 结果评定

① 规定温度的柔性结果　一个检测面5个试件在规定温度至少4个无裂缝为通过,上表面和下表面的检测结果要分别记录。

② 冷弯温度测定的结果　测定冷弯温度时,检测得到的温度应5个试件至少4个通过,这个冷弯温度是该卷材检测面的温度,上表面和下表面的结果应分别记录。

4. 耐热性检测

(1) 试件制备

① 矩形试件尺寸为(115±1) mm×(100±1) mm,试件均匀地从试样宽度方向裁取,长边是卷材的纵向。试件应距卷材边缘150 mm以上,试件从卷材的一边开始连续编号,卷材上表面和下表面应标记。

② 去除任何非持久保护层。适宜方法是常温下用胶带粘在上面,冷却到接近假设的冷弯温度,然后从试件上撕去胶带;另一方法是用压缩空气吹(压力约0.5 MPa,喷嘴直径约0.5 mm)。若上述方法不能除去保护膜,用火焰烤,用最少的时间破坏膜而不损坏试件。

③ 在试件纵向的横断面一边，去除上表面和下表面中大约 15 mm 一条的涂盖层直至胎体，若卷材有超过一层的胎体，去除涂盖层直到另一层胎体，在试件中间区域的涂盖层也从上表面和下表面的两个接近处去除，直至胎体（图 13-27）。为此，可采用热刮刀或类似装置小心地去除涂盖层，不能损坏胎体。两个内径约 4 mm 的插销在裸露区域穿过胎体（图 13-27）。任何表面浮着的矿物料或表面材料通过轻轻敲打试件去除。然后标记装置放在试件两边插入插销定位于中心位置，在试件表面整个宽度方向沿着直边用记号笔垂直画一条线（宽度约 0.5 mm），操作时试件平放。

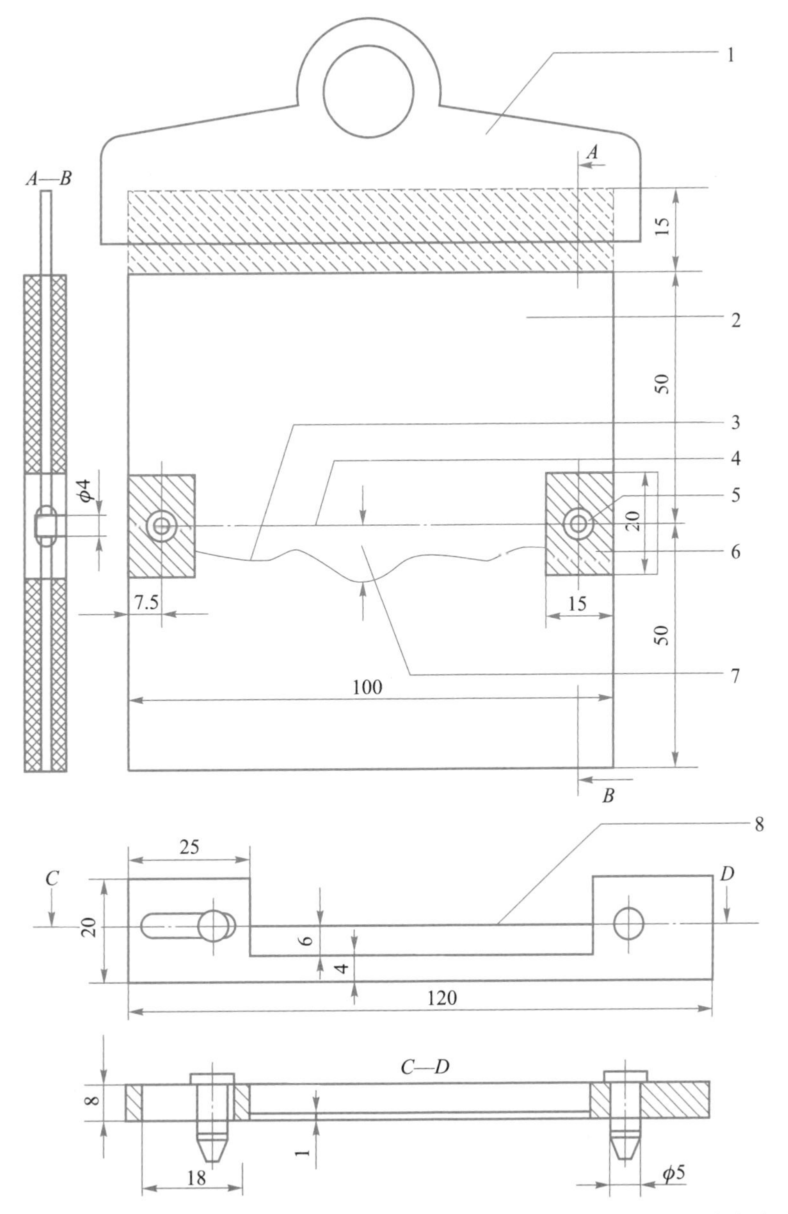

1—悬挂装置；2—试件；3—标记线 1；4—标记线 2；5—插销，φ4 mm；6—去除涂盖层；

7—滑动 ΔL（最大距离）；8—直边。

图 13-27　试件、悬挂装置和标记装置（示例）

④ 试件检测前至少放置在 23 ℃±2 ℃的平面上 2 h,相互之间不要接触或粘住,有必要时,将试件分别放在硅纸上防止黏结。

（2）检测步骤

① 烘箱预热到规定检测温度,温度通过与试件中心同一位置的热电偶控制。整个检测期间,检测区域的温度波动不超过±2 ℃。

② 制作一组三个试件,露出的胎体处用悬挂装置夹住,涂盖层不要夹到。必要时,用如硅纸的不黏层包住两面,便于在检测结束时除去夹子。

③ 制备好的试件垂直悬挂在烘箱的相同高度,间隔至少 30 mm。此时烘箱的温度不能下降太多,开关烘箱门放入试件的时间不超过 30 s。放入试件后加热时间为 120 min±2 min。

④ 加热结束,试件和悬挂装置一起从烘箱中取出,相互间不要接触,在 23 ℃±2 ℃自由悬挂冷却至少 2 h。然后去除悬挂装置,在试件两面画第二个标记,用光学测量装置在每个试件的两面测量两个标记底部间最大距离 ΔL,精确到 0.1 mm(图 13-27)。

（3）结果评定　计算卷材每个面三个试件的滑动值的平均值,精确到 0.1 mm。

卷材上表面和下表面的滑动平均值不超过 2.0 mm 认为其在规定温度下的耐热性合格。

附录　建筑材料检测报告（样表）

附录 A　水泥检测报告

表 1　水泥物理性能检测记录

<table>
<tr><td colspan="2">委托单位</td><td colspan="2"></td><td>报告编号</td><td colspan="2"></td></tr>
<tr><td colspan="2">工程名称</td><td colspan="2"></td><td>检测编号</td><td colspan="2"></td></tr>
<tr><td colspan="2">样品名称</td><td colspan="2"></td><td>强度等级</td><td colspan="2"></td></tr>
<tr><td colspan="2">工程部位</td><td colspan="2"></td><td>代表数量</td><td colspan="2"></td></tr>
<tr><td colspan="2">水泥品种</td><td colspan="2"></td><td>送样日期</td><td colspan="2"></td></tr>
<tr><td colspan="2">生产厂家</td><td colspan="2"></td><td>检测日期</td><td colspan="2"></td></tr>
<tr><td colspan="2">检测依据</td><td colspan="2"></td><td>样品状态</td><td colspan="2"></td></tr>
<tr><td colspan="2">环境条件</td><td colspan="2"></td><td>注册商标</td><td colspan="2"></td></tr>
<tr><td colspan="2">实验室地址</td><td colspan="2"></td><td></td><td colspan="2"></td></tr>
<tr><td colspan="7">检测内容</td></tr>
<tr><td colspan="2">检测项目</td><td>标准要求</td><td colspan="4">检测结果</td></tr>
<tr><td colspan="2">水泥细度</td><td></td><td colspan="4"></td></tr>
<tr><td rowspan="2">凝结时间</td><td>初凝</td><td></td><td colspan="4"></td></tr>
<tr><td>终凝</td><td></td><td colspan="4"></td></tr>
<tr><td colspan="2">安定性（沸煮法）</td><td></td><td colspan="4">试饼：
雷氏夹：</td></tr>
<tr><td colspan="2" rowspan="3">抗折强度/MPa</td><td>国家标准</td><td colspan="3">单块值</td><td>平均值</td></tr>
<tr><td>3 d</td><td></td><td></td><td></td><td></td></tr>
<tr><td>28 d</td><td></td><td></td><td></td><td></td></tr>
<tr><td colspan="2" rowspan="3">抗压强度/MPa</td><td>国家标准</td><td colspan="3">单块值</td><td>平均值</td></tr>
<tr><td>3 d</td><td></td><td></td><td></td><td></td></tr>
<tr><td>28 d</td><td></td><td></td><td></td><td></td></tr>
<tr><td colspan="2">检测结论</td><td colspan="5"></td></tr>
<tr><td colspan="2">检测说明</td><td colspan="5"></td></tr>
</table>

批准：　　　　校核：　　　　主检：　　　　检测单位：　　　　签发日期：

附录B　混凝土强度检测报告

表2　混凝土强度检测报告

委托单位				报告编号					
工程名称				检验地点					
检验依据				送样日期					
实验室地址									
检测编号	试件代表部位	强度等级	制作日期 试压日期	养护方法 龄期/d	规格/mm	破坏荷载/kN	抗压强度		
							单个值	代表值	标准试件值
备注									

批准：　　　　校核：　　　　主检：　　　　检测单位：　　　　签发日期：

附录C　砂浆强度检测报告

表3　砂浆强度检测报告

砂浆种类		设计强度		工程结构部位		水泥强度		
试件成型日期		拌合方法		捣实方法		养护方法		
检测日期	龄期	试件尺寸/mm		受压面积/mm^2	破坏荷载/kN	立方体抗压强度/MPa	抗压强度平均值/MPa	达到设计强度/%
		a	b					
检测依据								
备注								

批准：　　　　校核：　　　　主检：　　　　检测单位：　　　　签发日期：

附录 D 烧结普通砖检测报告

表 4 烧结普通砖检测报告

<table>
<tr><td>工程名称</td><td colspan="6"></td><td colspan="2">报告编号</td><td></td></tr>
<tr><td>委托单位</td><td></td><td></td><td></td><td colspan="2">委托编号</td><td></td><td colspan="2">委托日期</td><td></td></tr>
<tr><td>施工单位</td><td></td><td></td><td></td><td colspan="2">样品编号</td><td></td><td colspan="2">检验日期</td><td></td></tr>
<tr><td>结构部位</td><td></td><td></td><td></td><td colspan="2">出厂合格证编号</td><td></td><td colspan="2">报告日期</td><td></td></tr>
<tr><td>厂别</td><td></td><td></td><td></td><td colspan="2">检验性质</td><td></td><td colspan="2">代表数量/万块</td><td></td></tr>
<tr><td>设计强度等级</td><td></td><td>出厂日期</td><td></td><td colspan="2">种类</td><td></td><td colspan="2">规格/(mm×mm×mm)</td><td></td></tr>
<tr><td>见证单位</td><td></td><td></td><td></td><td colspan="2">见证人</td><td></td><td colspan="2">证书编号</td><td></td></tr>
<tr><td colspan="3">检测项目</td><td colspan="7">检测结果</td></tr>
<tr><td rowspan="3">强度指标</td><td colspan="2">指标项目</td><td colspan="2">平均值</td><td colspan="3">标准值</td><td colspan="2">最小值</td></tr>
<tr><td colspan="2">抗压强度/MPa</td><td colspan="2"></td><td colspan="3"></td><td colspan="2"></td></tr>
<tr><td colspan="2">变异系数</td><td colspan="2"></td><td colspan="3"></td><td colspan="2"></td></tr>
<tr><td rowspan="3">耐久性</td><td colspan="2">抗冻循环</td><td colspan="2"></td><td colspan="3"></td><td colspan="2"></td></tr>
<tr><td colspan="2">泛霜</td><td colspan="2"></td><td colspan="3"></td><td colspan="2"></td></tr>
<tr><td colspan="2">石灰爆裂</td><td colspan="2"></td><td colspan="3"></td><td colspan="2"></td></tr>
<tr><td>尺寸偏差</td><td colspan="9"></td></tr>
<tr><td>外观质量</td><td colspan="9"></td></tr>
<tr><td>检验仪器</td><td colspan="4">检验仪器：</td><td colspan="5">检定证书编号：</td></tr>
<tr><td>检验依据</td><td colspan="9"></td></tr>
<tr><td>检验结论</td><td colspan="9"></td></tr>
<tr><td>备注</td><td colspan="9"></td></tr>
</table>

批准： 校核： 主检： 检测单位： 签发日期：

附录 E　钢筋检测报告

表 5　钢筋检测报告

<table>
<tr><td>委托单位</td><td colspan="3"></td><td>报告编号</td><td colspan="4"></td></tr>
<tr><td>工程名称</td><td colspan="3"></td><td>检测地点</td><td colspan="4"></td></tr>
<tr><td>检测依据</td><td colspan="3"></td><td>送样日期</td><td colspan="4"></td></tr>
<tr><td>工程部位</td><td colspan="3"></td><td>送检日期</td><td colspan="4"></td></tr>
<tr><td>牌号</td><td colspan="3"></td><td>级别</td><td colspan="4"></td></tr>
<tr><td>生产厂家</td><td colspan="3"></td><td>进场数量</td><td colspan="4"></td></tr>
<tr><td rowspan="2">检测编号</td><td rowspan="2">直径面积</td><td colspan="2">屈服强度</td><td colspan="2">抗拉强度</td><td rowspan="2">断后标距/mm</td><td rowspan="2">伸长率/%</td><td rowspan="2">冷弯 180°</td></tr>
<tr><td>拉力/kN</td><td>强度/MPa</td><td>拉力/kN</td><td>强度/MPa</td></tr>
<tr><td rowspan="2"></td><td></td><td></td><td></td><td></td><td></td><td></td><td></td><td></td></tr>
<tr><td></td><td></td><td></td><td></td><td></td><td></td><td></td><td></td></tr>
<tr><td>结论</td><td colspan="8"></td></tr>
<tr><td rowspan="2">检测编号</td><td rowspan="2">直径面积</td><td colspan="2">屈服强度</td><td colspan="2">抗拉强度</td><td rowspan="2">断后标距/mm</td><td rowspan="2">伸长率/%</td><td rowspan="2">冷弯 180°</td></tr>
<tr><td>拉力/kN</td><td>强度/MPa</td><td>拉力/kN</td><td>强度/MPa</td></tr>
<tr><td></td><td></td><td></td><td></td><td></td><td></td><td></td><td></td><td></td></tr>
<tr><td></td><td></td><td></td><td></td><td></td><td></td><td></td><td></td><td></td></tr>
<tr><td>结论</td><td colspan="8"></td></tr>
<tr><td rowspan="2">检测编号</td><td rowspan="2">直径面积</td><td colspan="2">屈服强度</td><td colspan="2">抗拉强度</td><td rowspan="2">断后标距/mm</td><td rowspan="2">伸长率/%</td><td rowspan="2">冷弯 180°</td></tr>
<tr><td>拉力/kN</td><td>强度/MPa</td><td>拉力/kN</td><td>强度/MPa</td></tr>
<tr><td></td><td></td><td></td><td></td><td></td><td></td><td></td><td></td><td></td></tr>
<tr><td></td><td></td><td></td><td></td><td></td><td></td><td></td><td></td><td></td></tr>
<tr><td>结论</td><td colspan="8"></td></tr>
<tr><td>备注</td><td colspan="8"></td></tr>
</table>

批准：　　　　校核：　　　　主检：　　　　检测单位：　　　　签发日期：

附录 F　建筑防水材料检测报告

表 6　建筑石油沥青检测报告

工程名称			产地				
委托单位			牌号				
使用部位			收样日期				
代表批量			检验日期				
样品来源			报告日期				
检验性质			委托人				
检验编号			委托编号				
见证单位			见证人				
检验依据							
检验项目	计量单位	标准要求	实测值				单项判定
			1	2	3	平均值	
针入度(25 ℃,100 g,5 s)	0.1 mm						
延度(5 cm/min,15 ℃)	cm						
软化点(环球法),不低于	℃						
溶解度(三氯乙烯),不小于	%						
蒸发后质量变化(163 ℃,5 h),不大于	%						
蒸发后 25 ℃针入度比,不小于	%						
闪点(开口杯法),不低于	℃						
结论							
备注							

批准：　　　校核：　　　主检：　　　检测单位：　　　签发日期：

表 7 弹性体改性沥青防水卷材检测报告

委托单位		委托日期	
工程名称		委托编号	
样品名称		报告日期	
规格型号		商标	
生产厂家		生产日期	
检测依据		检测性质	

检测结果

检测项目		标准指标					实测结果	单项判断
		Ⅰ		Ⅱ				
		PY	G	PY	G	PYG		
可溶物含量/(g/m²)	3 mm	2 100				—		
	4 mm	2 900				—		
	5 mm	3 500						
	检测现象	—	胎基不燃	—	胎基不燃	—		
拉力	最大峰拉力/(N/50 mm)	500	350	800	500	900		
	次高峰拉力/(N/50 mm)	—	—	—	—	800		
	检测现象	拉伸过程中,试件中无沥青涂盖层开裂或与胎基分离现象						
延伸率/%	最大峰延伸率/% ≥	30	—	40				
	第二峰延伸率/% ≥	—		—		15		
撕裂强度/N≥		—				300		
不透水性 30 min		0. 3 MPa	0. 2 MPa	0. 3 MPa				
低温柔度/℃		-20		-25				
		无裂缝						
耐热度	℃	90		105				
	≤mm	2						
	检测现象	无流淌,滴答						
结论								
备注								

批准: 校核: 主检: 检测单位: 签发日期:

郑重声明

读者意见反馈

为收集对教材的意见建议，进一步完善教材编写并做好服务工作，读者可将对本教材的意见建议通过如下渠道反馈至我社。

咨询电话　400-810-0598

反馈邮箱　zz_dzyj@pub.hep.cn

通信地址　北京市朝阳区惠新东街4号富盛大厦1座

高等教育出版社总编辑办公室

邮政编码　100029

防伪查询说明

用户购书后刮开封底防伪涂层，使用手机微信等软件扫描二维码，会跳转至防伪查询网页，获得所购图书详细信息。

防伪客服电话

（010）58582300

学习卡账号使用说明

一、注册/登录

访问http://abook.hep.com.cn/sve，点击“注册”，在注册页面输入用户名、密码及常用的邮箱进行注册。已注册的用户直接输入用户名和密码登录即可进入“我的课程”页面。

二、课程绑定

点击“我的课程”页面右上方“绑定课程”，在“明码”框中正确输入教材封底防伪标签上的20位数字，点击“确定”完成课程绑定。

三、访问课程

在“正在学习”列表中选择已绑定的课程，点击“进入课程”即可浏览或下载与本书配套的课程资源。刚绑定的课程请在“申请学习”列表中选择相应课程并点击“进入课程”。

如有账号问题，请发邮件至：4a_admin_zz@pub.hep.cn。